高等职业教育园林类专业系列教材

U0240292

园林植物环境

YUANLIN ZHIWU HUANJING

第5版

主　编　唐祥宁　陈建德　高素玲
副主编　周韦成　党瑞红　王广玉
　　　　司志国　田春丽
主　审　宋志伟

重庆大学出版社

内 容 提 要

本书是高等职业教育园林类专业系列教材之一,是根据高等职业院校园林类专业人才的培养目标和要求,从生产实际角度构建内容体系并编写,注重实用性和可操作性,注重技能的训练和培养。全书包括绪论、园林植物生长发育与环境、园林植物与气象要素、园林植物与土壤要素、园林植物与营养要素、园林植物与生物要素、园林植物设施环境与管理、实训指导等内容。教材配有电子课件,可扫描封底二维码查看,并在电脑上进入重庆大学出版社官网下载,供教师教学参考。书中含 25 个二维码,可扫码学习。

本教材可供高等职业院校园林类专业使用,也可供园艺、种植等相关专业及园林行业人员作参考书。

图书在版编目(CIP)数据

园林植物环境／唐祥宁,陈建德,高素玲主编. ––
5 版. ––重庆：重庆大学出版社,2021.8(2024.1 重印)
高等职业教育园林类专业系列教材
ISBN 978-7-5689-1352-2

Ⅰ.①园…　Ⅱ.①唐…　②陈…　③高…　Ⅲ.①园林植
物—环境生态学—高等职业教育—教材　Ⅳ.①S688

中国版本图书馆 CIP 数据核字(2021)第 108150 号

园林植物环境
第 5 版

主　编　唐祥宁　陈建德　高素玲
副主编　周韦成　党瑞红　王广玉
　　　　司志国　田春丽
主　审　宋志伟
策划编辑:何　明

责任编辑:何　明　　版式设计:莫　西　何　明
责任校对:邹　忌　　责任印制:赵　晟
*
重庆大学出版社出版发行
出版人:陈晓阳
社址:重庆市沙坪坝区大学城西路 21 号
邮编:401331
电话:(023)88617190　88617185(中小学)
传真:(023)88617186　88617166
网址:http://www.cqup.com.cn
邮箱:fxk@ cqup.com.cn(营销中心)
全国新华书店经销
重庆长虹印务有限公司印刷
*
开本:787mm×1092mm　1/16　印张:16.5　字数:424 千
2006 年 8 月第 1 版　2021 年 8 月第 5 版　2024 年 1 月第 16 次印刷
印数:40 501—43 500
ISBN 978-7-5689-1352-2　定价:42.00 元

编委会名单

主　任　江世宏

副主任　刘福智

编　委（按姓氏笔画为序）

卫　东	方大凤	王友国	王　强	宁妍妍
邓建平	代彦满	闫　妍	刘志然	刘　骏
刘　磊	朱明德	庄夏珍	宋　丹	吴业东
何会流	余　俊	陈力洲	陈大军	陈世昌
陈　宇	张少艾	张建林	张树宝	李　军
李　璟	李淑芹	陆柏松	肖雍琴	杨云霄
杨易昆	孟庆英	林墨飞	段明革	周初梅
周俊华	祝建华	赵静夫	赵九洲	段晓鹃
贾东坡	唐　建	唐祥宁	秦　琴	徐德秀
郭淑英	高玉艳	陶良如	黄红艳	黄　晖
彭章华	董　斌	鲁朝辉	曾端香	廖伟平
谭明权	潘冬梅			

编写人员名单

主　编　唐祥宁　上海农林职业技术学院

陈建德　上海农林职业技术学院

高素玲　河南农业职业学院

副主编　周韦成　上海市徐汇区绿化管理中心

党瑞红　新疆阿克苏职业技术学院

王广玉　甘肃林业职业技术学院

司志国　河南职业技术学院

田春丽　河南农业职业学院

参　编　徐俐琴　上海农林职业技术学院

赵建军　上海农林职业技术学院

陆昭君　上海农林职业技术学院

唐晓英　上海农林职业技术学院

朱飞雪　河南农业职业学院

王秀梅　黑龙江农垦林业职业技术学院

主　审　宋志伟　河南农业职业学院

总 序

改革开放以来,随着我国经济、社会的迅猛发展,对技能型人才特别是对高技能人才的需求在不断增加,促使我国高等教育的结构发生了重大变化。据 2004 年统计数据显示,全国共有高校 2 236 所,在校生人数已经超过 2 000 万,其中高等职业院校 1 047 所,其数目已远远超过普通本科院校的 684 所;2004 年全国高校招生人数为 447.34 万,其中高等职业院校招生 237.43 万,占全国高校招生人数的 53% 左右。可见,高等职业教育已占据了我国高等教育的"半壁江山"。近年来,高等职业教育特别是其人才培养目标逐渐成为社会关注的热点。高等职业教育培养生产、建设、管理、服务第一线的高素质应用型技能人才和管理人才,强调以核心职业技能培养为中心,与普通高校的培养目标明显不同,这就要求高等职业教育要在教学内容和教学方法上进行大胆的探索和改革,在此基础上编写并出版适合我国高等职业教育培养目标的系列配套教材已成为当务之急。

随着城市建设的发展,人们越来越重视环境,特别是环境的美化,园林建设已成为城市美化的一个重要组成部分。园林不仅在城市的景观方面发挥着重要功能,而且在生态和休闲方面也发挥着重要功能。城市园林的建设越来越受到人们重视,许多城市提出了要建设国际花园城市和生态园林城市的目标,加强了新城区的园林规划和老城区的绿地改造,促进了园林行业的蓬勃发展。与此相应,社会对园林类专业人才的需求也日益增加,特别是那些既懂得园林规划设计、又懂得园林工程施工,还能进行绿地养护的高技能人才成为园林行业的紧俏人才。为了满足各地城市建设发展对园林高技能人才的需要,全国的 1 000 多所高等职业院校中,有相当一部分院校增设了园林类专业,而且近几年的招生规模不断得到扩大,与园林行业的发展遥相呼应。但与此不相适应的是适合高等职业教育特色的园林类教材建设速度相对缓慢,与高职园林教育的迅速发展形成明显反差。因此,编写出版高等职业教育园林类专业系列教材显得极为迫切和必要。

通过对部分高等职业院校教学和教材的使用情况的了解,我们发现目前众多高等职业院校的园林类教材短缺,有些院校直接使用普通本科院校的教材,既不能满足高等职业教育培养目标的要求,也不能体现高等职业教育的特点。目前,高等职业教育园林类专业使用的教材较少,且就园林类专业而言也只涉及部分课程,未能形成系列教材。重庆大学出版社在广泛调研的基础上,提出了出版一套高等职业教育园林类专业系列教材的计划,并得到了全国 20 多所高等职业院校的积极响应,60 多位园林专业的教师和行业代表出席了由重庆大学出版社组织的高等职业教育园林类专业教材编写研讨会。会议上，代表们充分认识到出版高等职业教育园林类专业系列教材的必要性和迫切性，并对该套教材的定位、特色、编写思路和编写大纲进行了认真、深入的研讨，最后决定首批启动《园林植物》《园林植物栽培养护》《园林植物病虫害防治》《园林规划设计》《园林工程施工与管理》等20本教材的编写，分春、秋两季完成该套教材的出版工作。由全国有关高等职业院校具有该门课程丰富教学经验的专家和一线教师，大多为"双师型"教师担任主编、副主编和参编。

本套教材的编写是根据教育部对高等职业教育教材建设的要求，紧紧围绕以职业能力培养为核心设计的，包含了园林行业的基本技能、专业技能和综合技术应用能力三大能力模块所需要的各门课程。基本技能主要以专业基础课程作为支撑，包括有8门课程，可作为园林类专业必修的专业基础公共平台课程；专业技能主要以专业课程作为支撑，包括12门课程，各校可根据各自的培养方向和重点打包选用；综合技术应用能力主要以综合实训作为支撑，其中综合实训教材将作为本套教材的第二批启动编写。

本套教材的特点是教材内容紧密结合生产实际，理论基础重点突出实际技能所需要的内容，并与实训项目密切配合，同时也注重对当今发展迅速的先进技术的介绍和训练，具有较强的实用性、技术性和可操作性三大特点，具有明显的高职特色，可供培养从事园林规划设计、园林工程施工与管理、园林植物生产与养护、园林植物应用，以及园林企业经营管理等高级应用型人才的高等职业院校的园林技术、园林工程技术、观赏园艺等园林类相关专业和专业方向的教学使用。

本套教材课程设置齐全、实训配套，并配有电子教案，十分适合目前高等职业教育"弹性教学"的要求，方便各院校及时根据园林行业的发展动向和企业的需求调整培养方向，并根据岗位核心能力的需要灵活构建课程体系和选用教材。

本套教材是根据园林行业不同岗位的核心能力设计的，其内容能够满足高职学生根据自己的专业方向参加相关岗位资格证书考试的要求，如花卉工、绿化工、园林工程施工员、园林工程预算员、插花员等，也可作为这些工种的培训教材。

高等职业教育方兴未艾。作为与普通高等教育不同类型的高等职业教育，培养目标已基本明确，我们在人才培养模式、教学内容和课程体系、教学方法与手段等诸多方面还要不断进行探索和改革，本套教材也将会随着高等职业教育教学改革的深入不断进行修订和完善。

编委会

2006 年 1 月

第5版前言

由重庆大学出版社出版的高等职业教育园林类专业教材《园林植物环境》自2006年8月第1版、2009年8月第2版、2013年4月第3版、2018年8月第4版相继面世以来,在全国各高职院校广泛使用,深受广大师生的欢迎,使用效果良好,已经付印了14次,在全国各地的高等职业院校园林专业教育教学中发挥了重要作用。

为了进一步提高教材质量,适应高等职业技术教育和职业培训的发展需要,在《园林植物环境》第4版的基础上进行了修订。本次修订有以下几个特点:

一、教学目的"三突出":

(1)注重基本知识和基本技能的掌握与提高,以及教学中降低理论难度,注重理论联系实际;

(2)突出环境教育,强化生态观念;

(3)突出实践环节,加强能力培养。

二、在第4版的基础上增加了新政策、新技术。把近几年科技发展的最新信息、最新知识反映在教材中,把新工艺、新方法、新规范、新标准纳入到教材中。

三、修订重点突出新型肥料和城市土壤污染。

四、增设了实训39(综合能力训练)。

五、增加了25个二维码,可扫码学习。

本书修订任务如下:绪论、第1章、第2章由陈建德组织修订;第3章、第4章由高素玲组织修订;第5章、第6章由唐祥宁组织修订;实训指导由陈建德、周韦成、田春丽组织修订。全文由唐祥宁、陈建德修改定稿。

本教材的修订得到重庆大学出版社和各参加修订编写人员所在单位领导和师生的关心与帮助。在修订编写过程中,参阅了有关文献资料。在此对上述单位、作者一并致谢!

对书中存在的疏漏和不足之处,恳请读者批评指正。

编　者

2021年5月

第2版前言

《园林植物环境》教材第1版是2006年3月编写完成,2006年8月出版的。2008年5月重庆大学出版社在成都四川大学组织召开了"高等职业教育园林类专业系列教材"修订暨扩充会议。根据教学改革和发展的需要,会议要求更新教材的内容,反映新规范、新技术,完善教材的配套资源,并努力做好各分册教材之间内容的过渡和衔接。为此,《园林植物环境》在原编写组的基础上组织了修订组进行教材修订。

修订组根据各有关高等职业院校对本教材的使用意见及社会对园林类高职生的职业定位与需求的发展,对教材做了较大的修订,重点突出了实践教学及应用,以适应园林类高职毕业生就业和职业生涯发展的需要。编写体例上也力争突出以"实际任务为载体"的高职教育课程体系。

绪论由唐祥宁执笔修订;第1章由舒洪岚、陈建德执笔修订;第2章由王广玉执笔修订;第3章由高素玲、张翼执笔修订;第4章由高素玲执笔修订;第5章由孙德祥、陈建德执笔修订;第6章由刘家龙、党瑞红执笔修订;实训指导由唐祥宁、徐雅玲执笔修订;教材PPT由陈建德、唐晓英制作。本教材初稿完成后,在修订编写人员之间相互交叉审阅,在避免不同章节重复或遗漏的同时,对书稿做了进一步的校正。全书由陈建德、唐祥宁修改定稿,沈婷、陆昭君负责全书的文字校对与排版,最后经宋志伟博士审定全稿。

本教材的修订得到重庆大学出版社和各参加修订编写人员所在单位领导和师生的关心与帮助。在修订编写过程中,参阅了有关文献资料。在此对上述单位、作者一并致谢!

由于编者水平有限,第2版教材中错误或遗漏仍恐难免,敬希同行和读者批评指正。

编　者
2009年3月

第1版前言

《园林植物环境》是高等职业教育园林类专业的一门通用性专业基础课程。其主要任务是说明园林植物生长发育的基本过程,园林植物生长发育与环境条件(气象、土壤、营养、生物等)的关系,如何通过环境的调控影响园林植物生长发育的进程,为园林植物的合理布局和配置创造良好的条件。

本书按照职业教育教学改革的要求,立足理论教学"必需、够用"的原则,突出实践教学和应用。《园林植物环境》教材编写组在反复斟酌和讨论的基础上,确定了本教材的编写原则和大纲。在编写过程中力求理论联系实际;突出综合性,以优化理论结构;突出环境教育,以强化生态观念;突出实践环节,以加强能力培养。在内容体系上打破了传统学科体系,将园林植物与生理、农业气象,土壤与肥料,设施生产与生态等知识有机地融合在一起,形成新的综合课程结构。本书还编入与理论教材配套的实训内容,以突出其应用性和可操作性。

本教材由绪论和6章正文组成。第1章重点介绍植物生长发育的一些基本概念、植物生长发育与环境条件的关系、环境调控及园林植物的生态功能等;第2章主要介绍与园林植物生长相关的光、温、水、气等气象环境因素,气象因素变化规律与园林植物生长的关系;第3章主要介绍土壤的基本特性、园林植物土壤的利用与管理;第4章主要介绍园林植物营养的基本知识及合理施肥的技术;第5章主要介绍园林植物生物因素及生态系统的基本知识;第6章主要介绍园林植物设施内的环境特点及其调控管理措施。

参加本教材编写的人员均为全国相关院校长期从事职业教育教学与改革研究的一线骨干教师,编写内容分工基本上是结合各人相对专长的研究领域进行的,以保证教材内容尽可能地反映相关领域的最新研究进展。

第1章的第1,2,3节由鲍文敏编写、唐祥宁改编;第1章的第4,5节由陈玮编写、王广玉改编;第2章的第1,2,3节,实训3,4由王广玉编写;第2章的第4,5,6节,实训5由王秀梅编写;第3章的第2节由张翼编写;第3章的第1,3节,实训6由司志国编写;第4章的第1,2节,实训7,8由高素玲编写;第4章的第3节由舒洪岚编写、高素玲改编;第5章由孙德祥编写、高素玲和唐祥宁改编;第6章的第1,2节,实训1,2,9,10,11,12和13由唐祥宁编写;第6章的第3,4节由邓建玲编写。本教材初稿完成后,先在编写人员之间相互交叉审阅,在避免不同章节重复或遗漏的同时,对书稿做了初步校正。接着由王广玉、陈玮对第1,2章进行统稿,高素玲对第3,4章进行统稿,孙德祥对第5,6章进行统稿,然后由唐祥宁修改定稿。邓建玲负责全书的文字与插图排版。最后经宋志伟教授审定全稿。

本教材的编写得到重庆大学出版社和上海农林职业技术学院有关领导的关怀和指导,同时也得到各编写人员所在单位领导和师生的关心与帮助。在编写过程中,参阅了有关文献资料。在此对上述单位、作者一并致谢!

由于编写人员水平有限,编写时间仓促,书中错误或遗漏在所难免,恳请同行专家批评指正。同时也望读者能将本教材的建议和意见反馈给我们,以便再版时及时修改。

编　者

2006 年 6 月

目　录

0　绪　论 ……………………………………………………………………… 1
　0.1　园林植物环境的概念 ………………………………………………… 1
　0.2　环境因素对园林植物的影响 ………………………………………… 1
　0.3　园林植物环境的生态意义 …………………………………………… 2
　0.4　园林植物环境课程的主要内容和任务 ……………………………… 2
　习题 ………………………………………………………………………… 3
　思考题 ……………………………………………………………………… 4

1　园林植物生长发育与环境 ……………………………………………… 5
　1.1　园林植物的生长发育 ………………………………………………… 5
　　1.1.1　植物的生长发育 ………………………………………………… 5
　　1.1.2　植物生长的规律 ………………………………………………… 6
　1.2　园林植物的生长发育与环境 ………………………………………… 9
　　1.2.1　园林植物的营养生长与环境 …………………………………… 9
　　1.2.2　园林植物生殖生长与环境 ……………………………………… 12
　　1.2.3　园林植物繁殖和授粉方式 ……………………………………… 14
　1.3　园林植物遗传变异与环境 …………………………………………… 15
　　1.3.1　基因型、表现型与环境 ………………………………………… 15
　　1.3.2　环境因素与品种特性的形成 …………………………………… 16
　1.4　园林植物生长发育的调控 …………………………………………… 19
　　1.4.1　合理利用环境资源 ……………………………………………… 19
　　1.4.2　人工控制环境条件 ……………………………………………… 20
　　1.4.3　植株调整 ………………………………………………………… 21
　　1.4.4　植物激素及植物生长调节剂的应用 …………………………… 23
　1.5　园林植物的功能作用 ………………………………………………… 26
　　1.5.1　园林植物的生态作用 …………………………………………… 26
　　1.5.2　园林植物的经济作用 …………………………………………… 28

    1.5.3   园林植物的社会作用 ……………………………………… 29

    1.5.4   园林植物的功能景观作用 ………………………………… 30

  习题 ………………………………………………………………… 31

  思考题 ……………………………………………………………… 31

2   园林植物与气象要素 ………………………………………… 32

  2.1   园林植物与光 ……………………………………………… 32

    2.1.1   园林植物的光合作用 ……………………………………… 32

    2.1.2   园林植物的光环境 ………………………………………… 33

    2.1.3   光环境的调控在园林绿化中的作用 ……………………… 36

  2.2   园林植物与温度 …………………………………………… 37

    2.2.1   温度对园林植物的生态作用 ……………………………… 38

    2.2.2   温度环境的调控在园林绿化中的应用 …………………… 40

  2.3   园林植物与水分 …………………………………………… 42

    2.3.1   水分在植物生活中的作用 ………………………………… 42

    2.3.2   园林植物对水分的要求和适应 …………………………… 43

    2.3.3   水环境调控在园林绿化中的应用 ………………………… 44

    2.3.4   提高水分利用率的途径 …………………………………… 45

  2.4   园林植物与空气 …………………………………………… 46

    2.4.1   大气组成及其生态意义 …………………………………… 46

    2.4.2   大气污染对园林植物的危害 ……………………………… 48

    2.4.3   风 …………………………………………………………… 49

  2.5   园林植物引种与气象变化 ………………………………… 51

    2.5.1   天气与气候 ………………………………………………… 52

    2.5.2   我国气候的多样化 ………………………………………… 52

    2.5.3   引种与气候的关系 ………………………………………… 54

  2.6   气象灾害及其防御 ………………………………………… 55

    2.6.1   寒潮及其防御 ……………………………………………… 55

    2.6.2   霜冻及其防御 ……………………………………………… 56

    2.6.3   台风及其防御 ……………………………………………… 57

    2.6.4   干旱及其防御 ……………………………………………… 58

    2.6.5   雨涝及其防御 ……………………………………………… 59

  习题 ………………………………………………………………… 60

  思考题 ……………………………………………………………… 60

3   园林植物与土壤要素 ………………………………………… 61

  3.1   土壤的作用与组成 ………………………………………… 61

    3.1.1   园林植物生长与土壤 ……………………………………… 61

    3.1.2   土壤的组成及性状 ………………………………………… 61

　　3.1.3　中国主要土壤及植物生长 ················· 73
　3.2　园林植物与土壤基本性质 ················· 74
　　3.2.1　土壤孔隙性与结构性 ················· 74
　　3.2.2　土壤物理机械性与耕性 ················· 77
　　3.2.3　土壤的保肥性与供肥性 ················· 79
　　3.2.4　土壤酸碱性与缓冲性 ················· 82
　　3.2.5　土壤的氧化还原反应 ················· 84
　3.3　土壤资源合理利用与管理 ················· 85
　　3.3.1　我国土壤资源的特点 ················· 86
　　3.3.2　高产肥沃土壤培育与园林土壤的培肥管理 ················· 87
　　3.3.3　低肥力园林土壤的改良 ················· 89
　　3.3.4　园林土壤资源的保护 ················· 90
　习题 ················· 92
　思考题 ················· 93

4　园林植物与营养要素 ················· 94
　4.1　营养元素与植物生长发育 ················· 94
　　4.1.1　植物必需营养元素 ················· 94
　　4.1.2　植物对养分的吸收 ················· 96
　　4.1.3　植物营养特性 ················· 99
　　4.1.4　主要营养元素、营养功能与植物营养失调症诊断 ················· 99
　4.2　合理施肥的原理和方法 ················· 103
　　4.2.1　合理施肥的基本原理 ················· 103
　　4.2.2　合理施肥的方式方法 ················· 104
　4.3　土壤中主要营养元素状况与化学肥料的合理施用 ················· 105
　　4.3.1　土壤中的氮素状况和氮肥的合理施用 ················· 105
　　4.3.2　土壤中磷素和磷肥的合理施用 ················· 108
　　4.3.3　土壤中的钾素和钾肥的合理施用 ················· 110
　　4.3.4　中量元素及中量元素肥料 ················· 111
　　4.3.5　土壤微量元素与微量元素肥料 ················· 112
　　4.3.6　复合肥料 ················· 112
　　4.3.7　新型肥料 ················· 115
　4.4　有机肥料 ················· 120
　　4.4.1　有机肥料的特点与作用 ················· 120
　　4.4.2　有机肥的主要类型及施用 ················· 121
　4.5　提高施肥利用率与减少环境污染 ················· 125
　　4.5.1　肥料施用与环境污染 ················· 125
　　4.5.2　科学施肥,减少环境污染的措施和技术 ················· 127
　习题 ················· 128

思考题 …………………………………………………………………………… 129

5　园林植物与生物要素 ………………………………………………………… 130

5.1　园林植物的生物因素 …………………………………………………… 130

5.1.1　植物的种群 …………………………………………………… 130

5.1.2　植物群落 ……………………………………………………… 132

5.1.3　种内与种间关系 ……………………………………………… 133

5.1.4　植物与动物的关系 …………………………………………… 136

5.1.5　生物多样性和有害生物的控制 ……………………………… 137

5.2　生态系统 …………………………………………………………………… 139

5.2.1　生态系统的概念及组成 ……………………………………… 139

5.2.2　生态系统的结构及基本特征 ………………………………… 140

5.2.3　生态系统的功能 ……………………………………………… 141

5.2.4　生态平衡 ……………………………………………………… 144

5.3　生物因素调控在园林绿化中的作用 …………………………………… 145

5.3.1　根据种间关系合理配置植物 ………………………………… 145

5.3.2　保持适宜的栽植密度 ………………………………………… 145

5.3.3　加强城市中有益生物的保护 ………………………………… 145

5.3.4　园林植物病虫害综合治理 …………………………………… 146

5.3.5　防止有害生物入侵 …………………………………………… 147

5.3.6　乡土植物与生物多样性 ……………………………………… 148

习题 ………………………………………………………………………… 149

思考题 ……………………………………………………………………… 150

6　园林植物设施环境与管理 …………………………………………………… 151

6.1　园林植物设施特点 ……………………………………………………… 151

6.1.1　园林植物设施内环境特点 …………………………………… 151

6.1.2　园林植物设施常见问题及解决方法 ………………………… 155

6.2　园林植物地上部分环境管理 …………………………………………… 156

6.2.1　光的管理 ……………………………………………………… 156

6.2.2　温度的管理 …………………………………………………… 158

6.2.3　空气的管理 …………………………………………………… 162

6.3　园林植物地下部分环境管理 …………………………………………… 164

6.3.1　设施内土壤管理 ……………………………………………… 164

6.3.2　园林植物无土栽培技术 ……………………………………… 166

6.4　设施生产综合管理 ……………………………………………………… 170

6.4.1　设施生产综合管理 …………………………………………… 170

6.4.2　设施生产计算机管理 ………………………………………… 171

习题 ………………………………………………………………………… 173

思考题 ·· 174

7 实训指导 ·· 175

实训 1　种子生活力的快速测定(TTC 法) ································ 175
实训 2　植物光合强度的测定(改良半叶法) ·························· 177
实训 3　植物呼吸速率广口瓶测定法 ···································· 180
实训 4　呼吸商的测定 ·· 182
实训 5　植物春化现象的观察 ··· 183
实训 6　生长调节剂调节菊花株高的实验 ······························ 185
实训 7　植物生长调节剂诱导植物插条发生不定根的实验 ········· 186
实训 8　生长素类物质对根、芽生长的调控 ·························· 188
实训 9　植物组织细胞水势小液流测定法 ······························ 190
实训 10　植物蒸腾强度快速称重测定法 ······························· 192
实训 11　植物组织抗逆性的测定(电导率仪法) ····················· 194
实训 12　日照时数的观测 ··· 196
实训 13　光照度的观测 ··· 198
实训 14　温湿度环境及其生态作用的观测 ····························· 199
实训 15　降水和蒸发的观测 ··· 200
实训 16　不同水环境条件下园林植物形态结构特征的观察 ········ 202
实训 17　风的观测 ··· 203
实训 18　园林植物对大气污染净化效应的观察 ······················ 206
实训 19　土壤剖面的观察 ··· 207
实训 20　土壤样品的采集与处理 ·· 209
实训 21　土壤水分的测定 ··· 210
实训 22　土壤质地的测定 ··· 212
实训 23　土壤容重的测定和土壤孔隙度的计算 ······················ 216
实训 24　土壤 pH 值的测定 ··· 217
实训 25　土壤碱解氮的测定 ··· 220
实训 26　土壤有效磷的测定 ··· 222
实训 27　土壤速效钾的测定(醋酸铵-火焰光度法) ················ 224
实训 28　土壤有机质的测定 ··· 226
实训 29　化学肥料的简易定性鉴定 ······································· 228
实训 30　营养液的配制 ··· 232
实训 31　营养土的配制 ··· 233
实训 32　待绿化土壤调查 ··· 234
实训 33　地带性植物群落特征及演替趋势调查分析 ················· 235
实训 34　当地自然植物群落、土壤和分布调查 ······················ 239
实训 35　当地城市植物景观特征的观测 ································· 240
实训 36　人工植物群落及园林植物配置的调查 ······················ 241

实训 37　设施类型的调查 ·· 242

实训 38　设施内小气候观测 ·· 243

实训 39　综合能力训练 ·· 245

主要参考文献 ··· 247

 绪 论

0.1 园林植物环境的概念

环境是指与某一特定中心事物有关的周围事物的总和。环境是相对中心事物而言的,如生物的环境、人的环境分别是以生物或人作为中心事物。在环境科学领域,环境是以人类为主体的外部世界的总和,可称为"人类的环境"。在生态学领域,环境是以生物为主体,其生存空间周围所有因素的总和,包括物理因素和生物因素,可称为"生物的环境"。物理因素主要指光照、温度、水分、空气、土壤等;生物因素主要是动物、植物及人类。环境包括所有这些因素,以及这些因素的构成系统及其所呈现的状态与相互关系。

园林植物环境是指以园林植物为中心,与其有关的周围诸因素之间相互作用及其所呈现的状态和相互关系的总和。与园林植物生长有关的环境因素,包括气象、土壤、生物等因素,这些因素是在不断地变化运动中,而植物的生长发育又反过来影响着它们的变化运动,从而共同构成了我们所见到的植物环境。

0.2 环境因素对园林植物的影响

园林植物生长发育与光照、温度、水分、空气、土壤、养分及生物等环境因素有密切的关系,只有处理和协调好各种环境因素的关系,才能使植物生长健壮,发育良好,发挥最佳的绿化效果。

(1)光对园林植物的影响 光是植物生长与发育所需能量的主要来源,是植物生长与发育的基本条件之一。光可促进植物形态器官的形成,如光可以促进需光种子的萌发、幼叶的展开,影响叶芽与花芽的分化、植物的分枝与分蘖等;光也是植物进行光合作用,合成有机物质的基本条件;光还会影响植物的某些生理代谢过程,进而影响园林植物的观赏品质,如花的颜色、树木的姿态、果实的形态及大小等。

(2)温度对园林植物的影响 任何植物的生长发育都需要一定的温度。植物的正常生长

发育及其过程必须在一定的温度范围内才能完成,而且各个生长发育阶段所需的最适温度范围也不一致,超出这一范围,就会使植物受到伤害,生长发育不能完成,甚至过早死亡。不同园林植物对温度要求不同,如南方有椰树添情调,北方则有雪松增风采;夏季有玫瑰、牡丹争艳丽,冬季则有梅花、水仙吐芬芳。

(3)水分对园林植物的影响 水是生命起源的先决条件,没有水就没有生命。植物的一切正常生命活动都必须在细胞含有水分的状况下才能发生。水是植物细胞的主要组成成分,能维持细胞和组织的形态。水是多种物质的溶剂,也是光合作用的原料。此外,水可缓和植物体内细胞原生质的温度变化,使原生质免于受害或受害较轻。水是连接"土壤—植物—大气"这一系统的介质,水通过不同形态、数量和持续时间的变化对植物的生长发育及生理生化活动产生重要的生理生态作用,进而影响园林植物生长发育的质和量。

(4)土壤对园林植物的影响 土壤是植物生长发育的基地。植物可以从土壤中吸收生长发育所需要的水分和养分。土壤特性不仅影响水分和养分供应,而且也影响植物地上部分的各种代谢过程。一个具有良好特性的土壤应该使植物能"吃得饱"(养料供应充足)、"喝得足"(水分供应充足)、"住得好"(空气流通、温度适宜)、"站得稳"(根系伸展开、机械支撑牢固)。土壤对植物起着"营养库"作用,在养分转化和循环作用中有重要意义。

(5)肥料对园林植物的影响 肥料是植物的粮食,是土壤养分的主要来源,是重要的植物生长与发育物资,在植物生长与发育中起着重要的作用。肥料可以改良土壤,提高土壤肥力,促进植物整株生长或促进植株某一部位生长。改善园林植物的观赏品质也与肥料的特性有密切关系,如氮肥可使植株健壮,磷肥可使花色鲜艳等。

0.3 园林植物环境的生态意义

园林植物是指在园林绿化中用来美化、香化、彩化和绿化环境的植物,是构成园林景观的基本材料。园林植物不但具有构成园林景观,发挥美化和绿化环境的功能,而且对保护与改善环境、维持生态平衡具有重要的作用。园林植物构成的园林绿地,是自然界的象征,它在净化空气、吸收有害气体、吸滞灰尘、减菌杀菌、减弱和消除噪音、降温增湿等方面具有极其重要的作用。因此,园林植物环境建设应该成为城乡文明建设的一个重要内容。

园林植物环境被誉为"城市的心肺",是城市人们生存的重要环境之一。当我们从喧哗的城市环境移身于宁静美丽、芳香四溢的园林植物环境后,脑神经系统从有刺激性的压抑中解放出来,感到宁静安逸、心情舒畅。这是因为园林植物能净化环境,减弱人类活动造成的各种环境污染,降低城市的"热岛、干岛、雨岛和雾岛"等效应,使人们在精神上、肉体上消除疲劳、充满活力,健康愉快地生活。因此,应大力提倡栽花、种树、种草,提高城市绿化覆盖率,以绿化祖国、美化城市、改善和保护生态环境,达到人与自然、人与城市共存和持续发展的和谐关系。

0.4 园林植物环境课程的主要内容和任务

园林植物环境是一门研究园林植物主要环境因素的特点、园林植物与其环境的相互关系及园林植物主要生态因素调控在园林绿化中应用的课程。本课程内容包括:园林植物主要环境因素的组成及园林植物生长发育规律的知识;与园林植物有关的气象知识;与园林植物有关的土壤基本特性、养分转化规律及肥料施用知识;与园林植物有关的设施环境的组成及调控知识。本课程根据高职类园林专业的特点,在坚持基本理论够用、突出应用技能的前提下,将生态学、气象学、土壤肥料学等多门学科的知识有机地整合在一起,减少了交叉重复的内容,因而相应地节约了学习时间,能够以较高效率培养职业技术人才。在城市中,人类社会的种种活动对植物有着极大的影响,因而它也涉及社会科学的有关知识。

园林植物环境课程的任务是阐明园林植物环境因素的特点及变化规律,揭示园林植物个体生长发育和群体的结构、形态、形成、发展与环境之间的生态关系,从而更好地控制和调节园林植物与环境之间的关系。在园林工作中,了解和研究园林植物与环境的相互关系,不仅要了解园林植物本身各方面的特性,还要了解它们生活环境方面的特性,以及它们二者之间相互作用的关系。只有对具体的园林植物和具体的环境进行具体的分析,才能弄清和掌握园林植物与环境的相互促进、相互制约、共同发展的规律,便于正确地改善环境条件,以满足园林植物对外界物质和能量的要求;才能自觉地采取相应措施,充分发挥植物的生态适应潜力,使其能更充分地利用环境条件和更有效地改良环境,从而最大限度地发挥植物在园林绿化中的优势和潜力。

学习园林植物环境课程时应紧密联系实际,从生态的角度、用辩证的方法,勤观察、勤思考,不断实践,提高自身的知识和能力水平,做到活学活用、融会贯通、不断创新,为进一步学习园林植物栽培养护、园林植物良种繁育,以及园林规划设计、施工和园林经营管理等知识和技能奠定基础。

习　题

1. 名词解释

(1)环境　(2)生物环境　(3)园林植物环境

2. 填空题

(1)园林植物生长环境因素包括(　　)、(　　)、(　　)等,这些因素在不断地变化运动,而植物的生长发育又反过来影响着它们的变化运动,从而共同构成了我们所见到的植物环境,这是植物长期进化(　　)自然选择的结果。

(2)园林植物不但构成园林景观,发挥美化和绿化的功能,而且对(　　)、(　　)具有重要的作用。

(3)园林植物环境是一门研究园林植物主要(　　)的特点、园林植物与其(　　)的相互关系及园林植物主要(　　)调控在园林绿化中应用的课程。

(4)学习园林植物环境课程时应紧密联系实际,从(　　)角度、用(　　)方法,勤观察、勤思考,不断提高自身的知识和能力水平,做到活学活用、融会贯通、不断创新。

3. 简答题

环境因素对园林植物有哪些影响?

思考题

1. 园林植物环境的生态意义有哪些?
2. 园林植物环境课程的内容和任务是什么?

园林植物生长发育与环境

[本章导读]

本章主要介绍园林植物生长发育的一些基本概念,即植物各器官的结构特点与生长发育基本规律、园林植物的生长发育与环境条件的关系、园林植物的遗传育种与环境条件的关系、环境调控以及园林植物的生态功能等。使读者了解园林植物生长发育的基本规律,从而合理地调控植物的生长,以提高园林植物的生产效益。

1.1 园林植物的生长发育

1.1.1 植物的生长发育

植物的生长发育是植物在生命过程中形态结构、生理生化特点和生态习性等的变化。植物体由各种器官组成,各种器官又由各种类型的细胞组成。各种类型的细胞是构成植物体的基础。因此,植物的生长发育就是构成植物体的各种类型细胞的生长发育。

1)植物的营养生长

植物的营养器官一般指植物的根、茎和叶,它们共同承担着植物体的营养生长。

种子萌发时,最先突破种皮的是胚根,然后正常向下生长长成的根叫主根。主根形成后,其根尖根毛区的一部分中柱鞘细胞恢复分裂能力,发生分裂后先形成侧根的分生区和根冠,然后由分生区细胞不断分裂、生长和分化,逐渐伸长,穿过皮层和表皮,形成侧根。一旦根尖折断,更多的不定根可从生长部位生长出来。

茎顶端的分生区具有强烈的分生能力,茎的各种组织均由此分生出来。营养体向生殖器官的转变也是在这里进行的。生长区位于分生区下部的几个节和节间,是顶端分生组织发展为成熟细胞的过渡区域。紧接着的伸长区是组织分化基本完成的成熟区,它已具备了幼茎的初生结构。

叶子在茎上的排列顺序在顶端生长锥形成器官原基时就已经确定。茎的顶端生长一般可维持无限的生长,它在植株上占有最大优势,随时控制与调节着其他生长区(如下部侧芽)的生长。

所以,种子萌动之后形成幼苗,一直到花芽分化之前为营养生长阶段。

2)植物的生殖生长

花或花序由花芽发育而来。植物的营养生长达到一定阶段后,在适宜的环境条件下,就转入生殖生长,此时茎尖的分生组织不再产生叶原基和腋芽原基,而分化形成花或花序,这一过程称为花芽分化。花芽分化是植物体由营养生长期进入生殖生长期的转折点,是芽在发育过程中,经花芽开始分化,到花的各部分分化完成、花芽形成的全过程。花芽形成期与植物种类、温度、营养状况有关。根据不同树种花芽分化的特点,有以下4类:

①当年分化型:新梢形成花芽不需经过低温,夏秋开花。如木槿、紫薇、槐树、珍珠梅、洋紫荆等。

②多次分化型:一年可进行多次花芽分化。如白兰、月季、葡萄、四季桂、无花果、茉莉花、八角、榕树、桉树、台湾相思、巴西橡胶等。

③夏秋分化型:绝大多数早春和春夏间开花的观赏树木,在前一年夏秋间(6—8月,有的延迟至9—10月)进行花芽分化。如海棠类、榆叶梅、樱花、迎春、连翘、玉兰、紫藤、丁香、牡丹、枇杷、杨梅、山茶、杜鹃等。

④冬春分化型:原产暖地,当年11月至次年4月进行花芽分化。如荔枝、龙眼、柑橘等。

园林植物的开花有先花后叶及先叶后花两种类型。先花后叶植物,春季是开花盛期;先叶后花植物,花芽在夏秋季分化,夏秋季是开花盛期。园林植物对土壤的营养条件要求较高。因此,在枝条生长期内,应注意施肥和灌溉,促使枝条生长粗壮,为花芽分化和开花创造良好的物质基础。

1.1.2 植物生长的规律

1)植物生长的相关性

植物体是由多细胞构成的有机体,构成植物体的各器官间在生长上表现出相互依赖和相互制约的相关性。这种相关性是通过植物体内的营养物质和信息物质在各部分之间的相互传递或竞争来实现的。

(1)植物地上部分与地下部分的相关性　植物的地上部分和地下部分有维管束的联络,存在着营养物质与信息物质的大量交换,因而具有相关性。根部的活动和生长有赖于地上部分所提供的光合产物、生长素、维生素等;而地上部分的生长和活动则需要根系提供水分、矿物质元素、氮素以及根中合成的植物激素、氨基酸等。通常所说的"根深叶茂""本固枝荣"就是指地上部分与地下部分的协调关系。一般来说,根系生长良好,其地上部分的枝叶也较茂盛;同样,地上部分生长良好,也会促进根系的生长。

对于地上部分与地下部分的相关性常用根冠比来衡量。根冠比是指植物地下部分与地上部分干重或鲜重的比值,它能反映植物的生长状况,以及环境条件对地上部分与地下部分生长的不同影响。不同物种有不同的根冠比,同一物种在不同的生育期根冠比也有变化。一般植物在开花结实后,同化物多用于繁殖器官,加上根系逐渐衰老,使根冠比降低。多年生植物的根冠

比有明显的季节性变化。

（2）主茎与侧枝的相关性　植物的顶芽长出主茎，侧芽长出侧枝，通常主茎生长很快，而侧枝或侧芽则生长较慢或潜伏不长。这种由于植物的顶芽生长占优势而抑制侧芽生长的现象，称为"顶端优势"。除顶芽外，生长中的幼叶、节间、花序等都能抑制其下面侧芽的生长，根尖能抑制侧根的发育和生长，冠果也能抑制边果的生长。顶端优势现象普遍存在于植物界，但各种植物表现不尽相同。有些植物的顶端优势较为明显，如雪松、桧柏、水杉等越靠近顶端，侧枝生长受抑越强，从而形成宝塔形树冠；有些植物顶端优势不明显，如柳树以及灌木型植物等。许多树木在幼龄阶段顶端优势明显，树冠呈圆锥形，成年后顶端优势变弱，树冠变为圆形或平顶。植物的分枝及其株型在很大程度上受到顶端优势的影响。

（3）植物营养生长与生殖生长的相关性　营养生长与生殖生长的关系主要表现为既相互依赖，又相互对立。

①依赖关系：生殖生长需要以营养生长为基础。花芽必须在一定的营养生长的基础上才分化。生殖器官生长所需的养料，大部分是由营养器官供应的，营养器官生长不好，生殖器官自然也不会好。

②对立关系：若营养生长与生殖生长之间不协调，则造成对立。对立关系有两种类型。

第一种类型：营养器官生长过旺，会影响到生殖器官的形成和发育。例如，果树若枝叶徒长，往往不能正常开花结实，或者会导致花、果严重脱落。

第二种类型：生殖生长抑制营养生长。一次开花植物开花后，营养生长基本结束；多次开花植物虽然营养生长和生殖生长并存，但在生殖生长期间，营养生长明显减弱。由于开花结果过多而影响营养生长的现象在生产上经常遇到，例如果树的"大小年"现象，又如某些种类的竹林在大量开花结实后会衰老死亡，在肥水不足的条件下此现象更为突出。生殖器官生长抑制营养器官生长的主要原因，可能是由于花、果是生长中心，对营养物质竞争力过大的缘故。

在协调营养生长和生殖生长的关系方面，生产上积累了很多经验。例如，加强肥水管理，防止营养器官的早衰；控制水分和氮肥的使用，不使营养器官生长过旺；在果树及观果植物生产中，适当疏花、疏果以使营养收支平衡，并有积余，以便年年丰产，消除"大小年"。对于以营养器官为观赏目的的植物，则可通过供应充足的水分，增施氮肥，摘除花芽等措施来促进营养器官的生长。

2）植物的极性与再生

植物的极性是指植物细胞、细胞群、组织或个体所表现的沿着一个方向的、各部分彼此相对两端具有某些不同的形态特征或者生理特征的现象，如植物体有形态学上端（植物体后长出来的部分）和形态学下端（植物体先长出来的部分）之分。简言之极性就是植物体或离体部分的两端具有不同生理特性的现象。

植物体的极性在受精卵中已形成，并延续给植株。当胚长成新植物体时，仍然明显地表现出极性。例如，将柳树枝条悬挂在潮湿的空气中，枝条基部切口附近的一些细胞可能由于受生长素和营养物质的刺激而恢复分生能力，形成愈伤组织，并分化出不定根。这种在伤口再生根的现象与枝条的极性密切相关。无论柳树枝条如何挂，其形态学上端总是长芽，而形态学下端则总是长根，即使上下倒置，这种极性现象也不会改变；根的切段在再生植株上也有极性，通常是在近根尖的一端形成根，而在近茎端形成芽；叶片在再生时也表现出极性。不同器官的极性强弱不同，一般来说，茎的极性最强，根次之，叶最弱。极性产生的原因一般认为与生长素的运输有关。植物的极性现象在生产上早就受到人们的注意,因此,在扦插、嫁接以及组织培养时,都需将其形态学的下端向下,上端朝上,避免倒置。

在适宜的条件下,植物的离体部分能恢复所失去的部分,重新形成一个新个体,这种现象称为再生。在生产上采用压条、扦插、组织培养等技术进行繁殖,就是利用了植物的再生能力。

3)植物生长的周期性

(1)植物的生活周期　植物的生活周期就是植物的自然生命周期。如一年生植物的生命周期为一年,它在一个生长季节内完成生活史,如石竹、牵牛花等许多草本花卉。二年生植物有两个生长季,通常头年播种,次年开花、结实完成生命全过程。如百合、雏菊、紫罗兰等。多年生植物如果树和观赏树木的生命周期有的可达几十年,能多次进行开花结实,生活史长达几百年、上千年的植物也不少。

(2)植物的生产周期　植物的生产周期是指从播种或萌发到产品器官收获的这段时期。短则几个月,长则几年。

一年生植物或二年生植物的生产周期等于或短于生活周期。如一串红、番红花、菊花、香石竹、郁金香等,都是以花为产品器官。调控原则是先要形成合适的营养体,再是要在花芽分化时给予良好的条件,使花器官分化发育良好。多年生果树的生产周期表现为年周期的特点,即春季萌芽,夏秋收获。年周期中的季节性气候变化对植物生产影响很大,人们把与季节性气候变化相适应的植物器官的形态变化时期称为物候期。物候期对植物生产有重要指导意义。一年生植物的一生即生长期,而二年生植物和多年生植物的生长期之间有时还有休眠期,如多年生果树和观赏树木。

(3)植物的生长大周期　植物无论寿命长短,全株还是器官,生长速度都具有一个共同规律,即开始时生长慢,而后逐渐加快达到最高点,然后又减慢,最后停止生长。生长速度上表现"慢—快—慢"的"S"形生长规律,称为生长大周期。

了解生长大周期具有重要的实践意义:

①植物的生长是不可逆的,任何植物都是要经历生长、发育直至死亡,因此一切促进或抑制生长的措施,都必须在生长最快速度到来之前实施,要"不违农时"。

②营养生长阶段是生殖生长阶段的准备条件,只有前一阶段发展到一定程度,在一定的内外条件作用下才能转化到后一阶段。

③器官形成具有顺序性,各阶段以某一生长为中心,如发芽期主要是种子的萌发。

④植物在生长发育中,器官的同伸现象相当普遍,如月季开花时仍存在着茎、叶的抽生。因此在生产上,既要促进开花,又要防止早衰,保持茎叶生长。

4)向性运动与感性运动

植物器官在植物体内小范围移动,根据植物对刺激源的感受反应不同,可分为向性运动和感性运动两大类。

(1)向性运动　向性运动是指植物器官对环境因素的单方向刺激所引起的定向运动。这种运动的实质是由于反应部位生长速度不等而引起的,故又称生长性运动。向性运动根据刺激因素的种类,又可分为向地性、向光性、向水性和向化性等。

①向地性:种子萌发时不论其位置如何,根总是朝下生长,称正向地性,茎朝上生长,称负向地性;叶子则多为水平方向生长,称横向地性。

②向光性:植物生长器官受单方向光照射而引起生长弯曲的现象称为向光性。高等植物的向光性主要指植物地上部分茎叶的正向光性,根具有负向光性。向光性是植物的一种生态反应,如茎叶的向光性能使叶子尽量处于吸收光能的最适位置,以增强光合作用。

③向水性和向化性:根趋向土壤潮湿处生长的特性,称向水性。根趋向土壤肥沃处生长的特性,称向化性。所以生产上能用水、肥来调节根的生长。高等植物花粉管的生长也属向性运动,花粉落到柱头上后,胚珠细胞分泌出某些物质,诱导花粉管进入胚囊。

(2)感性运动　感性运动是运动器官因感受刺激的强弱而引起的运动,运动与刺激源方向无关。感性运动由细胞膨压变化所导致的。根据刺激源的不同,感性运动主要有感夜性和感震性两种。

①感夜性:感夜性是由于夜晚温度或光照强度变化而引起的运动。如花的开放和闭合,因温度和光强的变化,花被两面生长不一致,花瓣内侧比外侧生长快,花即开放;反之,则闭合。一般植物的花都是昼开夜闭。合欢等豆科植物的复叶小叶一到夜晚就合拢,叶柄下垂,白天又张开。这种运动可用来鉴别幼苗的壮健与否,因为健壮植株的运动很灵敏。

②感震性:感震性是由于机械刺激而引起的植物运动,如含羞草叶片的运动。当含羞草叶片受到震动时,小叶立即成对合拢,若所施刺激强烈时,全株小叶都会合拢,复叶叶柄下垂。

1.2　园林植物的生长发育与环境

1.2.1　园林植物的营养生长与环境

1)种子萌发与环境

(1)种子萌发的概念　种子是由受精胚珠发育而成的,是可脱离母体的延存器官。生产习惯上以种子萌发作为个体发育的起点。可以从不同的角度来理解萌发的概念。从形态角度看,具有生活力的种子吸水后,胚生长突破种皮并形成幼苗的过程称为种子萌发;从生理角度看,种子萌发是无休眠或解除休眠的种子吸水后由静止状态转为生理活动状态而引起的胚的生长;从分子生物学角度看,可理解为水分等因子使种子的某些基因和酶活化,引发一系列与胚生长有关的反应。

(2)种子的萌发过程　发育正常的种子获得了适宜的环境条件后,就开始萌发。种子的萌发过程可分为吸胀、萌动、发芽3个阶段。成活的种子吸水膨胀后含水量增加,种子内部也发生物质与能量的转化。由于幼胚不断吸收营养,细胞的数目增多,体积增大,达到一定限度时,就顶破种皮而出。首先突破种皮的是胚根。种子萌动后,胚继续生长,当胚根的长度与种子的长度相等、胚芽的长度到达种子长度的一半时,就达到了发芽的标准。种子发芽后,胚根深入土壤形成主根,胚芽形成茎、叶,胚就转变成能独立生活的幼苗。

(3)影响种子萌发的条件

①影响种子萌发的内部条件:种子从完全成熟到丧失生活力所经历的全部时间,即种子保持发芽力的年限,称为种子的寿命。不同植物种子的寿命长短各不相同。种子贮藏期间生长虽然处于停止状态,但生命活动并未停止,代谢仍然存在,呼吸照常进行,只是处于很微弱的状态。

种子的生活力和发芽率是影响种子萌发的重要因素。种子生活力是指种子发芽的潜在能力或胚所具有的生命力。种子发芽率是指种子发芽初期正常发芽的种子占供试种子的百分率。因此植物生产上一定要选择健全、饱满、生活力强、发芽率高的种子,做好留种工作。

②影响种子萌发的外界条件:对生活力强的种子,必须给予适当的外界条件,种子需要充足的水分、适宜的温度和足够的氧气才能萌发,有些植物种子的萌发还需要光。

● 水分:水是种子萌发的首要条件。无论是细胞的分裂与伸长均需足够的水分,种子只有从外界吸收到足够的水分后,各种生理活动才能顺利进行,种子才能够萌发。水分具有以下的作用:可以软化种皮,增强种子透性,有利于种子内外气体的交换,增强胚的呼吸作用;使原生质由凝胶态转变为溶胶态,提高原生质的生理活性;加快酶的活化,促进物质的转化和运输。所以种子的萌发必须要吸收足够的水分。各种植物种子萌发时所需水量有所不同,一般脂肪和蛋白质类种子的吸水量多于淀粉类种子的吸水量。种子萌发时水分不足,会使萌发时间延长,出苗率低或幼苗瘦弱。种子在吸水不足的情况下,胚生长缓慢,而种子的呼吸强度却急剧增大,大量的贮藏物质消耗于过强的呼吸中,影响胚呼吸中所需的养料供给,使有的胚在萌发过程中死亡,有的出苗后生长瘦弱。萌发时水分过多则会造成种子腐烂死亡,因过多的水分会降低土温,造成缺氧。一般土壤含水量以饱和含水量的 60% ~ 70% 为宜。所以,在播种时一定要根据实际情况采取灌水、排水、播后镇压等措施,保证种子顺利萌发出苗。

● 温度:种子必须在一定的温度范围内才能萌发。适宜的温度可以增强酶的活性,促进物质和能量的转化,利于种子吸水和气体交换。一般来讲,原产低纬度的喜温植物种子萌发温度较高,原产高纬度的耐寒性植物种子萌发则要求温度较低。对于春播植物一般采取温室、地膜覆盖等方法提高温度,促进种子萌发。

● 氧气:种子萌发是一个非常活跃的生理过程,具有强烈的呼吸作用,应保证其能量供应,所以氧气是种子萌发中不可缺少的重要因素。一般作物的种子需要空气含氧量在 10% 以上才能正常萌发,多数植物种子当空气含氧量下降到 5% 时几乎不能萌发。一般土壤空气中氧的含量常在 20% 以上,在土壤黏重、积水、板结和土层加深时会出现氧气不足。

温度、水分和氧气是种子萌发必不可少的重要因素,这 3 个因素不是孤立的,而是互相影响的,如土壤含水量高,就会造成氧气缺乏,土温较低。在种子萌发的不同阶段,3 种因素所处的地位不同。

● 光:光对多数植物种子的萌发没有显著的影响,但有些植物种子萌发需要光,有些植物种子萌发受光的抑制。需光种子在黑暗条件下,发芽率极低,宜浅播;嫌光种子在光照条件下,发芽率极低,宜深播。

2)园林植物营养生长与环境

园林植物的营养生长时期从种子发芽开始,经过幼苗期、营养生长旺盛期、营养生长休眠期。其生长特点是迅速增加同化面积和发展根系,从外界获得物质用于根、茎、叶等营养器官的生长和营养物质的积累。影响植物营养生长的环境因素主要有:

(1)温度　植物只有在一定的温度范围内才能生长。一般情况下,低于 0 ℃ 时,高等植物不能生长;高于 0 ℃ 时,则随着温度的升高,生长逐渐加快,20 ~ 30 ℃ 生长最快;继续增高温度,生长就会逐渐减缓,甚至停止。因此,可将植物生长的温度划分为最低温度、最适温度和最高温度 3 个基点。植物生长最适温度,一般是指生长最快的温度。但是,在这个温度下由于生长过快,物质消耗太多,反而生长比较弱。植物在比最适温度略低的条件下生长健壮,这时的温度称为生长协调最适温度。

不同种植物及同种植物在不同生长发育阶段的温度三基点是不一样的。原产热带的植物,生长的基点温度较高,一般在18 ℃开始生长;原产温带的植物,生长基点温度较低,一般10 ℃左右开始生长;原产亚热带的植物,其生长的基点温度介于前二者之间,一般在15~16 ℃开始生长。例如:热带的水生植物王莲生长最适温度为25 ℃,最低温度为15 ℃,最高温度为35 ℃。原产温带的芍药,在北京冬季零下十几摄氏度的条件下,地下部分不会冻死,次年春季10 ℃左右即能萌动出土。同一植物不同器官的生长所需的三基点温度也有差异,如郁金香的花芽和形成花芽的最适温度为20 ℃,而茎的生长最适温度为13 ℃。

（2）光照   光是植物光合作用的必需因子,根据园林植物对光照强度的要求,可以把它们分为:喜光植物、阴生植物和耐阴植物3类。

①喜光植物:是指只能在充足光照条件下才能正常生长发育的植物。这类植物不耐阴,在弱光条件下生长发育不良。如木本植物中的银杏、水杉、柽柳、樱花、合欢、木瓜、花石榴、鹅掌楸、紫薇、紫荆、梅花、白兰花、含笑、一品红、迎春、木槿、玫瑰、夜丁香、夹竹桃等;草本植物中的瓜叶菊、菊花、五色椒、三叶草、天冬草、吉祥草、千日红、鹤望兰、太阳花、香石竹、向日葵、唐菖蒲等。

②阴生植物:是指在弱光条件下能正常生长发育,或在弱光下比强光下生长良好的植物。如木本植物中的云杉、罗汉松、三桠绣球、枸杞、杜鹃花、枸骨、雪柳、瑞香、八仙花、六月雪、箬竹、棕竹等;草本植物中的蜈蚣草、椒草、万年青、文竹、一叶兰、吊兰、玉簪、石蒜等。

③耐阴植物:是指对光照的要求介于以上二者之间的植物。这类植物能忍受一定程度的庇荫。如木本植物中的雪松、樟树、木荷、桧柏、元宝槭、枫香、珍珠梅、荷花、玉兰、紫藤、君迁子等;草本植物中的石碱花、剪夏罗、剪秋罗、龙舌兰、萱草、紫茉莉、天竺葵等。耐阴植物中的有些植物随着其年龄和环境条件的差异,常常又表现出不同程度的偏喜光或偏阴生特征。

植物配置时以耐阴植物为宜,如山茶配置在白玉兰、广玉兰下,生长情况要看其枝下高而定。白玉兰枝下高普遍较高,且为落叶树种,光照强度在全日照的30%以下,故生长势良好;广玉兰枝下高普遍较低,又是常绿树种,光照强度偏低,当枝下高低于1.5 m时,对山茶的生长不利。又如垂丝海棠配置在桂花丛中,含笑、八角金盘、桃叶珊瑚配置在枝繁叶茂的常绿树下,均生长良好,这是依据植物喜光程度进行配置的成功例子。

光还能抑制细胞的伸长,促进细胞的成熟、分化和加速植物体内物质的运输。在强光下,植株一般表现矮小而健壮,茎叶发达,干重也高。如果光照条件差,因细胞伸长不受限制,就会造成节间过长,茎细而长,容易倒伏;且由于叶绿素合成受到限制,叶小而呈黄白色（黄化现象）。如果植物种植密度过高,就会因光照不足造成黄化现象,所以要提倡"合理"密植。使植物更充分、更有效地利用光能。不同的光波对植物生长影响不同。红光不抑制生长;蓝紫光,尤其是紫外光抑制植物的伸长生长。高山植物往往长得矮小,就是因为紫外线太强的缘故。

（3）水分   植物在正常生长过程中,细胞的分裂和伸长都需要在水分充足的条件下完成。水分不仅是光合作用的基本原料,而且是根用来吸收利用无机盐、植物体内有机物的转化和运输的载体。水分不足时,光合作用受阻,生长受到抑制,植株矮小。但水分过多会使营养器官徒长,机械组织和输导组织不发达,使茎叶软弱,易于倒伏,落花落果;还能影响土壤的通气性,降低土温,影响根系生长。合理调节水分供应,不仅能改善植物的光合性能,而且使根部生长良好,保证光合作用的正常进行。

植物的苗期由于叶面积小,需水量也少。苗期适当缺水还可以促进根系生长,有利于植物以后对水分和营养的吸收,并能提高抗旱能力。随着植物的不断生长,需水量也随之逐渐增大,例如用材树种材积量增长最快的时期也是需水最多的时期,如果此时不能及时供给水分,生长发育就会受到阻碍。到植物生长的后期,根、茎、叶开始衰退,需水量也渐趋减少。特别是植物成熟后期,一般不需要灌溉。如果灌水,会促进老叶基部再发新芽,从而消耗养分。根据对水分的不同要求,园林植物分为水生植物和陆生植物两大类,而陆生植物又可分为旱生植物和湿生植物。

①旱生植物:耐旱性极强,能忍受较长期的空气或土壤的干旱。如合欢、紫藤、夹竹桃、雪松等。此类植物可配置在地势较高或阳面的地方。

②湿生植物:耐旱性弱,需生长在潮湿的环境,在干燥或中等湿度的环境会生长不良或枯死。如水杉、水松、垂柳、乌桕等。此类植物一般配置在河边或地势较低的地方。

③水生植物:生长期的全过程都要有饱和的水分供应,尤喜生长在水中。如荷花、睡莲、金鱼藻等。此类植物一般应用于水生景观中。

在园林设计中应充分考虑植物的这一特性,随地形变化和土壤中含水量的不同,植物的配置应有所变化。另外,深根性植物配置时尽量不要群植(片植),在诸多条件适宜时可考虑与浅根性植物配置,做到相辅相成。

(4)营养   营养既是植物形成光合产物和生长发育的原料,又是提高光合生产力的必要条件。一般情况下,植物对营养的需要量与其生长量有密切关系。在萌发期间,因种子贮藏有丰富的养料,一般不从外界吸收矿物质元素;幼苗可吸收一部分矿物质元素,但需要量少,随着幼苗长大,对矿物质的需求也逐渐增加;至开花结实期,对矿物质吸收达到顶峰;以后随着生长的减弱,吸收量逐渐下降,至成熟期则停止吸收。植物的营养生长期主要是生根长叶,使植株营养体迅速增长,这时以形成蛋白质为主,因此需要较多的氮肥和较全面的营养。

必须指出,植物生长初期虽然对矿物质需要量不大,但对营养元素的缺乏却十分敏感,如果此时缺乏必需元素则会严重影响植物生长,即使以后补充大量肥料,也难以补救,以至减产。

综上所述,环境对于植物的营养生长存在着许多的影响。树木育苗时要使树体生长健壮,就必须在树苗生长前期加强肥水管理,使其形成大量枝叶,这样就能为后期提高光合生产率,为高产打下良好的基础。如果在树苗生长后期才加强肥水管理,不仅效果差,而且会使生长期延长,枝条幼嫩,树苗抗寒力低,易受冻害。

1.2.2   园林植物生殖生长与环境

植物生长到一定阶段就会开花。开花是植物由营养生长转入生殖生长最明显的标志。在自然条件下,每种植物都是在固定的季节开花,环境条件深刻地影响着植物的生殖生长。

1)温度

温带地区一二年生植物的种子必须经过一定时间的低温刺激后才能发芽、生长、开花,这种现象称为春化作用,这个发育阶段称为春化阶段。如牡丹、芍药的种子进行春播(干燥种子保存到春天播),由于没有满足其对低温的要求就不能发芽,只有秋播经过冬天的低温期,次年才能发育。如果用"湿沙藏法"处理,满足种子对低温的要求,则春播也能萌发。有些二年生植物

（如天仙子和一些杂草种子）在春天发芽，出现节间不伸长，叶紧贴地面，呈莲座状生长，经春化作用后，第二年才能抽薹开花。由此可见，如果不满足对低温的要求，植株始终保持莲座状而不能开花。不同种的植物，其春化阶段需要的低温和持续时间是不同的。

植物花芽的形成也具有一定的感温性，很多植物在气温高至 25 ℃以上时进行花芽分化，入冬进入休眠，经过一段时间的低温后休眠解除，开始开花，如梅、桃、山茶花等。很多原产温带北部和高山的植物，花芽多在 20 ℃以下较凉爽的气候条件下形成，如石斛属的某些种类在 13 ℃左右和短日照条件下进行花芽分化。

温度还能影响到植物的果实及种子的品质，若在果实成熟期有足够的温度，果实含糖量高、味甜、着色好，温度不足则相反。因为在果实成熟期，足够的温度能促进果实的呼吸作用，使果实内有机酸分解和氧化加快，果实中含酸量降低。如我国广东省柑橘的含酸量比四川、湖南的都低，就是这个道理。

2）光照

许多植物要求有一定的光照或黑暗时间才能开花，这种现象称为光周期现象。根据植物开花对光周期反应的不同，可将植物分为长日照植物、短日照植物、中日照植物和日照中性植物4 类。

（1）长日照植物　是指日照长度必须大于一定时数（这个时数称为临界日长）才能开花的植物，如天竺葵、大岩桐、兰花、令箭荷花、倒挂金钟、唐菖蒲、紫茉莉、风铃草类等。这类植物当日光照时数要达到 12 h 以上（一般为 14 h）才能形成花芽，而且光照时数愈长，开花愈早，否则将维持营养生长状态，不开花结实。

（2）短日照植物　是指日照长度短于临界日长时才能开花的植物，如一品红、菊花、蟹爪兰、落地生根、一串红、芙蓉花等。这类植物当日光照时数要在 12 h 以下（一般为 10 h）才能形成花芽，而且黑暗时数愈长，开花愈早。在长日照下只能进行营养生长而不开花。

（3）中日照植物　是指只有当昼夜长短接近时才能开花的植物。如某些甘蔗品种只有接近 12 h 的光照条件才开花，过大或过小于这个日照时数均不开花。

（4）日照中性植物　是指开花与否对光照时间长短不敏感的植物，只要温度、湿度等生长条件适宜，就能开花的植物。如月季、香石竹、紫薇、大丽花、仙客来、蒲公英等。这类植物受日照长短的影响较小。

对于多年生植物，特别是树木从第 1 次开花以后，每年都有营养生长和开花结实的过程。大多数果树和林木的成花过程对光周期和低温处理是不敏感的。

3）水分

在植物生长旺盛时期，需水较多，特别是生殖器官的形成时期，对缺水最为敏感。若这一时期水分充足，可促使生殖器官的分化和形成。

4）营养

植物对营养的需求随着植株的生长而逐渐增加。当植物进入生殖生长期后，便逐渐开始生殖器官的分化，需要养分最多，是植物营养的敏感期。这一时期施肥的营养效果最好。

1.2.3　园林植物繁殖和授粉方式

植物的繁殖,即植物衍生后代的现象,是植物的重要特性之一。植物繁殖方式分为有性繁殖和无性繁殖两大类。

1)有性繁殖

有性繁殖就是通过两性细胞的结合(即受精)而繁殖后代。在有性繁殖过程中,须经授粉才能使精子与卵子结合,完成受精过程。植物的授粉方式可分为自花授粉和异花授粉两种。授粉方式决定了花粉的来源。

(1)自花授粉　又称自交,是指成熟的花粉授到同一朵花或同株异花的柱头上。因而自花授粉时花粉来源于自身。自花传粉花的特点是两性花,花的雌蕊常常围绕着雄蕊,两者挨得很近,所以花粉易于落在本花的柱头上,雄蕊的花粉囊和雌蕊的胚囊同时成熟;雌蕊的柱头对于本花的花粉萌发和花粉管中雄配子的发育没有任何阻碍。

(2)异花授粉　是指一朵花的花粉授到另一植株的花的柱头上。异花授粉时花粉来源于异株,故异花授粉也叫异交。具有单性花的植物必然是异花授粉,有雌雄同株,也有雌雄异株,如杨、柳等。有些植物的花虽为两性花,但花中的雌蕊与雄蕊成熟的时间有先有后,花期不遇,如苹果等;或同一植株上的花中雌雄蕊长度各不相同,造成自花授粉困难;或雌雄蕊空间排列不同,也会减少或避免自花传粉的机会。

2)无性繁殖

无性繁殖可分为营养繁殖和孢子繁殖两种。营养繁殖是利用植物营养器官的再生能力繁殖新株。在自然界中有不少高等植物能以自身的营养器官根、茎、叶来繁殖属营养繁殖;低等植物的营养体断裂,细胞裂殖以及出芽生殖也应属于营养繁殖。孢子繁殖是指植物通过产生无性生殖细胞(即孢子),生殖细胞不经两性结合,而直接发育成新个体的过程。

同一植株中所有细胞均具有相同的基因组成,这是因为所有细胞均由受精卵经有丝分裂而来。因此,由同一植株经无性繁殖的后代其基因型保持不变。通常将来自同一株的无性繁殖的后代称为一个无性繁殖系(或称无性系)。在同一无性繁殖系内具有相同的基因型,因而性状高度整齐一致。果树各品种的基因型是高度杂合的,具有明显的杂种优势,这类植物在生产上必须采用无性繁殖(如嫁接)的方法,才能使其性状保持不变;如果采用有性繁殖,后代便会出现性状分离,杂种优势也随之减退。

生产上采用的无性繁殖方法有分离、扦插、压条和嫁接等。

(1)分离　分离是把植物体的根茎、根蘖、枝条等器官人为地加以分割,使之与母体分离,然后移栽在适当的场所,以长成新株的繁殖方法,这种方法成活率较高。很多木本植物(如洋槐、杨树、苹果、樱桃等)多采用根蘖进行繁殖。

(2)扦插　一般是将枝条(也可用根或叶)插入土中,使其在适宜条件下长成植株。如柳、桑、葡萄和月季等。用扦插容易产生不定根,因而成活率很高。

(3)压条　压条是在早春将靠近地面的枝条下端压入土中,让枝条上端露出地面,待埋入土中的部分生出不定根、上端的叶能正常生长时,便可将枝条与母体分离。葡萄常采用压条

繁殖。

（4）嫁接　嫁接是将一株植物上的枝条或芽（称为接穗）移接到另一株具有根的植株（称为砧木）上，使二者彼此愈合，生长在一起。嫁接时一般用能耐寒、耐旱、耐贫瘠土壤的植物为砧木；用花、果或种子等具有优良品质的植物做接穗，这种嫁接成活的植物就可以具有砧木和接穗二者的优点。但嫁接不会改变接穗和砧木各自的遗传性。

（5）组织培养　组织培养是指在离体条件下，把植物的一部分迅速培养成植株的一种方法。用于培养的材料叫作外植体，它们可以是植物的一小段茎、一小块叶，甚至一个细胞。另外，通过组织培养还可以获得无病毒植株，使植株复壮。

1.3　园林植物遗传变异与环境

1.3.1　基因型、表现型与环境

1）基因型、表现型的概念

植物体的每一性状都由相应的基因控制。性状有显性和隐性之分，基因也有显性和隐性之分。显性基因控制显性性状，隐性基因控制隐性性状。同一对相对性状由同一对相对基因控制。通常用拉丁字母作为基因的符号，同一对相对基因，大写拉丁字母表示显性基因（如 A），小写拉丁字母表示隐性基因（如 a）。基因在生物体体细胞中是成对存在的（如 AA、Aa、aa）。两个基因都是显性基因（如 AA）时，表现显性性状；两个基因都是隐性基因（如 aa）时，表现隐性性状；当两个基因一个为显性，一个为隐性（如 Aa）时，只表现显性基因（A）所控制的性状，而隐性基因所控制的性状得不到表现。在遗传学上，对于生物细胞内的基因组成成分（如 AA、Aa、aa），称为基因型（或遗传型）。植物体的性状表现，例如园林植物的花色、株型等，称为表现型。

2）生物性状与环境的关系

基因型是表现型的遗传基础，而表现型是基因型在一定环境条件下的外在反映。任何植物都是在一定的环境条件下通过新陈代谢进行着生长发育的。因此，任何环境条件的变化都影响着植物的生长发育。例如，没有阳光，植物就不能进行光合作用，就不能制造有机物质；如果土壤水分不足，就影响着植物一系列的生命活动，严重缺水，就会造成死亡等。所有这一切都说明植物体同它的周围环境条件存在着不可分割的联系。就是基因型完全相同的个体，如果生长在不同的环境条件下，也会出现不同的性状。例如，同是丰花月季"冰山"品种，在肥水充足的正常环境条件下，是重瓣花；如果生长在瘠薄而又干旱条件下，就变为单瓣花了。这是由于不同的环境条件影响着新陈代谢作用的结果。

植物体的性状表现与它的基因组成和所处的环境是密切联系的。基因型、表现型与环境的关系，可以说是植物的遗传物质基础（基因型）与外界环境条件相互影响的关系。因为植物在生长发育中所表现出来的各种性状，都是以它的遗传物质为基础，在一定的环境条件的作用下发育起来的。在这一关系中，遗传物质是表现一定性状的基础或内因，而环境条件则是表现一定性状的条件或外因，外因通过内因而起作用。例如，菊花的花径在不同品种有很大差别，这反映了遗传物质的差别，但是，大花径品种必须在较好的营养条件下才表现大花径性状，如果营养

不足,就表现不出大花径的特征;而小花径品种即使在营养条件很好的条件下,花径也长不大。这就是说,营养条件是发育大花径的必要条件,但要发育成大花径首先必须具备大花径的遗传物质基础。必须指出,植物不同性状的发育,在受环境影响的程度上是存在很大差别的。例如,园林植物花色、花型及雌雄蕊的形态等受环境影响较小,遗传物质相同的个体,在不同的环境下仍能表现相似的性状;而一些经济性状,如株高、花径、花期等,则受环境影响较大。为此,在园林植物的栽培上,必须认真研究造成这些差异的环境因素。

虽然显性基因控制显性性状,隐性基因控制隐性性状,但是,显性性状的表现除了因显性基因的不同而有不同的表现形式外,还受到植物体内、外条件的影响。例如,将金鱼草的红花品种与象牙白花色品种杂交,其子一代如果在低温、阳光下培育,花为红色;如果在高温、遮光条件下培育,花为象牙白色。

3) 新陈代谢与环境的关系

不同的植物各具有不同的基因型,因而规定了不同的新陈代谢类型,使其发育出不同的性状。植物体所进行的一切新陈代谢过程,不论是同化还是异化,都必须有酶的催化。而酶催化功能的加强或削弱,是与环境条件的影响密切联系的。例如,酸碱度的大小,光照的长短或强弱,温、湿度的高低,营养物质成分或数量等环境因素的变化,都可以影响到酶的催化功能。而酶催化功能的变化必然会影响新陈代谢的进行,进而影响性状的发育。酶与环境条件之间这种关系的出现,是产生不遗传变异的主要原因。也就是说,不遗传变异的产生,或者由于环境条件不适宜,以致使发育该性状所需要的酶没有按遗传物质的规定合成;或者是酶虽然按遗传物质的规定合成了,但由于环境条件的不适应,酶的功能没有得到正常的发挥,致使发育该性状的新陈代谢过程不能正常地进行。不管是以上哪一种情况引起的性状变异,由于决定该性状的遗传物质都不曾变,因而是不遗传的变异。

综上所述,植物性状的发育和表现(表现型)不仅需要一定的遗传物质基础(基因型),而且还要有一定的发育条件(环境条件)。也就是说,表现型是基因型和环境综合作用的结果。

1.3.2   环境因素与品种特性的形成

1) 品种的概念

品种是指遗传上相对一致,具有相似或一致的外部形态特征,且有一定经济价值的某一种栽培植物个体的总称。品种是在长期的栽培过程中通过选择获得的植物的变异类型,其变异来自自然变异、人工杂交或人工诱导。一个品种可能来自一个优良单株的繁殖群体,也可能来自一个优异芽变的繁殖群体,还有可能是某种植物的纯合体或杂种一代。一个优良的变异在尚未繁殖、推广进而成为商品之前是不能称之为品种的,也就是说,品种是一个经济学概念。

品种应该具备特异性、一致性、稳定性3个特征。特异性是指一个品种区别于其他品种的特征,无论是外观还是内部代谢,每一个品种都应该有其独特的地方,否则该品种与其他品种无法区别,也就不能将其作为品种了。一致性是指每一个品种的个体之间应该一致,其代谢指标和外观都应该相对一致,这一特征是反映品种整齐度的指标,是对其遗传背景的一个要求。稳定性是指同一品种的主要性状是能够稳定遗传的,而不是漂移不定的。因此,品种表现出的性状不能随着外部环境的差异表现出明显的不同,它的表现型应该是基因型的体现,而不是环境饰变。

2)品种类型及其特点

根据群体的遗传组成不同,品种可分为自交系品种、群体品种、杂交种品种和无性系品种。

(1)自交系品种 表现为群体遗传组成基本同质,个体基本纯合。它是由具有绝大部分相同遗传背景的自花授粉或异花授粉园林植物的一个或多个品系组成的群体,其亲子代相似性达 87% 以上;或表现为具有兼性无融合生殖的单个品系组成的群体,其亲子代相似性达 95% 以上。选育这类品种主要通过选择育种和有性杂交育种。在选择方法上主要以单株选择为主,也可通过花药和花粉培养诱导单倍体,再对单倍体植株的染色体加倍,选择后育成定型品种。

(2)群体品种 群体遗传组成异质,个体杂合,其品种群体可以表现差异,但必须有一个或多个性状表现一致,与其他品种相区分。它们是从异花授粉的园林植物中采用混合选择法选择而育成的品种。这类品种繁殖时必须注意保持品种的种性。有些花卉品种属于群体品种。

(3)杂交种品种 表现为群体遗传组成同质,个体杂合。它是通过一代杂交育种途径,选配适合的亲本组合,两个亲本之间杂交产生杂交子一代。在有性繁殖的园林植物中,利用杂交优势的主要是一二年生花卉。目前生产上主要用自交系杂交种。因此,选育杂交种品种首先选育自交系,而自交系的选育主要采用单株选择法。

(4)无性系品种 表现为群体遗传组成同质,个体杂合。由一个或几个很相似的无性系组成的群体,其繁殖方式为无性繁殖,如苹果的"富士"品种。此外,利用绝对无融合生殖所产生的种子进行繁殖的群体也是无性系品种,如"Higgins"蝴蝶草。无性系品种选育主要利用在繁殖过程中发生的变异,以及杂交后代所产生的基因重组变异。其程序主要是选出变异枝条、块茎、块根、植株等,进行株系比较和选择,经两三代比较及鉴定,即可选出新品种。

3)品种特性的形成

品种是在长期的栽培过程中通过选择获得的植物的变异类型,其变异来自自然变异、人工杂交或人工诱导等。自然界现有的各种各样的植物及其形形色色的品种类型都是从比较原始的植物演变而来的,而且目前仍都处于演变进化过程中。同样是一个物种,有的品种体型高大,而有的品种体型矮小,它们对当地环境都有良好的适应性。品种特性的形成过程就是进化的过程。进化的三要素是遗传、变异和选择,遗传和变异是植物进化的内因和基础,选择决定植物进化的发展方向。选择包括自然选择和人工选择。

(1)自然选择 自然选择是指在自然条件下,能够适应环境的植物类型便生存繁衍下来,而不适应环境的植物类型则逐渐减少,最后被淘汰的过程,即适者生存,不适者淘汰的过程。例如,在寒冷条件下,不抗寒的变异植物品种被冻死;在高温干旱的环境里,耐高温能力差的变异个体也会最终被淘汰。而得到生存和发展的,只能是那些适应环境的变异类型。环境条件影响着园林植物的分布,植物对环境也有各种各样的适应性。大自然中各种植物的叶子,其外形千姿百态,有的甚至稀奇古怪,这就是适应环境的结果。肉质植物是被子植物中的特殊类型,它们大多数生活在干旱区。如仙人掌为适应沙漠干旱的环境,它的茎渐渐变得又肥又厚,叶子退化成刺状,光合作用由茎来完成。世界上所有的植物,都是在不断产生变异的基础上,长期自然选择的结果。

(2)人工选择 人工选择就是人类按自身的要求,利用各种自然变异或人工创造的变异类型,从中选择人类所需要的品种的过程。选择对植物不同性质的基因有不同的作用。

①选择对隐性基因的作用:在随机交配的群体中,若一对等位基因有差异(如 Aa),它们可以组成三种基因型,即 AA、Aa、aa。显性完全时,选择可淘汰隐性个体,经过一代选择,a 出现的频率即可减少;对于完全隐性的基因,其频率高时选择有作用,频率低时则作用甚微。这是因为大部分隐性基因存在于杂合体中,而杂合体具有与纯合体 AA 相同的适应度,选择只是对极少出现的纯合体 aa 起作用。因此,在一个随机交配的大群体中,隐性有害基因只有多代连续选择,才能从群体中逐步消除。

②选择对显性基因的作用:选择对显性等位基因的作用更为有效,因为具有显性基因的个体都可受到选择的作用。如果含显性基因的个体是致死的(如白化),经一代选择其出现频率就等于零。

自然选择是植物进化的一个极其重要的因素,对植物体所发生的遗传变异有着去劣存优的作用,并导致基因频率的变化,结果适应的变异频率累代增加,不适应的变异累代减少。在人工选择的条件下,也可以造成和自然选择相似的结果,而且大大加快了其进程。一个抗病性很强但观赏性较差的花卉品种,在自然选择的情况下很难或要花很长时间才能达到人类的要求;但在人工选择下,通过多次连续选择,加上合理的栽培措施,就可在较短的时间内选出既抗病又有观赏价值的新品种。

(3)园林植物的遗传与变异 园林植物的实生群体变异普遍,变异性状多且变异幅度大。这是由于其遗传性状杂合程度高且多属于异花授粉植物的缘故。园林植物实生群体内产生个体间变异主要有以下 3 方面的原因:

①基因重组:基因重组是实生群体中不同个体遗传变异的主要来源。异花授粉的园林植物,每一次有性繁殖都要伴随基因重组而发生性状的改变。假设一种园林植物在 100 个位点上各有两个相对的等位基因,通过自然授粉后,由基因重组可能产生的基因型将有 3 100 种。因此,基因重组是实生后代遗传变异的无穷源泉。

②基因突变:基因突变是产生新变异的重要来源。基因突变包括单基因突变(点突变)、染色体结构及数目变异。自然界基因突变频率很低,但突变是产生新基因的唯一来源,没有突变造成的基因的多样性,就不可能有基因重组产生实生群体遗传的多样性,因此,对基因突变必须予以重视。

③饰变:饰变是由环境条件引起的暂时的、非遗传性的变异,可以造成个体间表现型的显著差异。环境饰变是变异的来源之一,对自然界每个个体都有影响。

遗传变异是选择作用的基础,无论是自然选择还是人工选择,都能使群体内一部分个体产生后代,其余个体因受淘汰而不能产生或少产生后代。所以,选择的实质就是差别繁殖。在人工选择的作用下,使植物群体向着人工选择的方向变化,可产生合乎人类需要的优良变异类型和新物种。

(4)遗传改良 遗传改良是指园林植物品种改良。从野生植物驯化为园林栽培植物,就显示出初步的缓慢的遗传改良作用,但是这种作用远远不能满足现代园林植物生产的要求。园林植物驯化成功之后,除了人为改善生长环境为其进化创造条件外,在不同生态区栽培,也使得它们在不同的生态条件下分化,逐渐形成了各有特性的生态类群或地方品种,具有各自的优势性状。

自然进化依赖自然发生的变异和基因重组,而遗传改良除了利用上述变异外,还人为地通过各种诱变手段,提高突变频率和按人类需要促成各种在自然界很难,甚至不可能发生的基因重组,乃至通过转基因技术导入一些外源基因,丰富进化的原料。遗传改良可以超越空间距离(如山岳、海洋、湖泊和沙漠等形成的隔离条件),创造各种人为的隔离环境,以促进新类型的形成。

4)植物品种分布与环境

植物的驯化分为渐进型和潜在型两种类型。渐进型是指被驯化的植物开始获得对改变了的生态环境的适应性,潜在型是指在改变了的生态环境中发展其祖先长期积累下来的适应性潜力。显然,后者要比前者容易得多。如原产华中、华东,适应高温多湿的南方水蜜桃品种群,引入干燥低温的华北地区后,就表现了很好的适应性。而原产华北、西北的桃品种群就难以适应南方高温多湿的环境。这是因为桃树主要原产于温带地区,南方桃品种群可能是在各种自然条件或人为条件下迁移到南方后,为适应当地的环境条件而形成的,它经历了比北方品种群更复杂的历史生态环境,因而表现出更广的适应性。分布在浙江天目山的银杏和分布在川、鄂交界处的水杉,在引种到世界各地后,均表现了很强很广的适应性。这是因为这两种古老的孑遗植物在冰川时代以前曾在北半球广泛分布。

1.4　园林植物生长发育的调控

1.4.1　合理利用环境资源

园林植物的环境是指其生存地点周围空间一切因素的总和。在园林植物与环境之间,环境条件起着主导作用,其中光照、温度、水分、土壤等环境因素是园林植物生存不可缺少的必要条件。因此,研究和掌握环境条件对园林植物生长发育的影响,充分合理利用环境资源,可以提高园林植物的社会效益、经济效益,对于保持生态平衡有很好的作用。

1)选择合适的生态区域

园林植物的生长发育规律是长期在一定的光、温、水、肥、土等生态条件下形成的,因此,必须选择适宜的生态区域进行种植才能使其正常发育,获得最好的产品和品质。椰子、伊拉克蜜枣、油棕、皇后葵、槟榔、鱼尾葵、散尾葵、糖棕、假槟榔等棕榈科植物都要求生长在温度较高的热带和亚热带南部地区的气候条件下。落叶松、云杉、冷杉、桦木类等要求生长在寒冷的北方或高海拔处;桃、梅、马尾松、木棉等要求生长在阳光充足之处;铁杉、金粟兰,草绣球、虎刺、紫金牛、六月雪等喜欢庇荫的生长环境。

2)选择合适的土壤

土壤是植物生命活动的场所,不同植物对土壤的质地、酸碱度、肥力水平等要求不同。如杜鹃、山茶、栀子花、白兰、芒箕等喜欢酸性土,要求在 pH 值为 6.8 以下的土壤中生活;碱蓬则在盐碱土上生长;臭椿、合欢、木槿、柽柳、紫穗槐、桂香柳等能耐 pH 值 7.5 以上的碱性植物,在沿海一带生长良好,在当地园林设计施工中可多加应用。绝大多数园林植物适宜中性或微酸性土壤。沙枣、沙棘、柠条、梭梭树、光棍树、龙血树、胡杨等可以在干旱的荒漠上顽强地生长;而莲、睡莲、菱、蓬草则生长在湖泊池塘中。有时土壤含水量也是限制因子,如梅花在土壤含水量在

10% ~14%时,苗木可安全越冬,如果土壤含水量少于10%或多于14%时,则难以安全越冬。

3)选择适宜的生长季节

一年四季的变化是有规律的,而环境资源中温度、光照、水分等因素也随着季节而变化。植物因起源不同,在其生长发育过程中形成了对温、光、水等因素的特定要求。因此,在种植时应考虑到植物对温、光、水等因素的要求,并根据栽培目的选择适宜的生长季节,使植物的生长发育符合人们的愿望。

1.4.2　人工控制环境条件

由于园林植物在整个生长发育期中对外界条件的要求不同,而外界条件也不完全适合各种园林植物的生长需要。因而在园林植物整个生长发育过程中,要人为地创造适合植物生长发育的条件,促使植物健康生长,达到园林绿化的目的。

1)改善植物的光照条件

植物生长的光照条件不仅影响植物的光合强度,也直接影响植物生长的温度条件。植物的光照条件主要是指光照强度、光照时间、光照质量和光的分布4个方面。可以通过增强和完善光照条件,采用遮光或人工补光等措施来改善植物的光照条件,以满足不同园林植物生长发育的需求。

2)温度条件的调控

园林植物温度条件的调控应遵循以下原则:春季提高温度,以利适时播种或促苗早发;夏季适当降温,防止干旱和热害;秋冬季节保温和增温,使植物及时成熟或安全越冬。主要措施包括升温、降温和保温。

(1)升温　主要措施有:增施有机肥料;覆盖,如早春在苗床上覆盖薄膜、秸秆、草帘等;向阳作垄;中耕松土等。

(2)降温　主要措施有:灌水,夏季灌水是降温的主要措施;覆盖,如遮阳网等;中耕松土,如夏季灌水后或降雨后及时中耕松土,有利于降温;通风换气,它是降低棚温的主要措施。

(3)保温　主要措施有:灌水,如霜前灌水,或早春寒潮来临前灌水,可防止温度急剧下降;增施保温肥,有保温护苗越冬的效果;另外,营造防护林带,设置人工屏障,熏烟、盖草等措施也有保温作用。另外,园林植物栽培设施兼有升温及保温的作用。

3)土壤水分的调控

土壤水分不仅影响着植物根系对土壤养分和水分的吸收,也与土壤中空气含量有关,同时还影响到空气湿度的变化。土壤水分的调控主要包括保持土壤水分、增加土壤水分(增湿)、降低土壤水分(降湿)3项措施。

(1)保持土壤水分　可以通过改良土壤和合理的土壤耕作来保持土壤水分。

①改良土壤,增强土壤的保水能力:通过增施有机肥培肥土壤、改良土壤结构等,都有助于提高土壤的保水能力。

②合理的土壤耕作:通过合理的土壤耕作措施(如耙地、耢地、镇压、中耕等)和耕作方法(地表覆盖法),改善土壤团粒结构、疏松表土、破除板结,有效地抑制土壤有效水分的蒸发,从

而有效地保持土壤水分。

（2）增加土壤水分　园林植物栽培中土壤水分的增加主要依靠降雨和人工灌溉。

（3）降低土壤水分　降低土壤水分的措施主要是搞好园林植物栽培地的基本建设，完善灌水、排水系统，一旦栽种区域发生积水，要能及时排出。

4）气体条件的调控

（1）二氧化碳（CO_2）的调控　CO_2 是园林植物光合作用制造有机物质的主要原料。环境中 CO_2 的供应量与植物的光合强度有很大的关系。一般大气中 CO_2 的浓度（体积分数）为 0.033%。而在栽培植物群体内部及附近的 CO_2 浓度常常低于这个数值，远远不能满足园林植物光合作用的需要，这对植物群体光合作用有很大影响。因而提高环境中 CO_2 浓度，对大多数园林植物都有增加生长量及产量的效果。改善栽培植物群体内部的 CO_2 供应状况，首先要加强栽培管理，如合理密植或搭架、合理进行植株调整，以利于群体的通风透光，充分利用环境中的 CO_2 资源。施用有机肥料是一条提高环境中 CO_2 含量有效的途径，有机肥在其腐熟分解过程中会放出 CO_2，可以增加土表及植物群体中的 CO_2 量。直接施用 CO_2 施肥也是提高环境中 CO_2 含量的一种方法。

（2）氧气（O_2）的调控　园林植物进行光合作用的同时，也需要 O_2 进行呼吸作用。空气中 O_2 的含量（体积分数）一般为 21%，对植物的生长发育是足够的。但由于土壤物理性质的不同或土壤水分状况的变化，常常造成缺氧现象。土壤缺氧时，会抑制种子发芽，降低根系活力，影响植物的生长发育。因此，园林植物生产上必须采取措施，以改善土壤中氧气的供应状况。如：合理利用地势较高、疏松、透气性良好的地块；增施有机肥料，改善土壤透气状况；合理灌溉，忌大水漫灌，防止地面积水；低洼地开好排水沟，雨季注意田间排水；灌水或雨后墒情适宜时及时中耕松土，防止土壤板结；采用地膜覆盖，避免践踏，保持土壤疏松等措施。

1.4.3　植株调整

1）植株调整的概念及调节作用

（1）植株调整的概念　植株调整就是根据园林植物的生长发育特性、生长环境和栽培目的的需要，进行适当的整形修剪来调节园林植物整株的长势，防止徒长，使营养集中供应给所需要的枝叶或促使开花结果。

园林树木的整形就是通过剪、锯、捆、绑、扎等手段，使树木株形调整到希望的特定形状。修剪就是在整形的基础上，对树木的某些器官（枝、叶、花等）加以疏删短截，以达到调节生长，开花结实的目的。整形修剪是依据树体生长特性和栽培目的，结合自然条件和管理技术水平，通过一定的外科手术等方法，将果树或观赏树木调整成具有相当稳定树形及生长发育空间的一项技术措施。整形、修剪是两个紧密联系的操作技术，常常结合在一起进行。一般来说，整形着重于幼树及新植树木，修剪则贯穿于树木的一生。整形修剪一般是特指木本植物的整形修剪，但从广义上讲，草本植物的植株调整也应包含在整形修剪的范畴内。

（2）植株调整的作用　植株调整有美化树形、协调比例等作用。

①美化树形：园林树木在生长过程中，受到环境和人为因素影响，如上有架空线，下有人流、

车辆等,这样就需要调整树形,而在操作中又需要结合园林树木美化城市的作用。所以通过整形修剪,使树木在自然美的基础上,创造出人工与自然相结合的美。

②协调比例:在园林景点中,园林树木有时起衬托作用,不需过于高大,以便和某些景点、建筑物相互烘托,所以就必须通过整形修剪,及时调整树木与环境的比例,达到良好效果。对树木本身来说,通过整形修剪可协调冠高比例,确保其观赏需要。

③调整树势:园林树木因环境不同,生长情况就各异,通过整形修剪可调整树势的强弱。通过整形修剪可去劣存优,促使局部生长,使过旺部分弱下来,而修剪过重,则对整体又有削弱作用,这就叫"修剪的双重作用"。具体是"促"还是"抑",因树种而异,因修剪方法、时期、树龄、剪口芽状况等而异。

④改善透光条件,减少病虫害:有些园林树木如自然生长或修剪不当,往往枝条密生,树冠郁闭,内膛枝生长势弱且冠内湿度较大,这样就形成了病虫害的滋生环境。通过正确的整形修剪,保证树冠内通风透光,可减少病虫害的发生。

⑤促进开花结果:正确修剪可使养分集中到留下的枝条,促进大部分短枝和辅养枝成为花果枝,形成较多花芽,从而达到着花繁密,增加结果量。

2)植株调整的时期

园林植物的生长发育是随着一年四季的变化而变化的,应正确掌握调整的时期,才能确保其目的顺利完成。

(1)春秋季的调整　春季为园林植物生长期或开花期,体内贮存养分少,植物是处在消耗的时期,这时修剪易造成早衰,但能抑制树高生长。秋季为养分贮存期,也是根活动期,这时秋季修剪易造成刀口腐烂,植株因无法进入休眠而导致树体弱小。

(2)冬季修剪　冬季修剪包括落叶树和常绿树的修剪。

①落叶树:每年深秋到次年早春萌芽之前,是落叶树木休眠期,冬季调整对树冠构成、枝梢生长、花果枝的形成等有重要影响。幼树以整形为主;成形观叶树以控制侧枝生长、促进主枝生长旺盛为目的;成形观果树则着重于培养树形的主干、主枝等骨干枝,以促进早日成形,提前开花结果。冬末早春时,树液开始流动,生育机能即将开始,这时进行整形,伤口愈合快。

②常绿树:北方常绿针叶树,从秋末新梢停止生长开始,到来年春休眠芽萌动之前,为冬季整形修剪的时间,这时养分损失少,伤口愈合快。在热带、亚热带地区,旱季为休眠期,树木的长势普遍减弱,这是修剪大枝的最佳时期,也是处理病虫枝的最好时期。

(3)夏季修剪　夏季是树木生长期,这时树木枝叶茂盛,甚至影响到树体内部通风采光,因此需要进行夏季修剪。对于冬春修剪易产生伤流、易引起病害的树种,可在夏季进行修剪。

春末夏初开花的灌木,在花期以后对花枝进行短截,可防止徒长,促进新的花芽分化,为来年开花做准备。夏季开花的花木,如木槿、木绣球、紫薇等,花后立即进行修剪,否则当年生新枝不能形成花芽,使来年开花量减少。

(4)随时修剪　观赏树、行道树应随时修剪内膛枝、直立枝、细枝、病虫枝、徒长枝,控制竞争枝,以集中营养供给主要骨干枝,使其生长旺盛。绿篱的夏季修剪,既要使其整齐美观,又要兼顾截取插穗。常绿树木若生长旺盛,应随时修剪生长过长的枝条,使剪口下的叶芽萌发。

1.4.4 植物激素及植物生长调节剂的应用

1)植物激素

(1)植物激素的概念　植物激素是植物体内合成的对植物生长发育有显著调节作用的微量有机物质,也称为植物天然激素或植物内源激素。植物激素是植物生命活动过程中正常的代谢产物,在植物某些组织和器官产生后可转移到体内其他部位,极低浓度的植物激素就可对植物的代谢起调节作用。在植物个体发育中,种子发芽、营养生长、繁殖器官形成以至整个成熟过程,都是由激素控制的。在种子休眠时,代谢活动大大降低,也是由激素控制的。

(2)植物激素的类型　到目前为止,国际上公认的植物激素有 5 大类:生长素类(IAA)、赤霉素类(GA)、细胞分裂素类(CTK)、脱落酸(ABA)和乙烯(ETH)。

①生长素类(IAA):高等植物体内普遍存在的吲哚乙酸(IAA)是最早发现的植物激素,因其促进生长的效应,习惯上将其称为生长素(IAA),它有调节茎的生长速率、抑制侧芽、促进生根等作用。一般低浓度促进生长,高浓度抑制生长甚至杀死植物。生产上用以促进插枝生长,效果显著。吲哚乙酸是研究最多的一种激素,它是生理活性最强的生长素。

②赤霉素类(GA):具有共同的赤霉烷结构。已发现的赤霉素类物质有 125 种,其中活性最强的是赤霉酸(GA_3)。赤霉素能刺激植物生长,打破休眠,形成无子果实。

③细胞分裂素类(CTK):细胞分裂素是一类嘌呤的衍生物,如玉米素等。细胞分裂素有促进细胞分裂、延迟衰老,解除顶端优势等作用。

④脱落酸(ABA):脱落酸能抑制细胞分裂和生长,具有促进叶片等器官的衰老和脱落,诱导芽和种子休眠等明显效应。

⑤乙烯(ETH):乙烯有提早果实成熟,促进器官脱落,刺激伤流,调节性别转化,有利于产生雌花等明显作用。

除 5 大类植物激素外,近年来又陆续发现了一些对生长发育有调节作用的物质,如油菜素内酯、菊芋素、月光花素等。此外,还有一些天然的生长抑制物质,如儿茶酸、咖啡酸、香草酸等。因这些物质仅为某些特殊植物所专有,所以还不能把它们列入植物激素。

(3)植物激素的作用机理　植物体内的激素与细胞内某种称为激素受体的蛋白质结合后即表现出调节代谢的功能。激素受体与激素有很强的专一性和亲和力。有些受体存在于质膜上,与吲哚乙酸结合后改变质膜上质子泵活力,影响膜透性。有些受体存在于细胞质和细胞核中,与激素结合后影响 DNA、RNA 和蛋白质的合成,并对特殊酶的合成起调控作用。

(4)激素间的相互作用　在植物生长过程中,任何一种生理活动都不是由单一激素控制的,而是多种激素相互作用的结果。在生长素、细胞分裂素、赤霉素、脱落酸和乙烯等 5 种激素之间,有的是相互促进的,有的则是相互拮抗的。

植物激素之间有以下几种相互作用:

①增效作用:例如 GA_3 与 IAA 共同作用可强烈促进形成层的细胞分裂。对苹果的某些品种,只有同时使用 GA_3 与 IAA 才能诱导无籽果实的形成。

②促进作用:外源 GA_3 能促进内源生长素的合成,因为施用的 GA_3 可抑制植物组织内 IAA 氧化酶和过氧化物酶的活性,从而延缓 IAA 的分解。高浓度的外源生长素促进乙烯的生成。

③配合作用:例如生长素可促进根原基的形成,细胞分裂素可诱导芽的产生。进行植物细胞和组织培养时,培养基中必须有适当配合比例的生长素和细胞分裂素才能表现出细胞的全能性,即长根又长芽,成为完整植株。

④拮抗作用:例如植物顶端产生的生长素向下运输能控制侧芽的萌发生长,表现出顶端生长优势,但是将细胞分裂素外施于侧芽,则可以克服生长素的作用,促进侧芽萌发生长。又如 GA₃ 诱导大麦籽粒糊粉层中 α-淀粉酶的生成作用可被 ABA 所抑制。反之,ABA 对马铃薯芽萌发的抑制作用可以被 GA₃ 所抵消。外源乙烯可以促进组织内 IAA 氧化酶的产生,从而加速 IAA 的分解,使植物体内 IAA 水平降低。

2) 植物生长调节剂

(1)植物生长调节剂的概念   人工合成的具有生理活性、类似植物激素活性的化合物称为植物生长调节剂,或称为植物外源激素。多年来,人们已经人工合成并筛选出多种植物生长调节剂。植物生长调节剂在植物生产中得到广泛应用,如促进插条生根、保花保果、防止脱落、打破休眠、促进或抑制生长等。

(2)植物生长调节剂的类型   植物生长调节剂种类繁多,生理效应各异,根据其作用方式,生长调节剂可分为生长促进剂、生长延缓剂和生长抑制剂等类型。

①生长促进剂:生长促进剂为人工合成的类似生长素、赤霉素、细胞分裂素类等物质,能促进细胞分裂和伸长,新器官的分化和形成,防止果实脱落。它们包括 2,4-D、吲哚乙酸、吲哚丁酸、萘乙酸、2,4,5-T、2,4,5-TP、胺甲萘(西维因)、增产灵、GA₃、激动素、6-BA、PBA、玉米素等。

②生长延缓剂:生长延缓剂为抑制茎顶端下部区域的细胞分裂和伸长生长,使生长速率减慢的化合物。生长延缓剂主要起阻止赤霉素生物合成的作用,能导致植物体节间缩短,诱导矮化,促进开花,但对叶子大小、叶片数目、节的数目和顶端优势没有影响。它们包括矮壮素(CCC)、B9(比久)、阿莫-1618、氯化膦-D(福斯方-D)、助壮素(调节啶)等。

③生长抑制剂:与生长延缓剂不同,生长抑制剂主要抑制顶端分生组织中的细胞分裂,造成顶端优势丧失,使侧枝增加,叶片缩小。生长抑制剂不能被赤霉素所逆转。它们包括 MH(抑芽丹)、二凯古拉酸、TIBA(三碘苯甲酸)、氯甲丹(整形素)、增甘膦等。

④乙烯释放剂:乙烯释放剂是人工合成的释放乙烯的化合物,可催促果实成熟。乙烯利是最为广泛应用的一种。乙烯利在 pH 值 4 以下是稳定的,在植物体内 pH 值达 5～6 时,它慢慢降解,释放出乙烯气体。

⑤脱叶剂:脱叶剂可引起乙烯的释放,使叶片衰老脱落。脱叶剂有三丁三硫代丁酸酯、氰氨钙、草多索、氨基三唑等。脱叶剂常用作为除草剂。

⑥干燥剂:干燥剂通过受损的细胞壁使水分急剧丧失,促成细胞死亡。它在本质上属于接触型除草剂。主要有百草枯、杀草丹、草多索、五氯苯酚等。

(3)植物生长调节剂的应用   应用植物生长调节剂调节控制植物生长发育的技术,也称为化控技术。这项技术已逐渐成为植物生产上不可缺少的重要措施之一。

化控技术可以影响植物生长发育的各个过程,对植物具有多种生理效应,例如促进生根、控制生长、促进花芽形成、增加产量、延长或打破休眠、提高抗性、提高耐贮运力和改变性别等。

目前对植物生长调节剂的作用机理、生理学和生物学效应及彼此的平衡关系等方面,还存在着许多问题有待于进一步研究。植物生长调节剂的应用技术以经验为多,应用效果常因地区、气候、品种、树体状况、生育期、使用技术等的差异而表现出很大的不同,甚至产生相反的结

果。因此,应用时应注意以下几方面:

①明确生长调节剂性质,重视综合栽培技术:生长调节剂不是营养物质,在植物生长发育过程中,必须以合理的土、肥、水和管理等综合栽培技术为基础,才能发挥效果。管理粗放的弱树,不可能依靠喷生长延缓剂提高坐果率以获得增产;有的树叶面积不足,结果过多,也不可能用生长调节剂使果粒增大、提早成熟和提高糖度。

②明确应用生长调节剂的必要性:植物本身含有各种内源激素,在正常条件下,自身可以有规律地调节其生长发育。没有必要时使用生长调节剂,常常使原有的激素平衡受到破坏,出现不正常的生长,产生不良后果。坐果良好的品种没有必要再用植物生长调节剂促进坐果;扦插容易生根的品种,也不一定要用生长素类药剂来催根。

③根据不同对象(植物或器官)和不同目的选择合适的药剂:如促进插枝生根宜用 NAA 和 IBA;促进长芽则要用 KT 或 6-BA;打破休眠、诱导萌发用 GA;抑制生长时,草本植物宜用 CCC,木本植物则最好用 B9;葡萄、柑橘的保花保果用 GA,鸭梨、苹果的疏花疏果则要用 NAA。

④准确选定使用时期:同一种植物生长调节剂在不同时期使用,可能效果很好,也可能完全无效,甚至会产生相反的效果。GA3 在葡萄坐果期应用,可提高坐果率并使果实增大;而在开花前使用一般会降低坐果率并使果实变小。NAA 在坐果期有疏果的作用,在成熟期则有防止脱落的作用。

⑤注意适当的浓度和次数:不同药剂的有效浓度范围有广有窄,药效持续时期有长有短。浓度过低、使用次数少,可能不起作用或作用小;浓度过高、使用次数多,则可能有药害或反效果。如生长素类对发芽和生长,一般在低浓度下起促进作用,在较高浓度下则起抑制作用。CCC 浓度过高（2 000 mg/kg 以上）对葡萄叶片有药害,过低则效果不大且有效期短。以较低浓度隔一定时间先后喷两次,既无药害,又效果好、有效期长。

⑥注意残毒:常用的植物生长调节剂毒性低,使用后经雨水冲淋和降解作用,在果实中的残留量极少,一般是安全的。但国际上许多国家对某些植物生长调节剂有最大残留限量的规定,因此在使用时不能超过法定允许量。

⑦先试验,再推广:使用植物生长调节剂虽然可以调节植物生长,但滥用植物生长调节剂往往会造成一些无法弥补的损失。为了保险起见,应先做单株或小面积试验,再中试,最后再大面积推广。使用浓度一定要适当,使用次数一定不能过多,切不可盲目草率,否则一旦造成损失,将难以挽回。

化学调控的效果往往因环境条件、品种特性、生育期以及生理状态而异,因此,在应用植物生长调节剂之前必须查明药剂的效应以及药剂与品种、密度、肥水管理措施等产生的复合作用,而后才能确定适宜的化控技术,达到预期的效果。常用植物生长调节剂的使用浓度及目的如下表所示。

常用植物生长调节剂的使用浓度及目的

植物生长调节剂	使用浓度/（mg·L^{-1}）	目　　的
赤霉素	100～200	破除休眠
α-萘乙酸	50～100	促进插条生根
2,4-二氯苯氧乙酸	10～15	促进结实,保花保果
矮壮素	50～3 000	植株矮化

续表

植物生长调节剂	使用浓度/（mg·L^{-1}）	目　的
多效唑	100～300	植株矮化,提高抗性
比久	500～1 000	植株矮化
三碘苯甲酸	100～200	植株矮化
青鲜素	500～1 000	抑制芽的生长和茎的伸长
三碘苯甲酸	1 000～1 500	抑制茎顶端生长

1.5　园林植物的功能作用

园林植物是有生命的绿色植物,因而它具有自然属性;同时园林植物又能满足人们的文化艺术享受,所以它具有文化属性;园林植物还具有社会再生产推动自然再生产、取得产出效益的经济属性。因此,园林植物具有相应的生态、社会和经济以及功能景观作用。

1.5.1　园林植物的生态作用

1)改善生态环境

随着我国城市化的高速发展,园林植物在改善城市生态环境方面和减缓城市污染进程方面的作用越来越受到重视。善于利用园林植物的各种特性,做到适地适树,既能美化城市,改善生态环境,也能提高人们的生活质量。

(1)净化大气,改善空气质量

①吸收 CO_2 放出 O_2:园林植物通过光合作用,吸收二氧化碳、放出氧气,是地球上天然的造氧工厂。在光合作用中,每吸收 CO_2 44 g 可放出 O_2 32 g。一般而言,阔叶树种吸收 CO_2 的能力强于针叶树种。

②分泌杀菌素:许多园林植物能通过叶、芽和花粉分泌出杀菌素有效杀菌。具有杀灭细菌、真菌和原生生物能力的主要树种有侧柏、柏木、圆柏、欧洲松、铅笔柏、杉松、雪松、柳杉、黄栌、锦熟黄杨、尖叶冬青、大叶黄杨、桂香柳、核桃、黑核桃、月桂、欧洲七叶树、合欢、树锦鸡儿、金链花、洋丁香、悬铃木、石榴、枣、水枸子、枇杷、石楠、狭叶火棘、麻叶绣球、枸橘、银白杨、钻天杨、垂柳、栾树、臭椿及一些蔷薇属植物。

③吸收有毒气体:各种园林植物都有不同程度的吸收有毒有害气体的功能。人们通过对各种园林植物生物特性的充分了解,从而筛选出一些对某种有毒有害气体有吸收功能或者对该种有害物质抗性强的园林植物,因地制宜,结合美学搭配,合理布局选择特性树种种植,既净化空气,又美化环境。吸收二氧化硫能力强的植物有加杨、青杨、榆树、桑树、旱柳、皂荚、刺槐和丁香等;对二氧化硫抗性强的树种有珊瑚树、女贞、大叶黄杨、泡桐、夹竹桃、梧桐、罗汉松、槐树、广玉兰、喜树、桑树、龙柏等。吸氟能力强的植物有美人蕉、向日葵、蓖麻、泡桐、梧桐、大叶黄杨和女贞等;抗氟能力强的树种有大叶黄杨、海桐、石榴、蚊母、香樟、紫薇、皂荚和梓树等。吸氯能力强

的树种有皂荚、水曲柳、旱柳和银杏等;抗氯树种有油茶、黄杨、柳杉、山茶、构骨、五角枫、散尾葵和樟树等。吸滞粉尘能力强的树种有龙柏、夹竹桃、刺槐、泡桐、梧桐、朴树、构树、桑树、桧柏和紫薇等。

④阻滞尘埃:园林树木的枝叶可以阻滞空气中的尘埃,它相当一个滤尘器,能够使空气变得清洁。各种树木的滞尘力差别很大,一般树冠大而浓密、叶面多毛或粗糙及分泌有油脂或黏液者均有较强的滞尘力。此外,草坪也有明显的减尘作用,它可减少重复扬尘污染。

(2)调节温度　园林植物的树冠能阻拦阳光而减少辐射热。因树冠的大小、叶片的疏密度和质地等不同,不同树种的遮阴能力亦不同。银杏、刺槐、悬铃木与枫杨的遮阴降温效果最好,垂柳、槐、旱柳、梧桐最差。当树木成片成林栽植时,不仅能降低林内的温度,而且由于林内外的气温差而形成对流的微风,可降低人体皮肤温度且有利水分的散发,从而使人们感到舒适。在冬季落叶后,由于树枝、树干的受热面积比无树地区的受热面积大,同时由于无树地区的空气流动大、散热快;因此在树木较多的小环境中,气温要比空旷处高。总的来说,树林对小环境起到冬暖夏凉的作用。城市园林绿地中的树木在夏季能为树下游人阻挡直射阳光,并通过它本身的蒸腾和光合作用消耗许多热量,从而也就降低了太阳的辐射热。

(3)调节湿度　由于树木的叶面具有蒸腾水分的作用,能使周围空气湿度增高。种植树木对改善小环境内的空气湿度有很大作用。不同的树种具有不同的蒸腾能力。选择蒸腾能力较强的树种对提高空气湿度有明显作用。

(4)净化水体和土壤　植物有一定的净化污水的能力。许多园林植物可以分泌出杀菌素有效杀菌,通过根系对水中溶解质的吸收来降低水体中细菌数量,杀菌作用较强的园林植物有芸香科、樟科、松柏类植物和臭椿、薇、大叶桉、水生薄荷、田蓟等。另外,水葱、芦苇、凤眼莲等分别能吸收水体中的有机物、化合物和重金属。园林植物根系的有效分布,能大量吸收有害物质,同时导致土壤中的好气性细菌大量增加而起到对土壤增肥和净化双重作用,从而净化土壤。

(5)监测大气污染　很多园林植物对大气污染特别敏感,在人类和各种动植物远远不能感应到的有毒有害气体浓度值时,它们的受害症状却非常明显,这类对特定污染物敏感的植物通常称为"环境污染指示植物"或"监测植物"。人们可以通过在特定地段栽植这类"监测植物",根据该植物的受害症状来分析环境污染类别和污染程度,从而起到对大气污染的监测作用。对二氧化硫反应敏感的植物有雪松、马尾松、映山红、紫花苜蓿、苹果、杏、凤仙花、柠檬桉、月季花、波斯菊、百日菊、万寿菊、枫杨、白桦和榆叶梅等;对氯气反应敏感的植物有雪松、马尾松、波斯菊、百日菊、万寿菊、葡萄、柠檬桉、木棉、鸡冠花、杏、扶桑、白桦和榆叶梅等;对氟化氢反应敏感的植物有落叶松、雪松、马尾松、落羽杉、紫荆紫花苜蓿、四季海棠、凤仙花、月季花、唐菖蒲、短毛金钱草和萱草等。

(6)调节光照　园林植物具有良好的调节光照的作用。阳光照射到园林树林上时,有20%～25%被叶面反射,有35%～75%为树冠所吸收,只有5%～40%透过树冠投射到林下,因此树林中的光线较暗。由于园林植物吸收的光波段主要是红橙光和蓝紫光,而反射的部分主要是绿色光,所以从光质上来讲,林中及草坪上的光线具有大量绿色波段的光。这种绿光对眼睛保健有良好的作用。尤其在夏季,绿光能使人在精神上觉得爽快和宁静。

(7)降低噪声　种植乔灌木对降低噪音有作用,较好的隔音树种有雪松、圆柏、龙柏、水杉、悬铃木、梧桐、垂柳、云杉、薄壳山核桃、鹅掌楸、柏木、臭椿、樟树、椿树、柳杉、栎树、珊瑚树、海桐、桂花、女贞等。

2)保护环境

(1)保持水土　树冠的截流、地被植物的截流以及死地被植物的吸收和土壤的渗透作用,减少或减缓了地表径流量和流速,因而起到了水土保持作用。在园林工作中,为了涵养水源、保持水土,应选择树冠厚大、郁闭度强、截留雨量能力强、耐阴性强、生长稳定并能形成富于吸水性落叶层的树种,一般常选用柳、槭、核桃、枫杨、水杉、云杉、冷杉、圆柏等乔木和榛、夹竹桃、胡枝子、紫穗槐等灌木。在土石易于流失塌陷的冲沟处,宜选择根系发达、萌蘖性强、生长迅速而又不易生病虫害的树种,如旱柳、山杨、青杨、侧柏、杞柳、沙棘、胡枝子、紫穗槐、紫藤、南蛇藤、葛藤、蛇葡萄等。

(2)防风固沙　园林植物具有防风固沙的作用。树林的迎风面和背风面均可降低风速,以背风面降低的效果最为显著,所以应将被防护区设在防风林带背面,防风林带的方向应与主风方向垂直。在选择树种时应注意选择抗风力强、生长快且生长期长、寿命亦长的树种,最好是能适应当地气候土壤条件的乡土树种,其树冠最好呈尖塔形或柱形、叶片较小。在东北和华北的防风树常用杨、柳、榆、桑、白蜡、紫穗槐、桂香柳、柽柳等,在南方可用马尾松、黑松、圆柏、乌桕、柳、台湾相思、木麻黄、假槟榔、桄榔等。

(3)其他防护作用　园林植物具有多方面的防护作用。例如选用不易燃烧的园林树木作隔离带,既起到美化作用又有防火作用。常用的防燃防火树有苏铁、银杏、青冈栎、栲属、槲树、榕属、珊瑚树、棕榈、桃叶珊瑚、女贞、红楠、枸木、山茶、厚皮香、八角金盘等树干有厚木栓层和富含水分的树种。

在多风雪地区可以用树林形成防雪林带,以保护公路、铁路和居民区。在热带海洋地区可在浅海泥滩种植红树作防浪林。在沿海地区亦可种植防海潮风的林带,以防海潮风的侵袭。

1.5.2　园林植物的经济作用

1)食用功能

(1)果品类园林植物　园林树木中有很多种类的果实味道鲜美、富有营养。其中有的果实可以供人鲜食,有的则可干制或加工食用。北方常见的果品有梨、桃、杏、柿、猕猴桃、枣、李、山楂、海棠果、苹果、葡萄等,南方常见的果品有石榴、梅、无花果、山核桃、龙眼、橄榄、木菠萝、杨梅、枇杷、香蕉、椰子等。

(2)淀粉类园林植物　许多园林树木的果实、种子富含淀粉,其中淀粉质地好、产量高的树种可以特称为"木本粮食树种"或"铁杆庄稼",如栗类、枣、栎类、栲类、柿子、榆钱、荔枝、银杏等。

(3)饲料类园林植物　很多园林树木的嫩枝、嫩叶可作饲养牲畜,例如栎类、胡枝子、刺槐、榆、杨等;叶子用于养蚕的有桑属、柘属等。有较丰富的蜜及可以养蜂的有牡荆属、椴属、枣、刺槐、蔷薇属等。

(4)油脂类园林植物　许多园林树木的果实、种子富含油脂,称作油料树,它们在人民生活和工业方面均有很重要的作用。常见的园林油料树种有松属、榧属、核桃属、山核桃属、榛属、钓樟属、山杏、扁桃杉属、桃、山桃、枫香、木蜡树、漆树、栾树、猕猴桃、华东楠、香椿、三花冬青、油

茶等。

（5）其他　园林树木中有些种类富含糖分，可以提制砂糖，如糖槭、复叶槭、刺梨、金樱子等。有的可用于食品染色，如栀子、冻绿、苏木、木槿等。有的富含维生素，可供提制，如玫瑰、桂香柳、猕猴桃及许多蔷薇类等。有的含有特种成分可供饮用，如咖啡、可可、柿叶、茶树等。

2）药用功能

园林植物很多可以入药，最常见的有银杏、侧柏、麻黄属、牡丹、五味子属、木兰、枇杷、梅、枳等。

3）建材用价值

适合做建筑用木材的园林植物有松、杉、柏、杨、柳、榆、槐、泡桐、栎类等。

4）园林植物次生化合物的用途

一些园林植物的次生物质可以生产很多有商业价值的植物产品。例如橡胶树、乳香、没药和用于熏香的橄榄科植物等。有些树脂可制成优良的清漆和涂料，很多染料也取自植物。

1.5.3　园林植物的社会作用

1）观赏功能

不同形状的树木经过妥善的安排，可以产生韵律感、层次感等种种艺术组景的效果。例如为了加强小地形的高耸感，可在小土丘的上方种植长尖形树种，在山的底部栽植矮小、扁圆形的树木，借树形的对比与烘托来增加土丘的高耸之势。又如，为了突出广场中心喷泉的高耸效果，亦可在其四周种植浑圆形的乔灌木；为了与远景联系并取得呼应、衬托效果，可在广场后方的通道两旁各植树形高耸的乔木一株，这样就可在强调主景之后又引出新的层次。至于在庭前、草坪、广场上的单株孤植树，则更可说明树形在美化配置中的巨大作用。

2）文化教育功能

园林植物可以像建筑物、雕塑那样成为城市文明的标志，向世人传播文化。园林植物构成的绿地可以作为向人们进行文化宣传、科普教育的主要场所，能够让人们在游憩中受到教育，增长知识，提高文化素养。在城市开放空间系统中，园林植物作为人类文化、文明在物质空间构成上的投影，已经成为反映现代文明、城市历史、传统和发展成就与特征的载体。

3）美化功能

园林植物具有形体美或色彩美，每个树种都有自己独具的形态、色彩、风韵、芳香等美的特色。这些特色又能随季节及树龄的变化而丰富和发展。例如，春季梢头嫩绿，夏季绿叶成荫，一年四季各有不同的风姿与妙趣。以树龄而论，树木在不同的树龄时期均有不同的形貌，例如松树，在幼龄时全株团簇似球，壮龄时亭亭如华盖，老年时则枝干盘虬而有飞舞之姿。园林中的建筑、雕像、溪瀑、山石等，均需有恰当的园林树木与之相互衬托、掩映，以减少人工做作或枯寂气氛，增加景色的生趣。

4)社会交往功能

城市园林绿地为人们的社会交往活动提供了不同类型的开放空间。园林绿地中,大型空间为公共交往提供了场所,小型空间是社会交往的理想选择,而私密性空间给最熟识的朋友、亲属、恋人等提供了良好氛围。

1.5.4　园林植物的功能景观作用

1)功能景观的含义

植物景观的功能均是植物群体本身所固有,不以人的意志为转移的,但人们却可以利用植物的这一特性为人类生产与生活服务。过去人们的工作更多地限于对现有自然或人工植物群体功能的研究,除主动模仿自然构建视觉景观外,多处于被动利用状态;研究某一特定功能的景观构成并主动构建即建设功能景观则是主动地利用,宫胁森林重建法即是主动构建生态功能景观的成功范例。

功能景观从字面上理解是具有某种功能的景观,客观上植物景观具有以上各功能,但其功能的强度受树种组成结构、空间结构影响较大,如落叶、阔叶树抗 SO_2 能力较强,针叶树较差,油松的抑菌功能强于圆柏、长白落叶松。具有两行灌木四行乔木的林带吸收 CO_2 的能力强于单行树木构成的林带等。因而,可以应用对现有的自然或人工植物景观类型、结构与功能关系的研究成果,根据需要,人为地进行事先设计,进而构建具有某种功能最佳配置的植物景观,以满足城乡不同区域对景观功能的需求。如在化工污染区构建具有较强吸收 SO_2 等有毒气体能力的植物功能景观,在医院周围构建具有高强度的抑菌植物功能景观等。将这种事前进行功能与结构设计,构建出的以一种或几种专项功能为主、融多种功能为一体的植物景观即为植物功能景观。

2)功能景观的作用

随着物质、文化生活水平的提高,在新城区建设、老城区改造中,人们对园林的要求已越来越多样。人类生存与生活需要绿地维持碳氧平衡、净化空气、调节气候、涵养水源、休闲保健,等等,但任何一块绿地都很难同时满足以上名目繁多的功能。因此,有重点地建设其中一项或几项功能,同时通过结构的合理配置,最终使综合功能达到最佳。这才是功能景观的功能作用。

应用功能景观建设理论与方法,可以营建目前急需的、寓美化功能于其中的污水净化生态功能景观、有毒气体净化生态功能景观;营建寓生产功能于其中的控制扬尘生态功能景观、固定沙丘生态功能景观;营建寓生态、美化或生产功能于其中的社会(游憩、保健、观光)功能景观;营建各类专项美化功能景观等。这些功能景观的营建在大区域内以维持人居环境生态系统的良性运转为主要目的,在小范围内则充分满足了人类生存与生活的各种需求。

习　题

1. 名词解释
（1）根冠比　（2）顶端优势　（3）向光性　（4）感夜性　（5）表现型　（6）基因型
（7）品种　　（8）基因突变　（9）嫁接　　（10）化控技术　（11）植物生长调节剂

2. 填空题
（1）种子萌动之后，形成幼苗，一直到花芽分化之前为（　　）生长阶段。
（2）园林植物的开花有（　　）及（　　）两种类型。
（3）植物各器官间在生长上表现出的这种相互促进和相互制约的现象称为（　　）。
（4）植物的生活周期就是植物的自然生命周期。如植物的生命周期为一年，它在一个生长季节内完成生活史，称为（　　）。二年生植物有（　　）生长季，通常头年播种，次年开花、结实，完成生命全过程。（　　）植物如果树和观赏树木的生命周期有的可达几十年，能多次进行开花结实，生活史长达几百年、上千年的植物也不少。
（5）种子的萌发过程可分为（　　）、（　　）、（　　）3 个阶段。
（6）无性繁殖可分为（　　）繁殖和（　　）繁殖两种。营养繁殖是利用植物营养器官的再生能力繁殖新株。在自然界中有不少高等植物能以根、茎、叶来繁殖自身。低等植物的营养体断裂、细胞裂殖以及出芽生殖也应属于营养繁殖。孢子繁殖是指植物通过产生（　　）生殖细胞（即孢子），生殖细胞不经两性结合，而（　　）发育成新个体的过程。
（7）品种应该具备（　　）、（　　）、（　　）3 个特征。
（8）植株调整就是根据园林植物的（　　）特性、生长环境和栽培目的的需要，进行适当的（　　）来调节园林植物整株的长势，防止徒长，使营养集中供应给所需要的枝叶或促使开花结果。
（9）植物生长调节剂种类繁多，生理效应各异，根据其作用方式，可分为（　　）、（　　）和（　　）等类型。
（10）人为进行功能与结构设计，构建出的以一种或（　　）专项功能为主、融多种功能为一体的（　　）景观即为植物功能景观。

3. 简答题
（1）园林植物不同树种花芽分化的特点有哪些？
（2）植物生长大周期具有哪些实践意义？
（3）种子萌发的条件有哪些？
（4）生长协调最适温度的含义是什么？
（5）什么是外植体？
（6）园林植物的生态作用有哪些？
（7）举例说明植物的生活周期和生产周期。

思考题

1. 功能景观的含义是什么？
2. 功能景观的作用有哪些？
3. 鼓励学习者课前预习，课内提出问题积极参与讨论；第一章园林植物生长与环境学习结束后写出本章的学习小结，并列出思维导图。

2 园林植物与气象要素

[本章导读]

本章主要介绍园林植物生长的光、热、水、气等气象要素,以及灾害性天气对园林植物的影响,阐明气象因素变化规律及与园林植物生长的关系,以便在园林绿化工作中能更好地利用气象资源,提高其综合利用率。

2.1 园林植物与光

2.1.1 园林植物的光合作用

1)光合作用

绿色植物吸收太阳能,同化 CO_2 和 H_2O,制造有机物并释放氧气的过程,称为光合作用。光合作用合成的有机物主要是碳水化合物,光合作用将光能转化为化学能,贮存在有机物中。光合作用的方程式可表示为:

$$CO_2 + H_2O \xrightarrow[\text{绿色细胞}]{\text{光}} (CH_2O) + O_2$$

2)光合作用的意义

光合作用是地球上一切生命存在、繁荣和发展的基础,对整个生物界和人类的生存与发展,以及保护自然界的生态平衡具有重要意义。

(1)把无机物变成有机物 地球上几乎所有的有机物质都直接或间接地来源于光合作用。据估计,地球上每年的光合作用约固定碳 1.55×10^{14} kg,合成有机物质 5×10^{14} kg。这些有机物不仅用以满足植物本身生长发育的需要,同时也为人类和其他动物提供了食物来源,也是某些工业的原料。

(2)把日光能转化为化学能 植物在同化无机物质的同时,把太阳能转化成化学能,贮藏在所形成的有机物质中,据估算,植物每年所蓄积的太阳能为 7.1×10^{13} kJ,约为全人类所需能量的 10 倍。有机物质所贮藏的化学能,除了供植物本身和全部异养生物之用外,更重要的是可供给人类活动的能量来源。目前,工农业生产和日常生活所需要的主要能源,如煤炭、天然气、木材等,也都是古代和现代的植物通过光合作用贮存的能量。

(3)净化空气,维持大气中 O_2 和 CO_2 的平衡　地球上一切生物的呼吸作用以及各种燃烧过程每秒钟要消耗 O_2 10×10^6 kg,并释放出大量的 CO_2。而绿色植物不断地进行光合作用,吸收 CO_2 并放出 O_2,使得大气中的 CO_2 和 O_2 基本保持稳定。同时,大气中的部分 O_2 还可以转化为臭氧(O_3),在大气上层形成一个臭氧层,吸附太阳光线中对生物有强烈破坏作用的紫外线,使生物在陆地上能够活动和繁殖。

2.1.2　园林植物的光环境

太阳能是一切生命活动赖以维持的能源。太阳以辐射的形式将太阳能传递到地球表面,给地球带来光和热,并使地球上产生四季和昼夜。光是园林植物所必需的生存条件之一。

光对园林植物的影响有两个方面:一是园林植物花芽分化与形成需要一定长度日照条件的诱导;二是植物光合作用的正常进行必需适当的光照强度和日照时间。不同的光环境下生长发育着不同种类的植物,而不同种类的植物对光环境的要求也不相同。园林植物只有在适宜的光环境下,才能有良好的生长发育。生产中只有根据园林植物的生态特性,选择适宜的环境栽植,才能达到良好的园林绿化效果。

1)光对园林植物的生态作用

(1)光谱成分的生态作用　太阳辐射光谱按其波长可分为紫外线光谱区(波长小于 0.38 μm)、可见光光谱区(波长为 0.38 ~ 0.76 μm)和红外线光谱区(波长大于 0.76 μm)。太阳辐射的光谱成分是变化的。光谱成分随空间变化的规律是:短波光随纬度的增加而减少,随海拔高度的增大而增加。随时间变化的规律是:冬季长波光增多,夏季短波光增多;一天之内中午短波光较多,早晚长波光较多。

不同波长的光具有不同的性质,对园林植物的生长发育具有不同的作用。植物叶片对光的吸收是有选择性的,只吸收生理辐射(能被叶绿素吸收的太阳辐射光谱成分)部分。在太阳辐射中,可见光具有最大的生态学意义,它既有热效应,又有光效应,植物利用它进行光合作用并将其转化为化学能,形成有机物质。在可见光中,红橙光(波长为 0.61 ~ 0.72 μm)的光合作用性最大,其次为蓝紫光。植物对绿光(波长为 0.51 ~ 0.61 μm)吸收量最少。

(2)光照度的生态作用　光照度是用来表示物体被光照射明亮程度的物理量,单位为 lx(勒克斯)。光照度对植物生长有着重要的作用。在一定的光照度范围内,随着光照度的增加,植物光合作用的速率也增加。但是,当光照度增加到一定程度以后,尽管其强度继续增加,光合速率也不再增加,这时的光照度称为光饱和点。如果光照度提高到一定程度以后,会使光合作用强度下降,原因是太阳辐射的热效应使叶面过热,一般在炎热夏季的中午前后会出现这种情况。

光照不足,光合作用的速率会降低,植株生长不良,根系不发达,当光照度减弱到一定程度时,光合作用的产物仅能补偿呼吸作用的消耗,这时的光照度称为光补偿点。当光照度低于光补偿点时,植物体内不能积累干物质,甚至消耗原来的累积物质,最后导致植株死亡。

光照能促使植物组织的分化,制约着各器官的生长速度和发育比例。强光对植物胚轴的延伸有抑制作用;而在光照充足的情况下则会促进组织的分化和木质部的发育,使苗木幼茎粗壮低矮,节间较短,同时还能促进苗木根系的生长,形成较大的根茎比率。利用强光对植物茎生长的抑制作用,可培育出矮化的、更具观赏价值的园林植物个体。

园林植物(特别是园林树木)由于各方向所受的光照度不同,会使树冠向强光方向生长茂盛,向弱光方向生长不良,形成明显的偏冠现象。光照度对植物的发育也有一定的影响。植物体内的营养积累、花芽分化与光照度密切相关。光照减少,花芽则随之而减少,营养物质积累也减少,已经形成的花芽也会由于体内养分供应不足而发育不良或早期死亡。因此,只有保持充足的光照条件,才能保证植物的花芽分化及开花结果。光照度还影响植物开花的颜色。强光的照射有利于植物花青素的形成,使植物花色艳丽。光照的强弱对植物花蕾的开放时间也有影响。如半支莲、酢浆草在中午强光下开花,月见草、紫茉莉、晚香玉在傍晚开花,昙花在 21:00 之后的黑暗中开放,牵牛花、大花亚麻则盛开在早晨。

(3)日照长度的生态作用　太阳中心从出现在一地的东方地平线到进入西方地平线之间的时数,称为可照时数。在日出之前和日没之后,虽然没有太阳光直接辐射投射到地面上,但天空散射辐射投射到地面,使地面仍能获得一部分散射光,使昼夜更替不是突然的。习惯上把这种光称为曙暮光。曙暮光对植物的生长发育有着不同程度的影响。所谓日照长度就是包括曙暮光在内的光照时间。曙暮光时间的长短随纬度和季节而定,如在赤道上,各季曙暮光时间只有 40 多分钟,在纬度 30°处,就增长 1 h,而到 60°的高纬度,夏季曙暮光时间长达 3.5 h,冬季也有 1.5 h。某个月份某一纬度的可照时数可参照表 2.1。

表 2.1　可照时数简表(各月 15 日值)　　　　　　单位:h·min

可照时数 \ 纬度 月 份	0°	10°	20°	30°	40°	50°	60°	65°	70°
1	12.08	11.36	11.04	10.25	9.39	8.33	6.42	5.01	0
2	12.07	11.40	11.30	11.09	10.41	10.06	9.10	8.28	7.22
3	12.07	12.04	12.00	11.58	11.53	11.49	11.42	11.41	11.34
4	12.06	12.22	12.36	12.55	13.15	13.45	14.31	15.11	16.08
5	12.07	12.35	13.05	13.41	14.23	15.23	17.06	18.44	23.00
6	12.07	12.43	13.20	14.04	15.00	16.20	18.49	21.42	24.00
7	12.08	12.40	13.14	13.54	14.45	15.58	18.06	20.23	24.00
8	12.07	12.27	12.49	13.14	13.47	14.32	15.43	16.45	18.20
9	12.06	12.11	12.14	12.14	12.30	12.40	12.57	13.12	13.30
10	12.07	11.55	11.41	11.27	11.12	10.49	10.15	9.50	9.12
11	12.07	11.41	11.12	10.39	10.00	9.05	7.36	6.19	3.58
12	12.07	11.33	10.57	10.15	9.22	8.08	5.56	3.50	0

在不同地区,日照长度随季节的更替而产生周期性的变化,这种周期性变化称为光周期。光周期不仅对植物的开花有影响,而且对植物的营养生长和休眠也有明显的作用。一般来说,

延长日照能使植物的节间增长,生长期延长,缩短日照则生长减缓,促进芽的休眠。当然,植物的光周期现象还受环境、温度和水分等外界因子的影响。利用植物对光周期的不同反应,在园林花卉中常通过人工控制光照时数来调整其开花时间。

2)园林植物对光的生态适应

长期在一定的光照条件下生长的园林植物,在其生理特性及形态结构上表现出一定的遗传适应性,进而就形成了与不同光照条件相适应的生态类型。

(1)园林植物对光照度的适应　园林植物对光照的需求和适应是有差异的,有些植物只能在较强的光照条件下才能正常生长发育,而有些植物则能适应比较弱的光照条件,在庇荫条件下生长。不同植物对光照度的适应能力不同,特别是对弱光的适应能力有显著的差异。根据植物对光的适应程度差异(即对光照强度的要求),园林植物可分为喜光植物、阴生植物和耐阴植物3类。

园林植物对光的适应性,除了内在的遗传性外,还受其他因素的影响,特别是多年生植物,它随着年龄和环境条件(气候条件和土壤条件)的变化而变化。植物在幼年阶段,特别是1~2年生的小苗是比较能耐阴的,随着年龄增加而耐阴程度减小;同一种植物,生长在分布区内的北方边界比生长在南方边界需要更多的光照以弥补温度的不足;一种植物生长的最小需光量也随海拔的升高而增高,但达到一定高度后,因直射光较强,反而需光量有逐渐减小的趋势。土壤肥力对光照有一定的补偿作用,在肥沃的土壤上,植物生长旺盛,耐阴能力较强;反之,植物则需要较多的光照,耐阴能力较弱。由于植物的耐阴性不是固定不变的,所以对同一种植物的耐阴性,不同的人有不同的看法,这在很大程度上是因为观察的对象在年龄和立地条件方面可能有很大的差别。

为了适应不同的光照环境,植物的叶有阳生叶与阴生叶之分。在强光条件下发育的叶称为阳生叶,在弱光条件下发育的叶称为阴生叶。喜光植物多具有阳生叶,且叶片在排列上常常与直射光线形成一定的角度;而阴生植物多具有阴生叶,其叶柄或长或短,叶形或大或小。使叶镶嵌状排列在同一水平面上或叶与入射光线呈垂直形式排列。叶是光合作用的器官,对光有较强的适应性。由于叶长期处于不同光照的环境中.其形态结构上往往产生适应光的变异,这种变异称为叶的适光变态。

喜光植物与阴生植物在形态结构、生理特征及其个体发育等各方面有着明显的区别(见表2.2)。

表 2.2　喜光植物与阴生植物的主要区别

项　目	喜光植物	阴生植物
叶变态型	以阳生叶为主	多阴生叶,少阳生叶
叶色	色淡为绿色或淡绿色	色浓为暗绿色
茎	较粗壮,节间较短	较细,节间较长
单位面积叶绿素含量	少	多
分枝	较多	较少
茎内细胞	体积小,细胞壁厚,含水量小	体积大,细胞壁薄,含水量大
木质部和机械组织	发达	不发达

续表

项 目	喜光植物	阴生植物
根系	发达	不发达
耐阴能力	弱	强
土壤条件	对土壤条件适应性广	要求比较湿润、肥沃的土壤
耐干旱能力	较耐干旱	不耐干旱
生长速度	较快	较慢
生长发育	成熟早,结实量大,寿命短	成熟晚,结实量小,寿命长
光补偿点	高	低
光饱和点	高	低

植物对光照强度的生态适应性在园林植物的育苗及栽培中有着重要的意义。对阴生植物和耐阴性强的植物育苗要注意采用遮阳手段。在园林绿化建设中,要注意根据不同环境的光照条件,合理选择配置适当的植物,使植物与环境相互统一,形成层次分明、错落有致的绿化景观,以提高其绿化美化的效果。

(2)园林植物对日照长度的适应   根据对光周期的不同反应,园林植物有长日照植物、短日照植物、中日照植物和日照中性植物4类。这是植物在进化过程中对日照长短的适应性表现,在很大程度上与原产地所处的纬度有关。一般原产热带、亚热带地区的植物多为短日照植物;原产温带、寒带地区的植物多为长日照植物。因此在引种过程中,特别是引种以观花为主的园林植物时,必须考虑它对日照长短的反应。

2.1.3 光环境的调控在园林绿化中的作用

利用光对园林植物的生态效应及园林植物对光生态适应性的不同,适当调整光与园林植物的关系,可以提高园林植物的栽植质量和增强其观赏性,以达到良好的园林绿化效果。

1)调整花期

每逢元旦、春节、五一及十一等节假日,各大城市都要展出多种不时之花,集春、夏、秋、冬各花开放于一时,达到丰富和强化节日气氛的目的。园林工作者可根据植物开花对日照时数的要求不同,采取人为调整光照时间,控制园林花卉植物的花期来满足市场的需求。如菊花、一品红、蟹爪兰、仙人掌等短日照植物,在秋、冬季节日照变短时才能陆续开花。要使这些花提前到国庆开花,就必须进行遮光处理。根据所确定的开花时间,每天只给8~9 h光照,在其他时间完全遮光处理。菊花经遮光处理后,20 d即可现蕾,50~60 d就可开花;一品红单瓣种在国庆前45~55 d进行遮光处理,重瓣种则需在国庆前55~65 d进行处理;蟹爪兰、仙人掌在国庆前45 d进行处理,都可达到在国庆开花的目的。

在短日照季节,对长日照植物进行补充光照,也可促使其提前开花。唐菖蒲、晚香玉、瓜叶菊等长日照植物在秋、冬及早春的短日照条件下不开花。如在温室内用白炽灯或日光灯等人造光源对其进行每天 3 h 以上的补充光照,让每天的光照时间达到 15 h 左右,就可达到催花的预期效果。对短日照植物进行长日照处理,能阻止花芽形成,达到推迟花期的目的。如秋菊的正常花期为 10 月下旬到 11 月,要使它在 1—2 月开花,可选用晚花品种同时采用人工增加照明的办法,傍晚起在距植株顶梢 1 m 以上处使用 100 W 的白炽灯照明 6 h,使全天光照时间达到14 ~ 16 h,处理 80 d 左右即可达到预期目的。

光暗颠倒可改变植物的开花习性。如昙花,本应在夜间开花,从绽蕾到怒放以致凋谢一般只有 3 ~ 4 h。若在花蕾形成后,白天进行遮光,夜间则用日光灯进行人工照明,经过 4 ~ 6 d 处理,昙花就可在上午8:00 ~ 10:00 开花,至 17:00 左右凋谢。

2)改变休眠与促进生长

日照长度对温带植物的秋季落叶和冬季休眠等特性有一定影响。长日照有利于植物萌动生长,短日照则有利于植物秋季落叶休眠。因此,控制光照时间可以促进植物萌动或调整休眠。如夜间路灯、霓虹灯等灯光照射延长了光照时间,使城市里的园林树木在春天萌动早、展叶早,在秋天落叶晚、休眠晚,即树木生长期有明显的延长。

在园林植物育苗过程中,调节光照条件,可提高苗木的产量和质量。在高温、干旱地区,应对苗木适当遮阳;气候温暖、雨量多的地区,对一些植物,尤其是喜光植物进行全光育苗,能促进其生长。有条件的地方,则通过人工延长光照时间,促进苗木生长,可取得明显的效果。

3)引种驯化

在园林植物引种工作中,了解植物光周期的生态类型十分必要。引种时要考虑引种地和原产地日照长度的季节变化,以及该种植物对日照长度的敏感性和反应特性以及对温度等其他环境因子的要求。一般短日照植物由北方向南方引种时,因南方生长季内的光照时间比北方短,气温比北方高,往往出现生长期缩短,发育提前的现象;短日照植物由南方向北方引种时,由于北方生长季节的日照时数比南方长,气温则比南方低,往往出现营养生长期延长,发育推迟的现象。长日照植物由北方向南方引种时,发育延迟,甚至不能开花,若要使其正常发育,需补充日照时间,才能使之开花结实。长日照植物由南方向北方引种时,则发育提前。

4)栽植配置

掌握园林植物的生态类型,在园林植物的栽植与配置中非常重要。只有了解植物是喜光性还是耐阴性种类,才能根据环境的光照特点进行合理种植,做到植物与环境的和谐统一。如在较窄的东西走向的楼群之间,其道路两侧的树木配置不能一味追求对称,南侧树木应选择耐阴种类,北侧树木应选择喜光树种。否则会造成一侧树木生长不良。

2.2　园林植物与温度

温度是植物生活所必需的重要环境因子,植物的各种生理活动都是在一定温度范围内进行的。园林植物的环境温度主要包括空气温度和土壤温度。空气温度即是空气的冷热程度,简称气温。土壤温度即是植物周围的土壤温度,它是植物的重要生活因子之一,直接影响种子的发芽和根系生长。要搞好园林生产,必须了解空气和土壤的热状况。

2.2.1　温度对园林植物的生态作用

温度的变化直接影响植物的生命活动和生理代谢,从而影响植物的生长发育。

1) 植物的感温性

植物适应环境温度规律性变化所形成的特性,称为植物的感温性。不同种类的植物生长所需的温度范围也很不相同。大部分温带植物在5 ℃或10 ℃以下不会有明显的生长,最适温度通常在25～35 ℃,最高温度35～40 ℃。大多数热带和亚热带植物的生长温度范围要更高一些(见图2.1)。

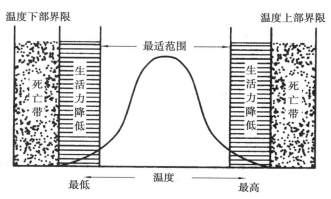

图2.1　植物对温度的适应范围

植物正常生长还需要日温较高和夜温较低的周期性变化。这是由于较高温有利于植物光合作用的进行,较低温有利于降低呼吸消耗,因而在光线充足的情况下,温差大有利于提高产量。在温室栽培中,应注意夜间降温的有利作用。

温度对园林植物生长发育的影响极大,植物的耐寒性与植物种类、品种有关。在设计与施工过程中宜选择半耐寒性植物为主,在条件许可的情况下适当引进不耐寒植物。不耐寒植物易受冻害、寒害或霜害等,因此在实施过程中应配置在建筑物的南面,作为上木或采取保温措施。而一些耐寒植物易受高温危害引起日灼,因此配置方法与不耐寒植物相反。

2) 植物对温度的适应

植物对温度条件的要求,是植物在系统发育过程中对温度条件长期适应的结果。按照植物对温度的要求程度,可将植物分为3类:

(1)耐寒植物　有较强的耐寒性,对热量不苛求。如牡丹、芍药、梅花、蜡梅、落叶松、红松、白桦、山杨等。

(2)不耐寒植物　要求生长季有较多的热量,耐寒性较差。如柑橘、热带兰科植物、榕树、樟树等许多热带、南亚热带起源的植物。

(3)半耐寒植物　对热量要求介于耐寒植物和不耐寒植物之间,可在比较大的温度范围内生长。如松、桑、杨、杜鹃花等。

3) 节律性变温的生态作用

地球上的大部分地区,温度都有昼夜变化和季节变化。这种温度随昼夜和季节而发生有规律性的变化,称为节律性变温。节律性变温对植物的生长发育有很大影响。

(1)昼夜变温与温周期现象　植物对昼夜温度变化节律的反应,称为温周期现象。它主要影响植物的种子发芽、生长、产品质量等方面。

①变温与种子发芽:对于某些发芽比较困难的种子,如果给予昼夜较大温差的变温处理后,可以大大提高种子的发芽率。如百部的种子在恒温条件下,浸种 14~30 d,只有个别种子发芽;而同样是浸种 14~30 d,在变温 19~22 ℃的条件下,发芽率则为 68.5%。

②变温与植物生长:昼夜变温对植物生长有明显的促进作用。如在昼夜温差 12~20 ℃培育火炬松幼苗,火炬松幼苗生长较好。恒温时生长较差。

③变温与开花结实:一般白天温度在植物光合作用最适范围内,夜间温度在呼吸作用较弱的限度内,这样的变温越大,光合作用净积累的有机物就会越多,对花芽的形成就越有利,开花也就越多。如金鱼草成花的最适日温是 14~16 ℃,夜温是 7~9 ℃。温差大,也有利于植物的结实,且质量好。

④变温与植物产品品质:昼夜温差大,有利于提高植物产品的品质。如吐鲁番盆地在葡萄成熟季节,气温高,光照强,昼夜温差常在 10 ℃以上,所以葡萄果实含糖量高达 22%以上;而烟台地区受海洋气候影响,昼夜温差小,葡萄果实含糖量在 18%左右。

(2)四季变温与物候　春、夏、秋、冬,一年四季周而复始。植物适应一年四季温度的变化,形成与之相适应的发育节律,称为物候。例如大多数植物都是春季开始发芽、展叶、生长,夏季开花结果,秋季果实成熟,秋末落叶以休眠状态度过冬季。植物在不同季节里出现发芽、生长、现蕾、开花、结果、果实成熟、落叶休眠等生长发育阶段,称为物候期或物候阶段。植物的物候期与温度密切相关,每一物候期都有一定的温度指标。例如小兴安岭天然林内红松的主要物候期如下:一般在 4 月中旬至下旬,平均气温上升到 4.5 ℃以上,树液开始流动;5 月中旬平均气温上升至 10.7 ℃,芽开始膨胀;新枝从 5 月中旬开始生长,6 月上旬至中旬平均气温 14~17 ℃,开始迅速生长;在 6 月上旬,平均气温为 14.8 ℃花芽显露;6 月下旬平均气温 18 ℃开始授粉;9 月上旬平均气温 14.4 ℃球果开始成熟。

由于温度随经纬度和海拔而发生变化,因此物候也随之而发生变化。在我国,从广东沿海湛江到北纬 26°的福州一带,南北相距 5 个纬度,桃树开花相差 50 d,就是相差一个纬度,物候期平均相差 10 d。洛阳与盐城纬度相当,经度相差 8°,初春洛阳迎春花期比盐城早 22 d,平均每一个经度由西向东物候期延迟 1 d。物候的差异因地而异,不能机械地套用某种固定公式。城区的温度高,各物候期都与郊区有所区别。

4)非节律性变温对植物的生态作用

温度除了节律性变化之外,还经常发生非节律性变温,包括温度的突然降低和突然升高。这种突然出现的极端温度对植物影响非常大。

(1)低温对植物的作用　我国在 11 月至次年 4 月经常有寒潮出现,由于大规模冷空气南下,使温度急剧下降,给所经过地区的植物带来严重的伤害,甚至死亡。按植物受害时的温度,一般把低温危害分为冻害和寒害两类。冻害是指在生长期中,气温降到 0 ℃以下时,造成植物细胞间隙结冰,如果气温回升快,细胞来不及吸水,使植株脱水而死亡的低温天气。寒害是指气温虽然在 0 ℃以上,但低于植物当时生长发育阶段所能忍受的最低温度,引起生理活动障碍,出现嫩枝和叶片萎蔫的低温天气。例如原产于热带和亚热带的喜温花卉,所忍受的最低温度是 12 ℃。当气温降到 3~5 ℃时,就会造成嫩枝和叶片萎蔫。

　　植物的受害程度除了和最低温度值有关外,还和降温速度、低温持续时间和温度回升速度等有关。一般来说,降温越快、低温持续时间越长、降温后温度回升越快,植物受害就越重。同一种植物的不同发育阶段,抗低温能力不同,即休眠期最强,营养生长期居中,生殖阶段最弱。

　　植物对低温的适应表现在形态和生理两方面。在形态上,植物的芽和叶片表面有油脂类物质保护、芽上覆有鳞片、器官表面有蜡粉和密毛、树皮具有较发达的木栓组织等,在林地和高山上的植物常矮小,呈匍匐、垫状或莲座状。在生理上,主要是细胞中水分减少,细胞质含量增加,并积累糖类,降低了细胞质的冰点。植物在低温季节来临时转入休眠,也是一种极有利的适应形式。

　　(2)高温对植物的作用　温度达到植物最适温度范围后,如果再继续上升,对植物可造成危害。首先,高温破坏植物的代谢平衡,使呼吸作用强烈而持久,造成植物因"饥饿"而死亡。其次,高温促进蒸腾作用,破坏水分平衡,使植物萎蔫或干枯。再次,高温使叶片过早衰老,减少有效叶面积。另外,过高的温度能促使蛋白质凝固(50 ℃左右)和导致有毒代谢产物的积累,从而使植物中毒。

　　植物对高温从形态方面表现出其适应特性。例如,有些植物体具有密生的茸毛和鳞片,能滤过一部分阳光;白色或银白色的植物体和发亮的叶片能反射大部分光线,使植物体温不会增加太快;有些植物的叶片垂直排列,以叶缘向光从而减少光照;有些树木的树干、根状茎附近具有很厚的木栓层,可以隔绝高温。

2.2.2　温度环境的调控在园林绿化中的应用

　　当环境温度不利于植物生长时,可以通过人为措施,调节和控制温度的变化,进而促进和调节植物生长发育。

1)温室栽培

　　原产于热带、亚热带及暖温带的植物,例如仙客来、君子兰、扶桑、巴西木等,在我国北方地区不能越冬。为保证它们安全过冬,必须移入温室养护。根据不同种植物在越冬时温室温度的要求,植物分为4类:

　　①冬季在1~5 ℃的室内可过冬的冷室植物,如棕竹、蒲葵等。

　　②最低温度在5~8 ℃可过冬的低温温室植物,如瓜叶菊、樱草、海棠、紫罗兰等。

　　③最低温度在8~15 ℃才能过冬的中温温室植物,如仙客来、香石竹、天竺葵等。

　　④最低温度要求≥15 ℃才能过冬的高温温室植物,如气生兰、变叶木、鸡蛋花、王莲等。此外,露地栽培的花卉植物在冬季利用温室进行促成栽培,可以促进开花并延长花期,也可在温室内进行春种花卉植物的提前播种育苗。

2)荫棚栽培

　　在园林花木播种育苗中,耐阴性强的植物种子萌发后,刚出土的幼苗对剧烈变化的温度以及强光照不适应,需搭荫棚进行遮阳处理。仙客来、球根海棠、倒挂金钟在夏季生长不好,原因就是夏季温度太高。不能忍受强光照射的杜鹃、兰花等花卉植物,需置于荫棚下培育。夏季扦插及播种等,也需在荫棚下进行。一些在露地栽培的切花,如果有荫棚保护,也可获得比露地栽培更为良好的效果。

3）低温贮藏

园林生产中,低温储藏主要用于种子储藏、苗木储藏和接穗储藏。如把美人蕉、大丽花、百合、银杏等种子和湿河沙混合堆放在一起,温度保持在 1～10 ℃,既可使种子在储藏期间不萌发且保持活力,又可提高播种后的发芽率。北方地区秋天苗木挖起储藏时,可在排水良好的地段挖窖,然后在窖内放一层苗木,铺一层湿沙,最上面覆盖塑膜、草帘等材料,窖温保持在 3 ℃ 左右,这样既可以使苗木不萌动,又可以保持苗木的生命活力。北方地区秋季采下接穗后,打成捆放入 −5～0 ℃ 的低温窖中,可使接穗生活力保持 8 个月左右,确保嫁接成功。

4）花期调整

植物的花期也受温度影响。因为温度与植物的休眠密切相关。可以通过对温度的调控打破或促进休眠,让植物的花期提前或延迟。一些春季开花的迎春、梅花、杜鹃、牡丹等木本花卉植物,如果在温室中进行促成栽培,便可提前开花;利用加温方法催花,首先要预定花期,然后再根据花卉植物本身的习性来确定提前加温的时间。将室温增加到 20～25 ℃、湿度增加到 80%以上的环境下,牡丹经 30～35 d 可以开花,杜鹃需 40～45 d 开花,龙须海棠仅 10～15 d 就能开花。需在适当低温条件下开花的桂花等植物,当温度升至 17 ℃ 以上时,可以抑制花芽的膨大,使花期推迟。为了使春季开花的碧桃、杜鹃花等植物花期推迟,可在春季植株萌发前,将植株移到 1～3 ℃ 低温下,使其继续休眠,在需要开花前 1 个月左右才移到温暖处,加强管理便可在短期内开花。

5）防寒越冬

冬季的严寒会给树木带来一定的危害。因此,入冬前要做好预防工作。北方的严寒对树木的危害主要有树干冻裂、根茎和根系冻伤等。

北方的冬季,树干南面尤其是西南面,白天太阳直接照射,吸收热量多,树干温度高,夜间降温迅速,树干外部冷却收缩快,由于木材导热慢,树干内部仍保持较高温度,收缩小,导致树干纵向开裂,这种现象称为树干冻裂,俗称"破肚子"。通常幼树发生多,老树少;阔叶树发生多,针叶树少。一般用石灰水加盐或加石硫合剂对树干进行涂白,降低树干昼夜温差,可减少树干冻裂。

在树干组织中,根茎生长停止最迟,进入休眠最晚,因此地表突然降温常引起根茎局部受冻,使树皮与形成层变褐、腐烂或脱落。由于根系没有休眠期,在北方冻土较深的地区,每年表层根系都要冻死一些,有些可能大部分冻死。预防的方法是:

①封冻前浇一次透水,称为灌冻水。

②在根茎处堆松土厚 40～50 cm,并拍实。

③可以用稻草或草绳包住树干,防止树干冻伤。

④对地下部分易冻死的灌木,入冬前在灌木一侧挖沟,将树冠拢起,推入沟内,全株覆盖一层细土,轻轻拍紧,以保护灌木越冬。

6）降温防暑

夏季的过高温度也会给一些植物带来危害,尤其是城市里的园林植物受到城市"热岛效应"的影响,受害更为严重。高温危害主要有皮伤和根茎灼伤。

树木受到强烈的太阳辐射,温度增高而引起枝干形成层和韧皮组织的局部坏死,这种现象称为皮伤。皮伤多发生在树皮光滑树种的成年树上,例如桃树、云杉等,受害树木的树皮呈现斑点状死亡或片状剥落,给病菌的侵入创造了条件。预防的方法有:

①加强浇灌,保证树木对水分需求。

②修剪时多保留阳面枝条,可以减少太阳辐射。

③采用涂白的方法减少热量吸收。

当土壤表面温度增高到一定程度时,灼伤幼苗柔弱的根茎,给苗木造成危害,这种现象称为根茎灼伤,表现在根茎处形成一个宽几毫米的环状组织坏死带。采取早晚喷灌浇水、地表覆草、局部遮阳等措施可以防止或减轻危害。

2.3 园林植物与水分

植物的水环境包括空气湿度和土壤含水量。空气湿度是指大气的干湿程度,它与空气中水汽含量的多少有关系,常用空气的相对湿度来表示。空气中实际水汽压与同温度下饱和水汽压的百分比称为相对湿度(r)。

2.3.1 水分在植物生活中的作用

水是组成植物体的基本物质之一,是植物赖以生存和生长发育必不可少的生存条件。植物体一切新陈代谢作用都要有水的参与才能进行。

1)水是原生质的重要成分

植物生活细胞原生质含水量一般为70%~90%。植物细胞必须在水分充足状态下才能成功地进行细胞分裂、细胞伸长和物质代谢等生理活动。当含水量减少时,代谢活动减弱。严重缺水时,将导致原生质结构破坏,植物趋于死亡。

2)水是某些代谢过程的原料

水是光合作用的原料,参与碳水化合物的合成。水解反应和呼吸等过程中的许多反应,也需要水分子直接参加。

3)水是植物体内代谢过程的介质

外界环境中的无机物和有机物都只能先溶解在水中,才能被植物吸收。植物体内许多生物化学反应都是在水介质中进行的。植物体内的矿质元素和有机物也都是溶解在水中运往各个部分。正是这种体内的液流活动,协调着体内各部分的供求,从而把植物各个部分联系起来,成为一个整体。

4)水能使植物保持固有姿态

充足的水分能使细胞和组织保持膨胀状态,使枝叶挺立,便于充分接受阳光和交换气体,进行正常的生理活动。

5)水的理化性质有利于植物生命活动

水有很高的比热和汽化热,又有较高的导热性,这些都有利于植物散发热量,保持体温。水能让紫外线和可见光透过,对植物光合作用很重要。

　　水对植物的重要性除了上述生理作用外,还有重要的生态作用。水分能够改善土壤和地表面空气的湿度,在植物栽培实践中,可利用灌水保温防寒,利用喷水防止霜冻。因此,水与植物的关系包括生理需水和生态需水两个方面。

2.3.2　园林植物对水分的要求和适应

　　植物在长期的进化过程中,与其生态环境中的水分状况产生了一定的适应关系。水分的过多或过少,对园林植物的生长发育过程都会产生一定的影响,严重时会使园林植物致死。

1) 植物体的水分平衡

　　在根系吸收水和叶片蒸腾水之间保持适当的平衡是植物正常生活所必需的。要使植物维持良好的水分平衡,必须使吸水、输导和蒸腾三方面的比例适当。植物体的水分经常处于动态平衡状态,这种动态平衡关系是由植物的水分调节机制(植物的适应性)和环境中各生态因子间相互调节与制约的结果。影响植物体水分平衡的主要因子是土壤、湿度、温度、光照、风力等。在水分不足的地方或季节,植物易受到干旱的威胁。由于土壤水分长时间供应不足,加之植物蒸腾继续消耗大量的水分,致使水分平衡的破坏超出植物体自身的调节范围而不能恢复,造成萎蔫甚至枯死。但若长时间水分过多,如连续降雨或低洼湿涝,也会使植物体内的水分平衡遭到破坏。

2) 植物对水分的需要

　　植物对水分的需要是指植物在正常生长过程中所吸收或消耗的水分。正常情况下,植物从环境中吸收的水分约有99%用于植物的蒸腾作用,只有很少一部分(一般不超过1%)水分用于植物的光合作用。植物的种类、个体的大小、年龄等不同,其需水量也不相同,通常木本植物的需水量大于草本植物。据测定,一株橡树一天消耗的水分可达570 kg。植物的需水量还与温度有一定的关系。一般来说,在低温地区和低温季节,植物的需水量小,生长缓慢;在高温地区和高温季节,植物的需水量大,生产量也大,在这种情况下必须供应充足的水分才能满足植物的需求。植物的需水量还与光照度、空气湿度、土壤含水量等其他生态因子有直接关系,植物的不同发育阶段需水量也不相同。植物的需水量常用蒸腾量和蒸腾系数来表示。蒸腾量以每克叶片每天蒸腾的水分含量(g)来表示;蒸腾系数以植物产生 1 g 干物质所消耗水分的总量(g)来表示。不同植物对水分的需求不同,现列出一些植物的蒸腾系数供参考(见表2.3)。

表 2.3　几种植物的蒸腾系数

植物种类	蒸腾系数	植物种类	蒸腾系数
栎	344	花旗松	173
桦	317	水青冈	169
松	300	苏丹草	304
落叶松	260	狗尾草	285
云杉	231	紫苜蓿	844

3)植物对水的适应

由于长期生活在不同的水环境中,植物会产生固有的生态适应特征。根据水环境的不同以及植物对水环境的适应情况,可以把植物分为水生植物和陆生植物两大类。在园林绿化建设中,要根据园林植物对水的适应情况,选择适宜的水环境进行配置和栽培,同时要加强管理,才能收到良好的绿化美化效果。

2.3.3 水环境调控在园林绿化中的应用

水是植物体的重要组成部分,植物的各种生命活动都离不开水。不同植物的不同生长发育时期需水量不同,但都有最高和最低两个基点,并有一个最适的范围。如果高于最高点,则会导致根系缺氧、窒息,甚至烂根死亡;如果低于最低点,则会导致植物萎蔫、枯萎死亡;如果接近两个基点,则植物生长不良。因此,只有掌握园林植物的生态习性及其对水分需要的变化规律,合理调节水分,才能保证园林植物的正常生长。

1)合理浇灌

浇灌是满足植物对水分的需要、维持植物体水分平衡的重要措施。在园林绿化管理养护中,浇灌是极为重要的手段。应根据植物的生态习性、生长发育阶段、天气、季节以及土壤等各方面因素来确定各种园林植物的浇水量。不同生态习性的植物需水量不同,例如:喜湿的蕨类、秋海棠、兰科植物、瓜叶菊等,要多浇水;耐旱的仙人掌等多浆液植物要少浇水。植物在不同生长发育阶段需水量不同:通常播种期需要多浇,出苗后少浇;随着植物的生长开花,浇水量逐渐增加;到结实期,又需要少浇水;休眠期更要少浇。例如,朱顶红种植后只要保持土壤的湿润,便会终止休眠,生出根来,一旦抽出花茎,蒸腾增加,就需少量灌水;当叶片大量生长后,就需水分充足。在不同季节和天气情况下,植物的需水量不同,干燥的晴天应多浇;阴湿天少浇或不浇。冬季大部分植物处于休眠状态,一般不需浇灌。一些室内植物的浇水,要因室温而异,室内温度高时要多浇,温度低时应少浇;春季天气转暖,浇水量应较冬季为多;夏季天热,蒸发量大,浇水量要增加。不同土壤上生长的植物,其浇水量也有所差别。一般盐碱土上的植物,要"明水大浇";沙质土上的植物,因沙土保水力差,应小水勤浇;而较黏重保水力强的土壤的植物,灌水次数和灌水量应当减少。盆栽花卉的浇水原则是见湿见干。判定盆栽基质含水量的多少有敲击瓦盆、水分标尺、湿度传感装置等方法。浇灌方法因植物习性或条件而定,如滴灌、喷灌、微喷灌等。

2)调整花期

干旱的夏季,充分灌水有利于植物生长发育并促进开花。如在干旱条件下,在唐菖蒲抽穗期间充分灌水,可使花期提早 1 周左右。夏季的干旱高温常会迫使一些花木进入夏季休眠,或迫使一些植物加快花芽的分化,花蕾提早成熟。例如在夏季,对玉兰、梅花、丁香、紫荆等花木停止灌水,保持干旱,使之自然落叶,强迫其进入休眠状态,3～5 d 后再给予良好的水、肥条件,这些花木则能很快解除休眠而恢复生长,并能提早在国庆节期间开花。

如果在秋季落叶后,将春季开花的牡丹先经 0～3 ℃的低温处理 20 d 左右,移入 20～25 ℃的温室,保持室内湿度 60%～80%,可促其花芽萌动,根据需要可提前在冬季或早春开花。杜

鹃等花木,采用控制温度和不断在枝干上喷雾喷水的方法,也能使其在冬季或春节前后开花。

3)抗旱锻炼

园林植物本身具有一定的抗旱潜力。抗旱能力较强的植物,其叶面积较小,甚至能在干旱季节落叶,可表现出旱生植物的特性。许多中生性园林植物,在短期干旱的影响下,能表现出不同程度的抗旱特性。因此,可以在园林植物苗期内逐渐减少土壤水分供给,使其经受一定时间的适度缺水锻炼,促使其根系生长,叶绿素含量增多,光合作用能力增强,干物质积累加快。经过锻炼的植物,即使在发育后期遇到干旱,其抗旱能力仍较强。

在园林植物种子的萌芽阶段进行抗旱锻炼,往往效果更好。一般先浸种催芽,然后使萌动的种子风干 2 d 后播种。浸种催芽有时还能使植物出现叶脉变密,表皮细胞及气孔变小,气孔增多,根系发达等旱生形态结构。

4)灌水防寒

水的热容量大于干燥的土壤和空气的热容量。灌水后土壤含水量提高,有两方面的意义:一方面,土壤的导热能力提高,土壤深层的热容易上传,从而提高了表土和近地表空气的温度;另一方面,土壤的热容量提高,增强了土壤的保温能力。此外,灌水后土壤水蒸发进入大气,使近地层中的水汽含量增多,夜间降温时,水汽凝结成水滴,同时放出潜热,从而缓冲了温度下降的幅度。据测定,灌水后可使近地层增温 2~3 ℃。因此,在园林花木栽培中,南方冬季寒冷时进行冬灌能减少或预防冻害;北方在深秋灌冻水,可以提高植物的抗寒能力,而早春灌水则有保温增温的效果。

2.3.4　提高水分利用率的途径

1)水分利用率及有效利用率

植物蒸腾消耗单位重量的水分所制造的干物质重量,称为水分利用率或蒸腾效率,其倒数称蒸腾系数。水分利用率可用下式表示:

$$P_r = Y_d / E_s$$

式中　P_r——水分利用率;

$\qquad$ Y_d——单位土地面积上获得的干物质质量,kg;

$\qquad$ E_s——单位土地面积上植物消耗于蒸腾作用的总水量,kg。

显然,水分利用率(P_r)愈大,表示蒸散一定的水量获得的干物质愈多,用水愈经济,水分有效利用率愈高;反之,有效利用率低。我国干旱、半干旱、季节性干旱的地域辽阔,提高水分利用率是极为重要的。

2)提高水分利用率的途径

我国是一个水资源较为贫乏的国家,节约用水,提高水分的有效利用率十分重要。在农林业生产上常用的提高水分利用率的措施有灌溉、种植方式、风障、地膜覆盖、染色、作物种类及品种配置等。

灌溉中的滴灌、喷灌、暗灌、沟灌都比漫灌节水,灌溉时间以水分临界期效益最高。在种植方式方面,认为在土壤水分充足时,适当密植与缩小行距水分利用率较高。而在土壤缺水时,窄行距用水最经济,宽行距加大了乱流交换,耗水较多。至于行向,研究表明东西行向水分利用率最低,原因是偏西风机会多,植物体内风速加大,导致更多的水分损失。在大风情况下,防护林带、风障等可明显提高水分有效利用率。再者用地膜、麦草等覆盖以及地表染色可明显抑制土壤水分蒸发,保持土壤水分,特别是山地果树等根部的覆膜、覆草等措施,对减少山地水土流失,保持土壤水分,增加水分利用率,提高果品的产量、品质有着极为重要的意义。此外,合理施肥、应用抗蒸腾化学剂、搞好水利基本建设等对提高水分有效利用率也非常有效。

2.4 园林植物与空气

大气层是指地球表面到高空 1 100 km 或 1 400 km 范围内的空气层。在大气层中,空气的分布是不均匀的,离地面越高,空气也越稀薄。在地球表面 12 km 范围以内的空气层,其质量约占空气总质量的95%。在这一层,气温上冷下热,产生活跃的空气对流,因此称为对流层。风、云、雨、雾、雪、雷电等天气现象都在对流层中产生的。

园林植物正常的生命活动离不开空气,大气中的 O_2 和 CO_2 是动、植物维持生命活动所必需的。空气中的 CO_2 是园林植物进行光合作用、制造有机物质不可缺少的原料。近年来,由于大气中 CO_2 的浓度在不断地变化,对植物的生长和发育产生了重要的影响。

2.4.1 大气组成及其生态意义

1)大气的成分

地球大气是由干洁空气、水汽和杂质混合组成。干洁空气主要由氮(N_2)、氧(O_2)、氩(Ar)、二氧化碳(CO_2)组成,这四种气体占对流层内空气容积的99.99%。此外,还有极少量的氖(Ne)、氦(He)、氪(Kr)、氙(Xe)、臭氧(O_3)、氢(H_2)和碳、硫、氮的化合物。所以干洁空气是由多种气体混合而成的(见表2.4)。有些气体如 CO_2 和 O_3 虽然含量极微,但它们的存在和变化对气候以至地球上的生命会有很大影响,因而应引起重视;还有一些气体,如 N 的氧化物、CO、SO_2、甲烷等含量极微小,但由于人类的活动,在局部地区浓度会较高,给人类造成了一定的危害。

表 2.4　干洁空气的主要成分(对流层内)

气　体	体积分数/%	质量分数/%
氮(N_2)	78.084	75.52
氧(O_2)	20.948	23.15
氩(Ar)	0.934	1.28
二氧化碳(CO_2)	0.033	0.05

2)水汽及其生态作用

大气中的水汽是由江、湖、河、海等水体的蒸发,植物的蒸腾及湿土的蒸发而来的。组成大气的各种气体成分中,以水汽含量的变化幅度为最大。在对流层中,水汽的含量随着高度的升高而迅速减少。水汽具有相变,即大气中存在的气态水汽、液态雾和固态冰晶之间可以相互转换。水汽的存在能够阻挡地面长波辐射向宇宙太空散逸,因而对地面有保暖作用;水汽的相变,不仅伴随着能量的吸收和释放,也是大气中云、雾、雨、雪,雷鸣电闪的基础,所以水汽是天气变化的重要角色。

3) O_2 及其生态作用

大气中的 O_2 主要来源于植物的光合作用,少量的 O_2 则来源于大气层中的光解作用,即在紫外线照射下,大气中的水分子分解成 O_2 和 H_2。植物在光合作用过程中吸收 CO_2 释放 O_2,但植物自身的呼吸作用也会消耗少量的 O_2。大量的 O_2 用于大气平衡和包括人类在内的其他所有生物的呼吸消耗。

大气中供植物呼吸的 O_2 是足够的。但在土壤中,因土壤含水量过高或土壤结构不良等原因,往往会导致植物根系缺氧,严重时会引起植物中毒死亡。如城市街道旁的土壤往往过于板结,土壤 O_2 供应不足,从而影响了行道树根系的生长。因此,改善土壤的结构和水分,保证土壤良好的通气性,才能使植物根呼吸正常。

4) CO_2 及其生态作用

CO_2 来源于石油、煤炭等化石燃料的燃烧、动植物与土壤微生物的呼吸作用以及死亡生物的腐败和森林燃烧等。大气中的 CO_2 含量有日变化和季节变化,一般来说白天比夜间、夏季比冬季浓度小。随着工业化进程的推进和世界人口的增长,全球大气中的 CO_2 含量在逐年增长。据研究:距今约 1 万年以前,大气中的 CO_2 浓度(体积分数)仅为 0.020% ,到 19 世纪末也只有 0.029% ,而 1979 年大气中 CO_2 浓度已增至 0.033 5% 。1970 年至 1978 年平均每年增加 0.000 119% 。大气中的 CO_2 是绿色植物进行光合作用不可缺少的原料。在正常光照条件下,光照度不变,随着 CO_2 浓度增加,植物的光合作用强度也相应提高。因此根据这一原理,可以对植物进行 CO_2 施肥,来提高植物周围 CO_2 的浓度促使植物生长。CO_2 对太阳辐射吸收很少,而对地面热辐射有强烈的吸收作用,同时 CO_2 本身对周围大气和地面放射出长波辐射,而产生"温室效应"。全球 CO_2 浓度的增加,可能会导致大气底层和地面的平均温度上升,使气候变暖,将直接影响到人类的生活。但是,气候的变迁问题,涉及面很广,不单单是 CO_2 浓度变化这一个因子所能决定的,目前尚在探索阶段。

正常大气中的 CO_2 浓度约为 0.033% ,由大气及生物调节维持在稳定平衡状态。土壤中的 CO_2 含量略高于大气,但是土壤中的 CO_2 含量过高,也会导致植物根系窒息或中毒死亡。

5) N_2 及其生态作用

N_2 是大气组成中最多的气体,同时 N 元素也是生物体结构组成及生命活动不可缺少的成分。但是,N 元素一般不能被植物直接吸收和利用,仅有少数有根瘤菌的植物可以用根瘤菌来固定大气中的游离 N。但当有雷雨时,闪电可以使少量的氮氧化,这些氮的氧化物,随降雨进入土壤,可以被植物吸收利用。大部分植物所吸收的 N 元素来自土壤中有机质的转化和分解产物。虽然活性 N 在植物的生命活动中有着极重要的作用,然而土壤中的氮素往往供应不足。氮素缺乏时,植物生长不良,甚至叶黄枝枯,所以生产上常常施用氮肥来进行补充。在一定范围内增加土壤氮素,能明显促进植物的生长。

6）O_3 及其生态作用

在高层大气中，O_2 吸收了短于 0.24 μm 的紫外线而分解成氧原子，氧原子很活泼，与 O_2 结合成 O_3。O_3 主要分布在 10～40 km 的大气层中。由于 O_3 对紫外线有强烈的吸收作用，使到达地球表面的紫外线含量大大减少，一方面可以使地球表面温度不致过高，另一方面也保护了地球表面的生物免遭强紫外线的杀伤。臭氧层是地球生命的保护罩。因为过多过强的紫外线不但能杀死部分细菌，也能杀死植物细胞，抑制植物生长，也会使人皮肤癌变。地球上一旦失去臭氧层的保护，生物将无法生存。因此 O_3 浓度的变化会对气候变化和地球上的生命带来巨大影响。现已知晓，大气中的氮氧化物和氯能分解 O_3。超音速飞机的飞行、核爆炸，均可使大气中氮氧化物的浓度增加，而作为冷冻剂的氟利昂，在高空受到紫外线照射时，也可以分解出氯原子。

2.4.2 大气污染对园林植物的危害

大气污染的形成主要来源于人类生活，工业生产，交通运输等向大气排放的有害物质。大气污染破坏地球生态系统，直接危害人们的健康，同时严重影响到园林植物。

1）大气污染物的种类及危害方式

大气污染物的种类很多，其中影响较大的污染物质有粉尘、SO_2、氟化物、氯化物、O_3、氮氧化物等。大气污染物主要通过气孔进入叶片内，对植物生理代谢活动产生影响，所以植物受害症状一般先在叶片上出现。

植物遭受污染后根据其表现的症状可分为急性危害、慢性危害、隐蔽性危害 3 种。急性危害是指由于植物接触了浓度大大超过其忍受能力的有害气体，在短时间内（几小时、几十分钟甚至更短）造成的危害，表现为叶片最初呈灰绿色，之后转变为暗绿色的油浸或水渍斑，叶片变软，坏死组织呈现白色、黄色、红色或暗棕色，最后脱水、枯萎、脱落，甚至整株死亡，它多发生在化工厂、工矿等排放高浓度污染物厂区附近。慢性危害是植物长时期与低浓度的污染物接触，使叶片轻度褪绿，发生缺绿症状，叶片变小甚至畸形，生长发育不良等症状。隐蔽性危害是植物接触浓度较低的大气污染物，呼吸作用、光合作用降低而生理活动受到一定程度影响，但未表现出明显症状，导致植物品质下降，又称它为无症状危害。

2）主要污染物的危害

（1）SO_2　硫是植物必需的矿质元素之一，植物所需要的硫 90% 来自大气中，因此一定浓度的 SO_2 对植物是有利的。但如果大气中的 SO_2 浓度达到 0.05～10 mg/kg 就可能危害植物，给植物造成伤害。

SO_2 是大气污染物中最主要的有害气体。SO_2 与大气中的水气结合，转化为硫酸雾，硫酸雾遇冷凝结，以酸雨的形式降落地面，对植物造成的危害更大。同一种植物，生长旺盛的叶子受害最重，老叶和未展开的幼叶受害较轻。不同植物对 SO_2 的敏感性也不相同，一般草本植物比木本植物敏感，木本植物中针叶树比阔叶树敏感，阔叶树中落叶的比常绿的敏感。SO_2 对花卉的伤害症状表现为外部形态上产生许多暗绿色或褐色斑点，开始出现在叶脉的两侧，严重时叶脉退成黄褐色或白色直至干枯。

（2）氟化物　氟化物包括 FH、氟化硅、氟硅酸和氟化钙微粒等,是一类对植物毒性很强的大气污染物,比 SO_2 毒性大 $10 \sim 100$ 倍,其中以 FH 为主要污染物。植物受害后的典型症状是叶尖、叶缘先出现伤斑,然后向内扩散,渐渐变成浅黄白色,最后出现褐色伤斑,受害的叶组织与健康组织之间常形成一条明显的红色或深褐色的界线。植株表现为矮化、早期落叶、落花和不结实等现象。园林植物中唐菖蒲是对 FH 最敏感的植物,另外,玉簪、杜鹃、鸢尾、郁金香、金钱草、雪松等对其也较敏感。

（3）Cl_2　Cl_2 是一种有强烈窒息臭味的、黄绿色的有毒气体,它对植物的毒害比 SO_2 大,在相同浓度下,Cl_2 对植物危害程度是 SO_2 的 $3 \sim 5$ 倍。受 Cl_2 毒害最典型的症状是叶脉间出现不规则的白色或浅褐色坏死伤斑,有的出现在叶片边缘,严重时整个叶片褪成白色、枯卷甚至脱落。对 Cl_2 较敏感的园林植物主要有天竺葵、四季海棠、茉莉、吊钟海棠、樟子松、水杉、赤杨等。

（4）O_3　O_3 是光化学烟雾中的主要成分,有很强的氧化能力,它降低叶绿体活性,影响植物的光合作用。受害植物在成熟叶片的叶背出现点刻状褐色斑点或连片呈蜡质状,伤斑分布于全叶各部分,严重时斑点透过叶片,叶片黄化,甚至褪成白色。对 O_3 较敏感的植物有三叶草、北美五叶松等植物。O_3 能使敏感的松属树种针叶顶端严重灼伤,受侵害严重的针叶上可形成粉红色的斑带,随即出现向叶尖扩展的橘红色坏死区,$1 \sim 2$ 周到达针叶顶端。

（5）氮氧化物　氮氧化物污染物主要包括 NO、NO_2 和硝酸雾,NO_2 是最主要的危害物。受害植物叶片在叶脉间或叶缘出现形状不规则的水渍斑,逐渐坏死,而后干燥变成白色、黄色或褐色斑点,严重时伤害斑可扩展到整个叶片。在弱光下 NO_2 对植物的危害程度加重,阴天的伤害是晴天的一倍。NO_2 的毒性较其他的污染物弱,一般引起慢性危害抑制植物生长。

除了以上几种重要的空气污染物外,还有一些气体如氨气、乙烯、氯化氢、烟尘等,当这些污染物的浓度积累到一定程度时,就会对植物造成一定的危害。

2.4.3 风

风是空气的水平流动,它是园林植物的一个环境因子。风对植物有多方面的作用,既能直接影响植物,又能影响温度、湿度、大气污染物等环境因素而间接影响植物的生长发育;同时园林植物群落对风因子又有调节的作用。

1）风的概念

空气的水平流动称为风。用风向和风速表示风的特征。风向是指风吹来的方向,陆地上常用 16 个方位表示,如东风,即指风由东向西吹。风速是单位时间内空气水平移动的距离,单位为 m/s。气象上常用风力的大小来表示风力的强弱,通常风力分成 13 个等级。

2）风的类型

（1）季风　季风是指以一年为周期,盛行风向随季节的变化而发生改变的风。季风的形成原因主要是由于海陆之间的热力差异而引起的。冬季,大陆温度比海洋低,大陆上气压比海洋上气压高,风从大陆吹向海洋,称为冬季风;夏季,海洋温度比大陆低,海洋上气压比大陆气压高,风从海洋吹向大陆,称为夏季风。

我国背靠欧亚大陆,东临太平洋,南濒印度洋,海陆之间的热力差异显著,因此,季风现象十分明显。冬季风来自寒冷的内陆,常吹干寒的西北风或东北风,天气晴朗干冷;夏季风来自温热的海洋,常吹湿热的东南风或西南风,常多云雨天气。冬季风在我国活动时间比夏季风长,且冬季风的势力较强。

(2)地方性风　与地方特点有关的局部地区的风称为地方性风。它的影响范围较小,主要的地方性风有海陆风、山谷风、焚风等。

①海陆风:在海陆之间形成,以1 d为周期,随昼夜交替而改变风向的风,称海陆风。白天风从海洋吹向陆地,称为海风;夜晚风由陆地吹向海洋,称为陆风。海陆之间的热力差异是形成海陆风的原因。海风的影响比陆风大,吹海风时,能把海上水汽带到陆上,使陆上空气湿度增大,形成雾或低云,有时产生降水。同时降低沿岸各地的气温,使夏季不至于十分炎热(见图2.2)。

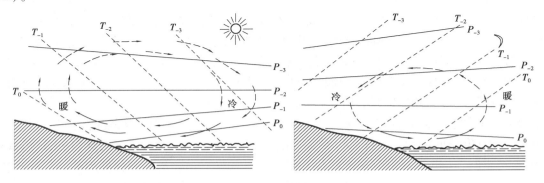

图2.2　海陆风示意图

②山谷风:在山区,以1 d为周期,随昼夜交替而转换风向的风,称为山谷风。白天,风从山谷吹向山坡称为谷风;夜间,风从山坡吹向山谷,称为山风。山谷风的昼夜交替影响山地气候,白天谷风把水汽带到山顶,山上湿度加大,易形成云雨,对山地植物的生长极为有利。冬季,谷底冷空气易聚集,发生霜冻及低温危害,对越冬树木的生长造成威胁(见图2.3)。

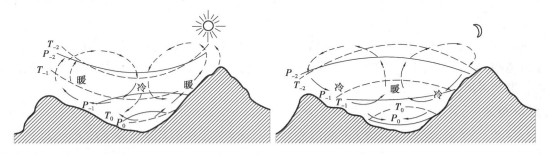

图2.3　山谷风示意图

③焚风:焚风是在山的背风坡,由于空气的下沉运动,使空气温度升高、湿度降低而形成的又干又热的风。在我国,有很多地区都会出现焚风现象,在山地的背风坡,任何时间、任何季节焚风都有可能出现。焚风温度高可促使初春积雪融化,有利于灌溉和植物的生长;秋天的焚风有利于植物果实成熟。但强大持久的焚风会造成干旱及高温危害,影响植物的生长(见图2.4)。

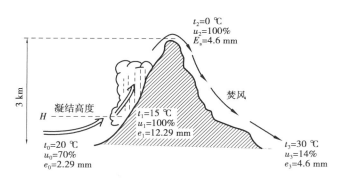

图2.4 焚风示意图

3）风对园林植物的影响

（1）风对植物光合作用的影响 风能输送 CO_2，随着风速的增加，不断为植物的生长提供 CO_2。适当的通风可使植物冠层附近的 CO_2 浓度保持或接近正常水平，保证光合作用的正常进行。保持合理的植物群体结构，有利于通风以增加 CO_2 浓度，提高光能利用效率，从而有利于植物的生长发育。

（2）风对植物蒸腾作用的影响 风加强地面和空气的热量交换，增加土壤蒸发和植物蒸腾。在高温情况下，风能降低植物叶片的温度，而使植物叶片免于灼伤。由于蒸腾作用加强，促进了根系吸收，使根系不断地从土壤中获取养分以满足植物正常生长的需要。风还能输送热量和水汽，使植株周围的温度、湿度不断地得到调节，从而避免出现过高过低的温度以及过大的湿度，利于植物的生长发育。

（3）风能传播植物的花粉和种子 很多树种如松树、云杉、柳树等都是靠风力来传播花粉和种子的，风还可以帮助植物散播芳香气味，招引昆虫为花卉传播花粉。

（4）风对植物的危害 风可以传播病原体，造成病害蔓延；风直接影响着害虫的地理分布。例如真菌病害可以靠风力传播病菌孢子。风对害虫的扩散和迁移的影响很大，很多害虫能借风力传播到很远的地方，如蚜虫可借风力迁移 1 220 ~ 1 440 km 的距离，造成害虫的大范围蔓延危害。

风速过大可以对植物造成危害。风速过大浅根树种会被连根拔起，强风会引起植物倒伏，吹断树木，使植物的叶片受到机械损伤，花卉的花朵会被吹落而影响其观赏价值。另外植物的枝叶受损伤后，易被病菌侵入而引起病害。大风还可吹走表土，使植株根系暴露在外。

大风会给植物的生长带来严重的危害，我们应采取一些措施来防御风害。比如营造防风林、设置风障、选育优良的抗风品种、运用科学合理的栽培管理技术等方法来抵御风害。

2.5 园林植物引种与气象变化

我国地域辽阔，地形地势复杂，因此气候表现为多样化，温度、湿度、降水等气象因素各地变化较大，造成南北物种的差异。人们可以通过引种来丰富各地园林植物的种类，但气象要素的变化直接决定引种的园林植物能否成活或正常生长。

2.5.1 天气与气候

1)天气

天气是指一定地区短时间内各种气象要素(温度、湿度、光照、风等)和天气现象(干湿、冷暖、阴晴、雨雪等)的综合表现。天气的变化表现为周期性变化和非周期性变化。周期性变化比较有规律,而非周期性变化规律较难掌握。

2)气候

气候是一个地区多年综合的大气状况,它既包括多年经常出现的天气状况,也包括某些特殊年份偶然出现的极端天气特征。如干旱、洪涝等。描述一个地区的气候时常用各种气象要素的各种统计量来表示。

天气与气候既有联系,但又有很大区别。天气是气候的基础,气候是天气的综合。天气是短时间内的气象要素和天气现象综合表现的大气物理状况,具有瞬息万变的特性,而气候是长期的天气状况,在时间尺度上是一年以上的比较长的大气过程,而且具有一定的稳定性。

2.5.2 我国气候的多样化

我国幅员辽阔,纬度跨度大,地形、地势极为复杂,又由于距海远近不同,受海陆分布及季风环流的影响,使我国具有从赤道气候到冷温带气候之间的多种气候,各气候带具有不同的气候特征。即使同一气候带,由于大气环流、地理环境、海陆分布等因素的影响,也会表现出不同的气候类型。使得我国气候表现为错综复杂的多样化。

1)东北地区

东北地区表现为寒温带、温带湿润和半湿润气候区,其中寒温带只包括大兴安岭北部地区。它是我国纬度最高、气候最寒冷的地区,也是我国最偏东的地区,位置显著地向海洋突出,受地理位置的影响,夏季受东南季风的影响,给东北带来较多的雨量和较长的降水季节;冬季由于气温较低,蒸发微弱,虽然降水量不十分丰富,但空气湿度仍较高,比邻近的华北地区湿润得多,使东北地区在气候上具有冷湿的特点,主要的气候特征是具有寒冷而漫长的冬季,温暖、湿润而短促的夏季,其中冬季长达 6~7 个月,嫩江以北无夏天。大部分地区的年降水量为 400~700 mm,东部降水集中在 5—9 月,西部则集中有 6—8 月。气温年较差大,冬季盛行西北风,夏季盛行东南风,春季风速最大。对植物危害最大的主要是冷、寒害等低温灾害和干旱,特别是春旱尤为严重。

2)华北地区

华北地区属于暖温带半湿润气候区,本区处于中纬度地带,环流的季节性明显,表现出暖温带大陆性季风气候的特征。冬季寒冷干燥,夏季炎热多雨,具有夏湿冬春干旱的特征。夏季气温较高,温暖期较长,同时雨热同季,利于喜温树种的生长;冬季较长,大约 5 个月,气温较低,喜凉植物可以越冬。气温的日较差、年较差都很大。以春旱较为突出,春季降水量只占年降水量的 10% ~15%,降水在年内分配高度集中且多暴雨,降水强度和降水变率大,春季干旱和夏季洪涝是影响植物正常生长的重要因素。

3）华中地区

华中地区属于湿润的亚热带季风气候区,冬温夏热,四季分明,降水丰沛,季节分配均匀是其主要的气候特点。冬季长 1~4 个月,夏季长 4 个月以上,平均年降水量为 800 ~1 600 mm。降水以夏雨为最多,春雨次之,冬雨最少,是全国春雨最为丰沛的地区,梅雨也是华中地区降水的重要组成部分,它的降水量大约为 6、7 两月降水总量的 70%。因此梅雨的长短,降水量的大小对本地区旱涝影响极大。东部秋季多台风,受台风影响较重。

4）华南地区

华南地区为南亚热带、热带季风气候区,主要的气候特征是热量丰富,夏长冬暖,冬季低温多阴雨,夏季晴朗少雨,多台风。四季交替不明显,冬季长 2~3 个月,夏季长 5 个月,福安到韶关以南无冬季。雨量丰沛,降水强度大,大部分地区 70% ~80% 的降水量集中在 5—10 月。台风频繁,受台风影响的时间最长,常导致华南水灾,对植物生长及人们的生活威胁很大。但也有有利的一面,台风季节正值华南仲夏,植物生长旺盛,台风带来丰沛的降雨,给植物提供了充足的水分。

5）西南地区

西南属于亚热带高原盆地气候区,由于地形复杂,气候差别较大。低洼盆地冬温夏热,年较差大;而高原区域则冬暖夏凉,年较差小。总的来说,春秋季气温低,表现出一定的大陆性气候,大部分地区年平均降水量 1 000 mm,分布规律是东部多于西部,年降水量分配不均,多数地区雨季集中在 5—10 月,占全年降水量的 80% 以上,天气温凉,潮湿,具有夏雨冬干、秋湿春旱的特点。本区的春旱、春秋季的低温对植物生长产生不良影响。

6）西北地区

西北地区为典型的温带荒漠气候区,光照长,热量资源丰富,气温变化大,干燥少雨,多风沙天气是本区主要的气候特点,与我国同纬度其他地区相比,气温偏高,降水稀少,相对湿度小,是我国最干旱的区域,在夏季高温、多风的情况下,常出现干热风,春季风力较大,所形成的风沙及沙暴天气危害着植物的生长。但由于光照资源丰富,对植物生长发育有促进作用,可以人为创造条件充分利用这一优势资源。

7）内蒙古地区

内蒙古地区属于温带干旱、半干旱气候区,其气候特征表现为冬季寒冷而漫长,夏季温暖而短促,春、秋季升、降温急骤,降水少且变率大,分配不均匀,日照充足,多风沙。此地区水热资源相互制约,严重的干旱及冬夏季节的风沙限制了植物的生长,另外冬春季节的雪灾影响树木及草地植被返青。

8）青藏高原地区

青藏高原地区由于处于地势高耸的特殊自然环境条件下,气候从寒带经暖温带、温带、亚热带过渡到热带,气候差异较大,其特点是光照充足,辐射量大,气温年变化小、日变化大;干湿季节分明,降水分布悬殊。干季多大风是本区的主要气候特征,干旱和大风限制本区植物的生长。

我国气候的多种多样,使各地区植物类群的分布也具有复杂多样性,我们应研究植物与气候条件之间的相互关系及其变化规律,充分利用气候资源,根据各地气候特点选择适生的植物品种,尽量避开不利的气候条件,最大限度地发挥气候资源的优势。

2.5.3　引种与气候的关系

1)引种的概念及意义

把植物引入其自然分布区以外的地区种植,在新的生态环境条件下进行正常的生长繁育,称为引种。引种是经济有效地丰富本地园林绿化植物种类的一种方法,与在本地重新开始创造新物种相比,具有培育的时间短、见效快、病虫害危害轻、培育方法简单、不降低原有的观赏价值和经济价值等优点。园林植物如刺槐、唐菖蒲、仙客来、茉莉花、落羽杉、雪松、万寿菊、桉树、落叶松等都是由国外引进的物种。我们应积极开展园林植物的引种驯化工作,为我国的园林绿化、美化工作做出贡献。

2)影响引种成败的主要气象因子

在园林植物引种中应考虑到各地的气象条件,把植物引种到气候条件与原产地相似的地区或条件下栽培,容易成功。影响引种成败的主要因素是气象因子,包括温度、光照、降水及湿度等。

（1)温度　是保证植物正常生长发育的重要因子,引种时主要考虑平均温度、极限温度(包括最高最低温度)及持续时间、季节交替等。

①平均温度:在植物引种工作中,首先应考虑原产地与引种地的年平均温度,若年平均温度相差大,引种就很难成功。温度因子与经度的变化不明显,因此如纬度相同,海拔相近,从东向西或从西向东引种较易获得成功。

②极限温度及持续时间:有的植物引种从两地的平均温度上来看是可能成功的,但极限温度(最高、最低温度)却成了限制因子。如1977年的严寒,使广西南宁市胸径超过30 cm的非洲桃花心木全部冻死。另外,持续的低温会对引种造成影响。如蓝桉有一定的抗寒能力,可忍受 -7.3 ℃的短暂低温,但不能忍受持续的低温。云南省陆良县引种蓝桉,1975年12月持续低温5 d,最低气温达到 -5.4 ℃,大面积蓝桉遭受了严重的冻害。高温对园林植物的危害不如低温显著,但高温加干旱会加重对植物的危害,华中华东地区的红杉生长不良就与高温有关。

③季节交替:季节交替时的气候特点也是影响引种成败的因子之一。如中纬度地区的树种,冬季通常具有较长的休眠期,这是对该地区初春气温反复变化的一种特殊适应性,它不会因气温暂时转暖而萌动。而高纬度地区的树种,由于原产地没有气温反复变化的特点,不具备气温变化的适应性,把它引种到中纬度地区,初春气候不稳定转暖,经常会引起冬眠的中断而开始萌动,一旦寒流袭来就会造成冻害。

（2)光照　不同地区的引种,要注意引入的植物品种对光照的要求是否与当地生长期的光照相适应。北半球高纬度的北方属于长日照地区,此地区的植物属于长日照植物,低纬度的南方属于短日照地区,此地区的植物属于短日照植物。南方的品种北引时,由于生长季内日照时间变长,将使植物的生育期延长,影响开花结实。若引种的树木在秋季来临时,还处于生长期,易被冻死。反之,北方品种南引时,由于日照时间变短,生育期内温度高,会加速植物的发育,缩短植物的生育期。如很多树种提早封顶,生长期缩短,影响树木的正常生长,有的还会进行二次生长,延长生育期。但二次生长木质化程度低,易受冻害的威胁。此外,在引种过程中根据植物对光照强度的不同采取相应的措施。如遮阳、防寒等。

(3)降水和湿度　水分是保证植物生长发育的必要条件。我国降水分布很不均匀,其规律是年降水量由东南向西北逐渐减少,由沿海地区向内陆地区逐渐减少,降水量的过少往往是引种的限制因子。如南方的树种北引后,不是在最冷的冬季被冻死,就是因春季的干旱使其脱水而死亡。引种与大气湿度的关系也极为密切,东南部的柳杉、杉木引种到华北因湿度不足而生长不良。引种的成功与否还与降水量的季节分配有关,如广东湛江地区引种原产热带、亚热带的夏雨型加勒比松、湿地松生长良好,而引种冬雨型的辐射松、海岸松则生长不良。

2.6　气象灾害及其防御

气象灾害是全球各种自然灾害中最严重的灾害,而我国又是世界上受气象灾害最严重的国家之一。特殊的天气变化如寒潮、霜冻、旱涝等灾害性天气常给苗木的生长和人们的生活带来严重危害。因此,研究灾害性天气及防御方法,对提高园林植物产量和品质具有重要意义。

2.6.1　寒潮及其防御

1)寒潮的危害

寒潮就是盘踞在高纬度地区上空的冷空气,在特定的天气形势下突然离开源地,大规模向南侵袭,使所经过地区出现剧烈降温、大风、霜冻、冰冻、雨雪、风沙等天气的过程。我国寒潮主要出现在11月到次年4月之间,以秋末冬初及冬末春初最多,隆冬反而较少。

寒潮天气急剧降温可使植物遭受严重冻害。尤其是晚春时节,天气逐渐转暖,万物苏醒,植物开始萌芽、生长,一旦有强大的寒潮暴发南下,常使幼嫩的植物遭受霜冻危害。另外,春季寒潮引起的大风,常给北方带来风沙天气,我国南方,寒潮天气除降温外,还有降水,尤其是华南的地区常有大范围较大阴雨天气。

2)寒潮的防御

寒潮到来之前,空气往往比较潮湿静稳,气温也相对高一些。为防御寒潮对植物所造成的灾害,必须在寒潮来临前,根据不同情况采取相应的防御措施。可采用加覆盖物、设风障、搭拱棚等方法保护育苗地,对越冬园林植物选择优良品种,提高抗冻能力;加强冬前管理,如增施磷钾肥、镇压等措施,提高植株抗冻能力;改善小气候生态条件,如苗圃地越冬期间可采用冬灌、镇压、覆粪或覆土等措施,改善小气候生态环境达到防御寒潮的目的。

2.6.2 霜冻及其防御

1)霜冻的危害

霜冻是在平均温度在0℃以上的温暖季节里,由于土壤表面和植株表面的温度短时间内降到0℃或0℃以下,使植物细胞之间的水形成冰晶,同时又不断地从邻近细胞中夺取水分并冻结,冰晶逐渐增大,从而使细胞受到机械压缩、原生质胶体物质凝固,致使植物遭受低温冻害或死亡。

我国大部分地区处于温带和副热带地区,地形复杂,春秋季节天气多晴朗少云,气温日较差大冷空气活动又较频繁,因此极易发生霜冻。在不同地区霜冻对园林植物的危害则不同。

出现霜冻时,如果空气中水汽饱和,植物表面有霜;如果空气中水汽未达饱和,不出现霜,但温度已降到0℃以下,植物仍受伤害,这种霜冻称为"黑霜冻"。霜冻是出现在春、秋季节的短暂降温现象。春季植物发芽期、秋季苗木或新梢尚未全部木质化时出现霜冻危害严重。每年秋季第一次出现的霜冻称初霜冻(又称早霜冻),春季最后一次出现的霜冻称终霜冻(又称晚霜冻)。春季终霜冻至秋季初霜冻之间的持续期为无霜冻期。无霜冻期与无霜期不一定相等。

不同植物及其所处的生长发育阶段不同,它们对低温的抗御能力也不同。一般来说,植物幼苗期的抗寒力比较弱;植物营养器官的抗寒能力比繁殖器官强。植物遭受霜冻后,植物不一定都会被冻死,当霜冻不严重时,温度回升后,可通过缓慢的解冻而恢复生命力,但如霜冻后太阳辐射强烈,气温急剧上升,会使细胞间的冰晶迅速融化成水,而这些水分在还未被细胞逐渐吸收前就被大量蒸发,这样就会造成植物枯萎,甚至引起死亡。因此,霜冻强度愈大,降温后天气晴朗气温回升愈急剧,则对植物危害愈大,愈容易造成植株死亡。

2)防御霜冻的措施

(1)生产技术措施

①合理安排播种期和移栽期,对不同品种的苗木合理布局。如采取霜前播种,霜后出苗等技术措施,尽量避开霜冻的危害。

②选择合适的地段,适地适树。如三面环山、开口朝南的地形,在山坡中部和靠近水边的地方,霜害较轻,可种植抗寒能力较弱的苗木,从南方引种到北方的苗木,尽量栽植在山坡中段,避开霜冻危害,以提高引种的成功率;南坡或北面有挡风的障碍物等地形,可以种植抗寒能力弱的树种。

③混合施肥。特别是冬前增施磷钾肥,以提高园林植物的抗寒能力。

④培育抗寒性能强的植物品种,这是最根本的提高植物抗霜冻能力的方法。

(2)物理抗霜措施

①熏烟法:在霜冻即将出现时,当温度下降到植物受害的临界温度以上1~2℃时开始点燃烟堆,形成烟雾,达到防霜冻的目的。它的增温效应在于燃烧烟堆形成烟雾,可以阻挡地面辐射,增加大气逆辐射,使地面有效辐射减弱,地面温度不致降得很低;同时形成烟雾时会因燃烧而产生大量热量,增高了近地面的空气温度;烟雾里有许多吸湿性烟粒,可以充当凝结核,吸收空气中的水汽,促进水汽凝结,并放出大量潜热,也能提高近地面空气温度。据试验,一般熏烟

能提高温度 1~2 ℃。熏烟法只适用于无风或微风的天气情况,风太大时熏烟效果很差。

②灌水法:在霜冻来临前的 1~2 d 灌水,使土壤湿度增加,增大了土壤的热容量和导热性,因而缓和了夜间土壤温度的下降;并且灌水后近地面空气变得潮湿,减小了地面有效辐射;夜间温度降低时,水汽易于凝结,放出潜热,增加周围空气的温度。通常灌水后可使温度提高 2~3 ℃,持续时间可保持 2~3 d。

③覆盖法:利用芦苇、塑料薄膜、秸秆、草木灰、稻草、土杂肥等覆盖物覆盖在植物表面,以减少地面辐射,同时被保护植物与外界隔离,温度降低较少,即可达到防御霜冻的目的。对于经济价值高的树木可利用稻草包裹树干,根部堆草或培土 10~15 cm 也可防御霜冻。

④直接加热法:用加热器直接加热空气以升高温度,多用于苗圃防霜冻。燃料通常采用煤油、天然气等,也有用红外线加热器来加热提高温度,达到防御霜冻的目的。

⑤空气混合法:霜冻发生时,空气大多处于静稳状态,近地面空气层温度低,上层空气温度高,此时,使用安装在高塔上的电动机驱动大型螺旋桨或鼓风机,将近地层空气不断上下混合,即可防御霜冻的发生。

2.6.3 台风及其防御

1)台风的危害

台风是产生在热带海洋上的强大而深厚的气旋,因发生的地域不同名称各异,在西北太平洋和我国南海称为台风;大西洋、墨西哥湾、加勒比海和北太平洋东部称为飓风;印度洋、孟加拉湾称热带风暴。台风具有很大的破坏力,常会给农林业生产、交通运输和人民生活造成很大损失。但它也有有利的一面。在我国华南、华中等地区的伏天,因长期处于副高压控制下,干旱少雨,台风给肥沃的土地带来了丰沛的雨水,可解除旱情,还可以起到降温消暑作用,能解除伏旱和酷热。

我国采用国际规定的热带气旋名称和等级标准,如表 2.5 所示。

国际上对发生在西太平洋的所有台风都按规定进行统一编号和命名,如 2001 年第 7 号台风为"玉兔",第八号台风为"桃芝"等。

台风的范围一般为 600~1 000 km,最大可达 2 000 km 以上,最小的仅 100 km 左右。台风强度以台风中心附近最大风速和海平面最低气压表示,风速越大,气压越低,则台风越强。台风中心气压一般为 870~970 hPa。

表 2.5 热带气旋名称及其等级标准

热带气旋名称	中心附近最大风速/(m·s⁻¹)	风力等级
台风	大于 32.7	大于 12 级
强热带风暴	24.5~32.6	10~11 级
热带风暴	17.2~24.3	8~9 级
热带低压	<17.2	<8 级

台风的生命史一般可分为 4 个阶段:即形成阶段,从出现低压环流开始,发展到其强度达到

台风标准;发展阶段,台风继续发展,直到中心气压达最低值,风速达最大值;成熟阶段台风不再加强,但范围逐渐增大,直到达到台风标准的风力范围达最大;衰亡阶段,台风登陆消亡,或进入中纬度地区因冷空气及地面摩擦耗能而转变为温带气旋。台风的生命史一般为3~8 d,夏秋两季出现的时间较长。

影响我国的台风多发生于 N(北纬)5°~20°的菲律宾以东的西太平洋洋面上,这里具备了台风形成的基本条件:即具有足够大的地转偏向力作用,海面水温超过 26.5 ℃,能提供大量的高温水汽。地转偏向力有利于气旋加强,高温水汽上升凝结则放出大量的潜热,为台风生成和发展提供了巨大的能量来源。

2)台风的防御措施

(1)加强台风的监测和预报　这是减轻台风灾害的重要措施。对台风的监测主要是利用气象卫星。在卫星云图上,能清晰地看见台风的存在和大小。利用气象卫星资料,可以确定台风中心的位置,估计台风强度,监测台风移动方向和速度,以及狂风暴雨出现的地区等,对防止和减轻台风灾害起着关键作用。当台风到达近海时,还可用雷达监测台风动向。气象台预报员,根据所得到的各种资料,分析台风的动向,登陆的地点和时间,及时发布台风预报、台风警报或紧急警报,通过电视、广播等媒介为公众服务,同时为各级政府提供决策依据。发布台风预报或警报是减轻台风灾害的重要措施。

(2)灾后管理措施

①排除内涝,减轻损失,动员工人疏通沟渠,开好排水沟,确保排灌畅通。

②组织有关部门备足救灾农用物资,如排水机械设备、防病农药、化肥等。

③受涝地块,灾后要及早采取排水,并冲洗叶片上的泥浆,以恢复叶片正常的光合机能,促进植株恢复生长机能。灾后追肥一般在退水后 3~5 d,可采用根外追肥,用喷施灵、磷酸二氢钾或尿素液等进行叶面喷施。

④灾后如遇高温晴热天气,避免一次性排尽地里的水,而要保留 3 cm 左右水层,防止高强度的叶面蒸发导致植株生理失水而枯死。

⑤如灾情过重损失严重的地方,要及时补种其他植物。

⑥对倒伏的树木,植株往往相互压盖,影响光合作用,必须及时扶起,并边培土边施肥。每亩可施用 7~10 kg 钾肥,增强抗倒能力。

⑦防治病害。

2.6.4　干旱及其防御

1)干旱的危害

因降水异常偏少,造成空气过分干燥,土壤水分严重亏缺,地表和地下水大幅度减少,植物因体内水分平衡受到破坏,影响正常生长发育,使植物枯萎死亡的现象称为干旱。它在我国各地区都有发生,影响园林植物开花、结果,使苗木生长受阻,植株矮小,枝叶卷曲,造成严重减产,甚至绝产,影响观赏价值。同时还造成沙漠化,使土地资源遭受极大的破坏。

2)干旱的防御措施

(1)加强农田水利建设、合理灌溉　搞好农田水利工程的基本建设,修建大、小型水库和沟渠,加强排灌系统的建设,为蓄水灌溉提供必要的保证,以减轻干旱的危害。灌水是防止干旱的最根本的途径,在灌水时不要大水漫灌,实行节水灌溉,并与喷灌、滴灌等相结合,达到合理灌溉的目的。特别在苗木和树木的旺盛生长期,科学、合理的灌溉能保证苗木正常的生长发育。

(2)合理布局,培育抗旱品种　在常年干旱地区,采用合理布局种植耐旱树种,扩大耐旱树种的种植面积,并不断培育耐旱品种。

(3)植树造林,营造防护林　在土壤相对贫瘠的地区加强植树造林,并营造防护林是防旱的有效措施。大树的根系能深入到地下很深,把深层土壤的水分向上吸持输送,增加土壤表层有效水含量;绿色植物能够涵养水源,减少地表径流,使有效的水分发挥最大的作用;防护林能防止土壤的风蚀,降低风速,增加空气湿度,减缓苗圃地土壤蒸发等功效,能保证植物的正常生长发育进而改善生态环境。

(4)合理耕作,蓄水保墒　我国北方易于产生干旱的地区,常常采用一些耕作措施来防御干旱,如秋季深耕、及时中耕松土、早春顶凌耙地、镇压等措施,取得很好的蓄水保墒效果。

(5)抑制蒸发措施　利用地膜、秸秆等材料覆盖,或喷洒抑制蒸发剂、化学覆盖剂、保水剂等物质可有效抑制土壤蒸发,保持土壤中的水分,减轻干旱的危害。苗圃地采用覆盖塑料薄膜、草、松针、砂等减少蒸发,起到保墒的作用。留茬覆盖地面也可减少水分流失,抑制土壤水分蒸发。

2.6.5　雨涝及其防御

1)雨涝的危害

雨涝是由于在某段时期内,雨水过于集中,河流泛滥、低洼地积水、排水不畅所造成的灾害,它包括洪涝和湿涝(渍涝),是我国主要的自然灾害之一。洪涝是指由于长期阴雨和暴雨,雨水过多,引起山洪暴发,冲毁堤坝;或地表径流增大,低洼地积水给农林业生产造成严重损失的一种自然灾害。湿涝(渍涝)是长期阴雨,土壤长期处于水分的过饱和状态,植物根系长期处于缺氧状态,造成根部腐烂或死亡的灾害。我国幅员辽阔,每年都有不同程度的雨涝情况发生,产生不同程度的危害。

2)雨涝的防御

(1)改善耕作制度,培育耐涝品种　在雨涝经常发生的地区,选种抗涝植物种类和品种,合理布局;在耕作制度上,采用秋季深耕晒垡、增施有机肥、实行垄作、加深耕层等措施以利于通气排水,增强土壤的抗渍能力。

(2)兴修水利,治理江河　修建河坝,加固堤防,在河流汇集的地方修建水库,蓄洪拦洪,加强河湖整治,疏通河道,并建立排水站,能有效地控制洪涝灾害的发生。

(3)植树造林、种植花草,增加植被覆盖　植树造林能减少水土流失和地表径流,增加土壤的孔隙度,使水分下渗畅通,还可增加地面覆盖度,提高土壤蓄水能力,能防止和减轻雨涝灾害。

(4)搞好农田基本建设,修建排水设施　排水能够改善土壤通透性,提高土温,促进苗木生长,在易涝地区、田间合理开沟,并在合适的地块修筑排水渠,使排水畅通,可减轻雨涝的危害。苗圃地多采用明沟排水,即在苗圃地开挖排水沟,排除地面积水和降低地下水位。

习　题

1. 名词解释

(1)喜光植物　　(2)阴生植物　　(3)湿度　　(4)相对湿度

2. 简答

(1)日照时间长短对植物生长发育有什么影响?

(2)分析本地区节律性变温和非节律性变温的特点,根据其特点,在园林实践中应注意哪些问题?

(3)植物对水环境的生态适应型有哪些?

(4)影响园林植物引种的气象因子表现在哪些方面?

(5)风对园林植物的生长发育有什么影响?

(6)影响霜冻形成的因素及如何防御霜冻?

(7)抗旱防涝的措施有哪些?

思考题

1. 实地调查列举当地栽植的园林植物中,指出哪些属喜光植物? 哪些属阴生植物? 并说出相应的判断依据。

2. 温度环境调控在园林绿化中有哪些应用?

3. 鼓励学习者课前预习,课内提出问题积极参与讨论;第二章园林植物与气象要素学习结束后写出本章的学习小结,并列出思维导图。

3 园林植物与土壤要素

[本章导读]

本章主要介绍土壤的作用与组成，园林植物与土壤的基本性质的关系、土壤资源合理利用与管理。使读者掌握土壤的基本性质，做到合理利用与管理土壤。

3.1　土壤的作用与组成

3.1.1　园林植物生长与土壤

土壤是覆盖在地球陆地表面能够生长绿色植物的疏松表层（包括浅水域底），由固相、液相和气相三相物质组成。土壤的基本属性是具有肥力，土壤肥力是在植物生长发育过程中，土壤具有的不断供应和调节植物需要的水、肥、气、热和其他生活条件的能力。土壤是园林植物生长的基础，是植物生命活动所需水分和养分的供应库与贮藏库，也是许多微生物活动的场所。此外，土壤还为植物提供根系伸展的空间和机械支撑等作用。因此，园林植物生长的好坏，如根系的深浅、根量的多少、吸收能力的强弱、合成作用的高低及植物的高矮、大小等都与土壤有着密切的关系。

3.1.2　土壤的组成及性状

具有肥力的土壤需要经过岩石矿物的风化和土壤的形成两个过程。地球表面的岩石和矿物受自然环境因素的作用，逐渐发生崩解和分解所形成的疏松的风化产物称为土壤母质。土壤母质在自然因素和生物因素的综合作用下，其内部进行以有机物质的合成与分解为主体的物质与能量的迁移、转化，从而形成土壤。母质是形成土壤的基础物质，土壤母质与土壤的本质区别在于土壤具有肥力，而母质不具有协调水、肥、气、热的能力，即不具有肥力。

土壤由固相、液相和气相三相物质组成（图3.1）。固相物质为矿物质和有机质，矿物质占土壤总体积的50%,好似土壤的"骨架";其次为有机质,占土壤固相物质的比例小于5%,好似"肌肉",包被在矿物质表面。液相部分是指土壤水分,它是溶有多种物质成分的稀薄溶液。土壤气相部分就是土壤空气,它充满在那些未被水分占据的孔隙中。土壤的固、液、气三种物质的体积比称为土壤的三相比。三相比是土壤各种性质产生和变化的基础,适宜的三相比是高肥力土壤的必要条件(图3.2)。

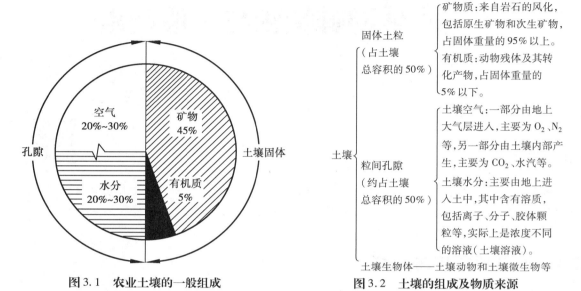

图3.1 农业土壤的一般组成　　　　图3.2 土壤的组成及物质来源

土壤可分为自然土壤和耕作土壤。自然界尚未开垦种植的土壤称为自然土壤,人类已经开垦耕种和培育的土壤称为耕作土壤。耕作土壤由于受到人类耕作活动的影响,形成了与自然土壤不同的剖面结构。剖面是从地面垂直向下的土壤纵断面。耕作土壤剖面一般包括:表土层、犁底层、心土层、底土层(图3.3)。

图3.3 耕作土壤
剖面示意图

1)土壤矿物质

土壤矿物质是岩石经过物理风化和化学风化作用形成的,占土壤固相部分总质量的90%以上,是指土壤中所有无机物质的总和,也是土壤的骨骼和植物营养元素的重要供给来源,它们全部来自于岩石矿物的风化。

(1)形成土壤的岩石

成土的主要岩石是一种或数种矿物的集合体。据其成因可分为三类:

①岩浆岩 由岩浆的冷凝而成。岩浆岩的共同特征是没有层次和化石。由岩浆侵入地壳在深处逐渐冷凝而成的岩石叫侵入岩,慢慢冷却,形成粗的结晶,如花岗岩、正长岩等;由岩浆喷出地面而冷凝形成的岩石叫喷出岩,快速冷却,形成细的结晶,呈斑状多孔结构,如玄武岩等。

②沉积岩 由各种先成的岩石经风化、搬运、沉积、重新固积而成或由生物遗体堆积而成的岩石称为沉积岩。该类型岩石具有层次性,常含有生物化石,如砾岩、砂岩、石灰岩、页岩等。

③变质岩 在高温高压的共同作用下,岩石中的矿物发生重新结晶或结晶定向排列而形成的岩石称为变质岩。岩石致密坚硬,不易风化,呈片状组织,如石英岩、片麻岩、大理岩、板岩等。

(2)岩石的风化作用

风化是指矿物、岩石在内部因素和外界因素的共同作用下,逐渐发生分解和崩解的过程。按其作用因素和风化特点,可分为以下3种类型:

①物理风化 指外力作用使矿物、岩石发生崩解破碎,但不改变其化学结构和成分的过程。这种外力作用可分为:温度作用、结冰作用以及大风和水流的磨蚀作用等。

②化学风化 指矿物、岩石在水和二氧化碳等因素作用下,发生化学变化而产生新物质的过程。这种风化过程包括:水解、溶解、水化和氧化。

③生物风化 指矿物、岩石在生物及其分泌物或有机质分解产物的作用下,进行的化学分解和机械破碎的过程。地球表面的生物在风化过程中起着积极的影响,以致在自然界中地表物质的风化过程几乎都有生物参与。

自然界中物理风化、化学风化和生物风化作用绝不是单一进行的,而是相互关联、相互促进,只是在不同条件下不同因素作用强度有大有小而已。岩石矿物经过风化破碎成疏松的堆积物,形成成土母质。母质、气候、生物、地形和时间共同作用下形成自然土壤,同时,人类的经济生产活动也会影响到土壤形成过程的发展方向,对土壤肥力的发展也起到很大作用。

土壤的形成随着时间的进展而不断加深。其形成是一个极其漫长的过程,大约一百万年只能形成1 cm厚的土壤。经历的时间越久,气候、母质、生物和地形四种因素相互交叉作用的效力越强,最终形成结构复杂的土壤环境。

(3)土壤矿物质

土壤矿物质来自土壤母质,其矿物组成按其成因可分为原生矿物和次生矿物两类。

①原生矿物 在风化过程中没有改变化学组成而遗留在土壤中的一类矿物称为原生矿物。土壤中的原生矿物主要是石英和原生铝硅酸盐类。主要存在于粒径较大的沙粒和粉沙粒中。

②次生矿物 原生矿物在风化和成土作用下,新形成的矿物称次生矿物。次生矿物种类很多,有成分简单的盐类,包括各种碳酸盐、重碳酸盐、硫酸盐、氯化物等;也有成分复杂的各种次生铝硅酸盐,如伊利石、蒙脱石和高岭石等;还有各种晶质和非晶质的含硅、铁、铝的氧化物。各种次生铝硅酸盐和氧化物称为次生黏土矿物,是土壤黏粒的主要组成部分,黏土矿物与土壤腐殖质一起,构成土壤的最活跃部分——土壤胶体,这对土壤的物理、化学及生物学特性产生深刻的影响。

2)土粒分级与土壤质地

通过风化作用和成土作用形成的土壤无机颗粒,其大小并不相同,大小不同的土粒所表现的理化性质差异较大。

(1)土粒分级 将土壤颗粒按粒径的大小和性质的不同分成若干级别,称为土壤粒级。同一粒级范围内土粒的矿物成分、化学组成及性质基本一致,而不同粒级土粒的性质有明显差异。根据大小不同,一般可将土粒分为石砾、砂粒、粉砂粒和黏粒4个基本粒级。常用的土粒分级标准有国际制、卡庆斯基制、美国制和中国制(表3.1)。

(2)土壤质地 土壤中各粒级土粒大小、比例、组合及其表现的物理性质称为土壤质地。土壤质地是土壤一种较稳定的自然属性,在生产实践中常作为认土、用土和改土的重要依据。土壤是按照各粒级土粒含量百分比的不同,对土壤质地类型进行分类的。应用较多的土壤质地分类制度有国际制和卡庆斯基制等,不同的分类制度尽管存在着一些差别,但大体上还是把土壤质地分为砂土、壤土、黏土 3 类。

①卡庆斯基制(苏联制):卡庆斯基土壤质地分类制度是根据物理性砂粒(>0.01 mm)和物理性黏粒(<0.01 mm)的含量来划分土壤质地类别,共分为 3 类 9 种(表 3.2)。

表 3.1　土壤粒级分类标准

粒径 /mm	中国制 (1987 年)	卡庆斯基制 (1957 年)		美国制 (1951 年)	国际制 (1930 年)
3 ~ 2	石砾	石砾		石砾	石砾
2 ~ 1				极粗砂粒	
1 ~ 0.5	粗砂粒	物理性砂粒	粗砂粒	黏砂粒	粗砂粒
0.5 ~ 0.25			中砂粒	中砂粒	
0.25 ~ 0.2	细砂粒		细砂粒	细砂粒	
0.2 ~ 0.1					细砂粒
0.1 ~ 0.05				极细砂粒	
0.05 ~ 0.02	粗粉粒		粗粉粒	粉粒	粉粒
0.02 ~ 0.01					
0.01 ~ 0.005	中粉粒	物理性黏粒	中粉粒		
0.005 ~ 0.002	细粉粒		细粉粒		
0.002 ~ 0.001	粗黏粒				
0.001 ~ 0.000 5	细黏粒		黏粒	粗黏粒	黏粒
0.000 5 ~ 0.000 1				细黏粒	
<0.000 1				胶质黏粒	

②国际制:国际制土壤质地分类标准是根据砂粒(2 ~ 0.02 mm)、粉粒(0.02 ~ 0.002 mm)和黏粒(<0.002 mm)3 个粒级含量的比例,划定 12 个质地名称(表 3.2)。

不同质地的土壤在植物生长中表现出不同的生产特性。

①砂质土的特性:砂质土壤由于砂粒含量高,颗粒粗,比表面积小,吸附性弱;颗粒间空隙大,孔隙数量多,故土壤通气性、透水性好;保水、保肥性能差,不耐干旱,好气性微生物活性强,肥料分解快,但肥效期短;土温变幅大,白天升温快,晚上降温也快;早春土温低,但随气温回升,土温上升也快,俗称"热性土";易耕期长,耕后土壤松散、平整,无坷垃或土垡,耕作阻力小,耕后质量好;植物前期生长相对较快,但后期易脱肥,故有"发小苗不发老苗"之说。

②黏质土的特性:黏质土壤黏粒含量高,粒间空隙小,通气、透水性差,排水不畅;胶体物质含量多,土壤固相比表面积巨大,表面能高,吸附能力强;保水、保肥性能强,但肥效缓慢;潜在养分储量丰富,特别是钾、钙、镁含量较多,但养分转化速度慢;保水性强,热容量大,土温变幅小,尤其在早春气温低,土温不易回升,俗称"冷性土";由于黏性土比表面积大,土壤的黏结性、黏着性、可塑性、湿胀性强,耕作时阻力大,耕作质量差,易引起土坷垃或土垡,宜耕期也短;由于大孔隙数量少,造成还原态物质积累,尤其在低洼地积水多,容易积累一些有毒物质(如 H_2S、CH_4

等），危害植物的根系；土壤黏重紧实，通气性差，含水量高，土壤热容量大，春季土温回升慢、温度低，往往播种后造成园林苗木出苗不全，出苗晚，长势弱，缺苗断垄现象严重，而到苗木后期水、热条件合适，养分释放多，易出现徒长，故有"发老苗不发小苗"之说。

表 3.2　卡庆斯基制、国际制质地分类制度

卡庆斯基制					国际制				
类别	质地名称	物理性黏粒（<0.01 mm）/%			类别	质地名称	砂粒/%	粉粒/%	黏粒/%
		灰化土	草原土、红壤、黄壤	碱化土、碱土	砂土	砂土及壤质砂土	85~100	0~15	0~15
砂质土	松砂土	0~5	0~5	0~5	壤土	砂壤土	55~85	0~45	0~15
	紧砂土	5~10	5~10	5~10		壤土	40~55	35~45	0~15
	砂壤土	10~20	10~20	10~15		粉砂壤土	0~55	45~100	0~15
壤质土	轻壤土	20~30	20~30	15~20	黏壤土	砂黏壤土	55~85	0~30	15~25
	中壤土	30~40	30~45	20~30		黏壤土	30~55	35~45	15~25
	重壤土	40~50	45~60	30~40		粉砂质黏壤土	0~40	45~100	15~25
黏质土	轻黏土	50~65	60~75	40~50	黏土	砂黏土	55~75	0~20	25~45
	中黏土	65~80	75~85	50~65		粉砂黏土	0~30	45~75	25~45
	重黏土	>80	>85	>65		壤黏土	10~55	0~45	25~45
						黏土	0~55	0~35	45~65
						重黏土	0~35	0~35	65~100

③壤质土的特性：壤质土的肥力特性介于砂土和黏土之间，是一种比较优良的质地类型，兼有砂土和黏土的优点，却没有二者的不足。因此，它能适合各种植物的生长。

3）土壤生物

土壤生物是指全部或部分生命周期在土壤中生活的动物、植物和微生物等生物类型。土壤动物是指生活在土壤中的小动物，如蚯蚓、蚂蚁、蜗牛、蠕虫、螨类等。它们粉碎土壤中有机物残体，并使这些残体与土壤充分掺和，进一步促进了微生物的分解作用。它们还以有机残体为食料，将含有丰富养分的粪便排入土壤，从而提高土壤肥力。蚯蚓在形成团粒结构方面有着重要的作用，蚯蚓数量的多少常作为土壤肥力的标志之一。

土壤植物是土壤的重要组成部分，就高等植物而言，主要是指高等植物的地下部分，包括植物根系、地下块茎块根等。

土壤是微生物生活和繁殖的良好栖息地。土壤中普遍分布着数量众多的微生物，重要的类群有细菌、放线菌、真菌、藻类、原生动物及病毒等。土壤中微生物数量很多，每克土中约有几千万至几亿个，且集中于耕作层中，一般土壤微生物数量越多，土壤肥力越高。土壤生物可以促进土壤有机质的转化，一是将进入土壤的生命残体和其他有机物质分化成为无机物质或小分子有机质；二是将土壤中有机质经分解再合成特殊的有机质，即腐殖质。

4）土壤有机质

土壤有机质是指土壤中有机化合物及小部分生物有机体的总和。在耕作土壤中，有机质只占土壤干重的 1% ~5%，但对土壤理化性质和肥力的作用却很大。

（1）土壤有机质的来源和组成　土壤有机质的基本来源包括施肥、动植物残体及其分泌

物。自然土壤中,地面植被残落物和根系是土壤有机质的主要来源,如树木、灌丛、草类及其残落物,每年都向土壤提供大量有机残体。耕作土壤中,土壤有机质主要来源于施用的各种有机肥及动、植物残体。

组成土壤有机质的化合物主要有碳水化合物(单糖、纤维素、半纤维素及淀粉等),含氮有机质(腐殖质、蛋白质和氨基酸),含磷、硫化合物、木质素、脂肪、蜡质、单宁、树脂等。土壤中有机质有 3 种存在形态:一是新鲜的有机物质,是指刚进入土壤,基本未分解的动植物残体;二是半分解的有机物质,是指受到微生物分解,多呈分散的暗黑色碎屑和小块,如泥炭等;三是腐殖物质,是土壤有机质最主要的一种形态。腐殖质是有机质经过微生物分解后并再合成的一种黑褐色、大分子、含氮、稳定的胶体物质,占有机质总量的 85% ~90%,是土壤有机质的主要组成部分,主要组成元素为碳、氢、氧、氮、硫、磷等。腐殖质由胡敏素、胡敏酸和富里酸 3 种物质组成。胡敏素为碱性物质,在腐殖质中含量较少;胡敏酸和富里酸为酸性物质,在腐殖质中含量较高,使腐殖质呈酸性。因此,常称腐殖质为"腐殖酸"。

(2)土壤有机质的转化　土壤有机物质在土壤生物,特别是土壤微生物的作用下所发生的分解与合成作用称为有机质的转化,土壤有机质的转化分为矿质化和腐殖化两个过程。

①土壤有机质的矿质化过程:矿质化过程是指有机质在土壤生物的作用下分解为无机物质的过程。有机质的矿质化分成两步:首先在微生物水解酶的作用下,高分子有机化合物被分解成小分子有机物;紧接着大部分小分子有机化合物进一步被分解转化为无机物质。矿质化过程是释放养分的过程,它的最终产物是 CO_2,H_2O,无机离子(如 N,P,S 等离子)。

②土壤有机质的腐殖化过程:腐殖化过程是指土壤有机质在土壤微生物的作用下转化为土壤腐殖质的过程。一般认为它要经过两个阶段:第一阶段是土壤微生物将动植物残体经初步分解后,转化为腐殖质的结构单元,例如芳香族化合物(多元酚)和含氮化合物(氨基酸)等;第二阶段是在微生物的作用下,将第一阶段形成的组成单元缩合为腐殖质。在土壤中,一方面新的腐殖质不断形成;另一方面原有的腐殖质也在不断地分解转化,二者处在动态的变化之中。

③影响有机质转化的因素:在土壤有机质的转化过程中,凡是影响微生物活动的因素都会影响其转化。主要的影响因素为土壤水分含量、温度、有机质的 C/N[*]和 pH 值等。土壤通气良好、温度适宜、C/N 小、pH 值呈中性时,好气性微生物数量多、活性增强,有机物质分解较快且彻底,有利于养分的释放。一般土温 25 ~35 ℃,土壤含水量为田间持水量的 60% ~80% 时,微生物活动旺盛,有利于有机质矿化作用的进行。

(3)土壤有机质的作用　土壤有机质主要有 5 个方面的作用。

①提供植物需要的养分:有机质矿质化释放出植物所需的各种营养元素,如碳、氮、氢、氧、氮、磷、钾、钙、镁、硫等大量和中量元素以及铁、硼、锰、锌、铜等微量元素,因而它是一种稳定而长效的肥源。

②提高土壤的保肥能力:土壤有机质的主要成分是腐殖质,它是一种良好的胶体,带有负电荷,能与阳离子作用生成盐;如果这些营养离子不吸附在腐殖质和土壤胶体的表面,则易随水淋失或者与土壤中的一些阴离子生成作植物难以吸收利用的难溶性盐;由于腐殖质的带电量远大

---

　　* C/N 比:有机物中碳的总含量与氮的总含量的比叫作碳氮比,碳氮比是分子个数比而非质量比。当微生物分解有机物时,同化 5 份碳时约需要同化 1 份氮来构成它自身细胞体,因为微生物自身的碳氮比大约为 5∶1。而在同化(吸收利用)1 份碳时需要消耗 4 份有机碳来取得能量,所以微生物吸收利用 1 份氮时需要消耗利用 25 份有机碳。也就是说,微生物对有机质的正常分解碳氮比为 25∶1。如果碳氮比过大,微生物的分解作用就慢,而且要消耗土壤中的有效态氮素。

于土壤的无机胶体,因此它具有强大的保肥能力。

③形成良好的土壤结构,改善土壤物理性质:无论对质地过砂或没有结构的土壤,还是质地过于黏重为大块状结构的土壤,有机质均能使它们形成植物生产理想的团粒结构;因此有机质具有使砂土变紧、黏土变松的能力,从而使土壤具有良好的孔隙性、通透性、保蓄性和适宜耕作性。

④促进微生物的活动:土壤有机质是大部分土壤微生物的碳源和能源,有机质含量越高的土壤,微生物的活性越强,土壤肥力一般也越高。

⑤净化土壤:腐殖质有助于消除土壤中的农药残毒和重金属污染,起到净化土壤的作用;腐殖质中某些物质,如胡敏酸、维生素、激素等还可刺激植物生长。

(4)土壤有机质的调节　　有机肥是土壤有机质含量增加的基础,它既能熟化土壤,保持土壤的良好结构,又能增强土壤的保肥供肥和缓冲能力,不断供给作物生长需要的养分,为作物生长创造良好的土壤条件。

近年来,由于农村产业结构的调整和城镇化建设的加快,有机肥源缺乏,劳动力短缺,有机肥施入不足等问题日益突出。加强农民科学管理意识,增加土壤有机肥投入,开辟绿色肥源,改善土壤肥力退化现状,提高农产品品质,实现农业健康可持续发展至关重要。

针对目前我国土壤有机质普遍偏低,在有机质的调节中,除了增加土壤有机质的含量,还要提高有机质的分解速率。

①增加土壤有机质的含量。增加土壤有机质的途径有:

a. 增施有机肥。我国农民素有施用有机肥的习惯,而且施用的种类和数量都很多,如粪肥、厩肥、堆肥、饼肥、蚕沙、鱼肥等,其中粪肥和厩肥是普遍使用的主要有机肥。大力发展畜牧业的同时,应鼓励农民大力发展有机肥。养畜积肥一般以养猪为主,若以平均每公顷养猪 30 头,每公顷年积厩肥 22 500 kg 计,则每公顷土壤中增加的有机质干重可达 750 kg 以上。

b. 种植绿肥作物。种植绿肥、实行绿肥与粮食作物轮种,历来是我国农业生产中用以补给土壤有机质的一种重要方式。绿肥产量高,有机物质质量分数高(一般为 10% ~ 20%),养分丰富(一般平均含 NO 5% , P_2O_5 0.1% , K_2O 0.5%),分解也较快,形成腐殖质较迅速,可不断地更新土壤腐殖质。

为了防止土壤原有机质的大量消耗及绿肥分解时可能产生的有毒物质,可以采取沤肥办法,先把绿肥和稻草、河泥等一起沤腐,然后再施入土中,或用换肥办法;把一部分绿肥割出用为饲料,再以一部分厩肥代替绿肥使用。

c. 秸秆还田。秸秆直接还田是增加土壤有机质和提高作物产量的一项有效措施。作物秸秆含纤维素、木质素较多,在腐解过程中,腐殖化作用比豆科植物进行慢,但能形成较多的腐殖质。对于含氮较多的土壤,秸秆还田的效果较好;瘦田采用秸秆还田时,应适当施入速效性氮肥,否则会产生秸秆分解迟缓或虽分解而作物却产生黄苗缺氮的现象。在秸秆还田时,最好采用禾本科植物的秸秆或厩肥等混合使用,这样可以起到调节 C/N 比率、加速残体分解、多积累腐殖质及防止作物缺氮的发生,比单用禾本科秸秆或豆科秸秆的增产效果为好。推广以小麦、向日葵、玉米等秸秆还田及喷施腐化剂技术,既能有效地利用有机肥资源,又能改善土壤结构,增强土壤保肥供肥性能,节约化肥投入,降低生产成本,增加农民收入。

增加有机质的途径,要因地制宜。例如,以牧业为主的地区可采用粮草轮作;在山区应结合山区综合治理,发展林业和畜牧业;在平原地区,除发展绿肥外,应积极发展林业,四旁绿化,使秸秆还田的数量不断增加。

②调节土壤有机质的分解速率。土壤有机质的分解速率和土壤微生物活动密切相关,可以通过控制影响微生物活动的因素,来调节土壤有机质的分解速率。调节途径主要有以下几个方面:

a.调节土壤水、气、热状况。土壤水气热状况影响到有机质转化的方向与速度,在生产中常通过灌排、耕作等措施,改善土壤水、气、热状况,从而达到促进或调节土壤有机质转化的效果。

b.合理的耕作和轮作。合理耕作轮作,既能调节进入土壤中的有机质种类、数量及其在不同深度土层中的分布,又能调节有机质转化的水、气、热条件。在保持和增加土壤有机质的质和量上往往是影响全局的有力措施。我国人民在长期生产实践中形成的良好粮肥轮作、水旱轮作制等,都是用地养地的良好的农业耕作措施,既利于发挥地力,又提高了有机质质量分数,培肥了土壤。

c.调节碳氮比率和土壤酸碱度。根据有机质的成分,调节其碳氮比来调节土壤有机质的矿质化和腐殖化过程。在施用碳氮比大的有机肥时,可同时适当加入一些含氮量高的腐熟的有机肥和化学氮肥,经缩小碳氮比,加速有机质的转化。土壤微生物一般适宜在中性至微碱性范围生活,通过改良土壤的酸碱性,以增强微生物的活性,改善土壤有机质转化的条件。

土壤有机质的调控管理必须遵循以下两个原则:

第一,生态平衡原则

在各种环境条件下,土壤有机质矿化和腐质化处于相对平衡状态,故土壤有机质含量一般是相对稳定的;在特定的气候带,特定植被条件下,土壤有机质积累到一定数量时,将保持稳定的数值,不可能上升到惊人的水平;有机质下降要比提高快。例如:东北黑土开垦后退化,大量的开垦之后会打破土壤有机质矿化和腐质化的平衡,土壤的有机质就不会处于一个平衡状态,于是东北的有机质含量出现了一个迅速下降的趋势,因此这个需要我们引起重视,努力使开垦的有机质的含量处于一个平衡状态,避免出现土地贫瘠的状况发生。

第二,经济原则

超量施用有机肥或其他大量的有机物质是不现实的、更是不经济的,必须按照经济原则培肥土壤,因此我们必须要做到有机无机并重,相互配合才可以达到既经济又实用的原则,从而使土壤的有机质处于一个丰富的状态。

5)土壤水分

土壤水分和空气共存于土壤孔隙中,是土壤的重要组成物质,也是土壤肥力的重要因素,是植物赖以生存的生活条件。土壤水并不是纯水,而是含有多种无机盐与有机物的稀薄溶液,又称土壤溶液,是植物生长所需水分的主要来源。土壤水除能直接供植物吸收外,还对土壤养分、空气和热量状况等其他肥力性状有着深刻的影响,如矿质养分的溶解、有机质的分解与合成、土壤的氧化还原状况、土壤热特性、土壤的物理机械性与耕性等。因此,土壤水是土壤肥力诸因素中最重要、最活跃的因素。调节土壤水分状况,常使土壤的各种性质得到改善,水、肥、气、热能够协调发展,从而提高土壤肥力。土壤水分类型有吸湿水、膜状水、毛管水和重力水。

(1)土壤水分的类型　土壤水分有以下4种类型:

①吸湿水:土粒表面靠分子引力从空气中吸附并保持在土粒表面的水分,称为吸湿水。吸湿水受到土粒表面分子巨大引力(其吸力为 $3.14 \times 10^6 \sim 1.013 \times 10^9$ Pa)所吸附。吸湿水不能移动,无溶解能力,不能被植物吸收(植物根系最大吸力一般为 1.52×10^6 Pa),类似于固态水的

性质,属无效水分。

②膜状水:土粒靠吸湿水外层剩余的分子引力从液态水中吸附一层极薄的水膜叫膜状水。膜状水达到最大量时的土壤含水量,称最大分子持水量。由于膜状水受到的引力比植物根系吸水力小,一般为 $6.33 \times 10^5 \sim 3.14 \times 10^6$ Pa,因而有一部分水可被植物利用。即便是部分膜状水可以被植物吸收,但因膜状水的移动速度极其缓慢,每小时不超过 $0.2 \sim 0.4$ mm,故只有当植物的根系与它接触时才能被植物吸收利用,对植物生长所需水分发挥效果缓慢,因此这部分水分为缓效水。

③毛管水:土壤依靠毛管力的作用将水分保持在毛管孔隙中,这类水分称为毛管水。毛管水具有一般自由水的特点,其毛管吸力为 $0.81 \times 10^4 \sim 6.33 \times 10^5$ Pa,故此水移动速度快,数量多,能溶解溶质,是植物利用土壤水分的主要形态。

根据来源不同,毛管水可分为毛管悬着水和毛管上升水。毛管悬着水是指土壤借毛管力所保持的水分,与地下水不连接,就像悬挂在上层土壤中一样,故称之为毛管悬着水。毛管悬着水达最大量时的土壤含水量称为田间持水量。在岗地、高平地等地下水位较深的土壤中,毛管悬着水是植物利用土壤水分的主要类型。毛管上升水是指地下水借助土壤毛管引力上升进入并保持在土壤中的水分。毛管上升水达最大量时的土壤含水量称为毛管持水量。它可给植物根系补充大量的水分。但当地下水含可溶性盐分较多时,毛管上升水有引起土壤盐渍化的可能,必须适当控制。

④重力水:如果进入土壤的水超过田间持水量,则多余的水便在重力作用下,沿土壤大孔隙孔向下流动,湿润下层土壤或渗漏出土体,甚至进入地下水,成为地下水的补充源。这一部分不被土壤保持而受重力支配向下流动的水,称为重力水。重力水具有一般自由水的特点,是水生植物吸收利用的有效水分。在重力水下渗的过程中,促进了土壤中空气的更新和有毒物质的排出,因此高肥力的土壤,必须具有良好的渗水性。

土壤有效水含量是田间持水量和凋萎系数之间的差值。不同土壤的有效水含量差异很大(表3.3)。此值与土壤质地、有机质含量、土壤结构等有关。但就质地而言,砂土的凋萎系数和田间持水量都低,有效水含量小;壤土的田间持水量较高,凋萎系数较低,有效水含量最大;黏土的田间持水量虽高,但凋萎系数也高,故有效水的含量反而比壤土低,因此,在相同条件下,壤土的抗旱能力反比黏土强。

表 3.3 土壤质地与有效水最大含量的关系

胶体质地	砂土	砂壤土	轻壤土	中壤土	重壤土	黏土
田间持水量(%)	12	18	22	24	26	30
萎蔫系数(%)	3	5	6	9	11	15
有效水最大量(%)	9	13	16	15	15	15

田间持水量是土壤有效水的上限。土壤中剩下部分膜状水和吸湿水时,作物出现永久性萎蔫,当植物出现永久萎蔫时的土壤含水量称为萎蔫系数,它是土壤有效水的下限。旱地土壤有效水的范围是从田间持水量到萎蔫系数,两者之间的差值常作为灌溉的重要参数。

(2)土壤含水量的表示方法 土壤含水量的表示方法主要有:质量分数、容积百分数、相对含水量和土壤水贮量等。

①质量分数是指土壤中实际含水量占烘干土质量分数,可用下式表示:

$$土壤含水量(质量分数) = \frac{湿土的质量(g) - 烘干土的质量(g)}{烘干土的质量(g)} \times 100\%$$

$$= \frac{土壤中水的质量(g)}{烘干土的质量(g)} \times 100\%$$

②容积百分数是指土壤水分容积占单位烘干土壤容积的百分数,可用下式表示:

$$土壤含水量(容积\%) = \frac{水分容积}{土壤容积} \times 100\% = 土壤含水量(质量\%) \times 土壤容重^*$$

③相对含水量是指土壤实际含水量占田间持水量的百分数。它可以说明土壤毛管悬着水的饱和程度及有效性与水分状况,是植物生产上常用的土壤含水量表示方法。其计算公式为:

$$土壤相对含水量 = \frac{土壤实际含水量(g)}{田间持水量(g)} \times 100\%$$

土壤相对含水量为60% ~80%,适合于多数植物的生长发育。

④土壤水贮量是以水的体积表示,指每666.7 m²(相当于1亩)土壤在一定深度内水分的总贮量。

土壤水贮量(m³/亩) = 每亩面积666.7(m²) × 土壤深度(m) × 土壤容重(t/m³) × 土壤含水量(质量%),或者土壤水贮量(m³/亩) = 每亩面积666.7(m²) × 土壤深度(m) × 土壤含水量(容积%)。

土壤水贮量常应用于生产中的定量灌溉。例如:某一土壤,田间持水量为25%(质量),土壤容重为1.1 t/m³。现测得土壤实际含水量为15%,若将1亩0.3 m深的土层内含水量提高到田间持水量水平,问应灌多少水(m³/亩)?

已知条件为:

面积:666.7 m²,即1亩;土壤深度:0.3 m;土壤容重:1.1 t/m³;灌溉土壤目标含水量:25%(质量%);现有土壤实际含水量:15%(质量%)

结果计算:

应灌水量(m³/亩) = 面积(m²) × 土壤深度(m) × 土壤容重(t/m³) × (土壤目标含水量 − 土壤实际含水量)

$$= 666.7 \times 0.3 \times 1.1 \times (25\% - 15\%) \text{ m}^3/亩$$

$$= 22 \text{ m}^3/亩$$

所以,这一土壤达到目标含水量应灌溉22 m³的水。

(3)土壤水分的调控

降雨或灌溉进入土壤的水分,一部分贮存在耕作层,一部分向下渗到底层,大部分耗于土壤蒸发和植物蒸腾,少量形成植物体的成分。土壤水分调节就是要尽可能地减少土壤水分的损失,增加植物对降雨、灌溉水及土壤水的有效利用,通常可采取以下几项措施:

①改变土壤状态,提高蓄水保墒能力

a.农田工程建设

在丘陵山区以建设集雨蓄水工程为主,拦洪保土蓄水,以蓄调用。在地面坡度陡、地表径流

---

* 土壤容重是指单位体积的原状土壤(包括粒间孔隙)的干土质量。公式为:土壤容重 = 烘干土质量/土壤容积,单位为g/cm³ 或t/m³。

量大、水土流失严重的地区可采取改造地形、平整土地、等高种植或建立水平梯田等方法,减少水土流失。河谷平原坝区要建立以引水为主和能灌能排的农田水利系统,旱涝兼治,实现"遇旱有水,遇涝排水"。

b. 合理耕作

增强土壤蓄水保墒的耕作措施关键在于深松或深翻,以及春季的顶凌耙地。深翻土壤能创造疏松深厚的耕作层,增加土壤水分入渗,减少地表径流损失。但深翻在较干旱的地区,容易造成水分蒸发损失,一般以深松为好,试验表明,采用"上翻下松"的深松耕法,在一定深度内,土壤蓄水增加20%,作物增产幅度为20%~50%。

春耙最好在土壤开始解冻时(顶凌)进行,土表耙松后,切断毛管水的运行,对保存返浆期间的土壤水分有明显效果。适时镇压、中耕也具有保水作用。

②增加土壤覆盖,降低非生产性耗水

土壤水分以水汽的形态由土壤表面向大气扩散的现象称为土壤蒸发。是土壤水分损失的主要途径。采用地膜和秸秆覆盖技术,能减少水分无效蒸发。秸秆覆盖是一种资源丰富、效益明显的节水技术,在小麦或玉米行间覆盖秸秆能减少地表蒸发和降雨径流,提高耕层供水量,据测定,秸秆覆盖的抑蒸保墒效应可波及土体 1 m 深处,节约灌溉用水 2 100 m^3/hm^2。另外使用高分子树脂保水剂,也具有降低土壤水分损失的效果。

③合理灌溉,保证最佳的水分状态

根据植物需水规律和土壤供水特点,进行适时适量的灌溉,并考虑土壤和植物种类选择适宜的灌溉方法。地面平整、质地偏黏的土壤、大田作物和果园可采用畦灌;土壤质地偏砂、土层透水过强或丘陵旱地、菜园地等可选喷灌;设施栽培的植物采用滴灌。目前一些发达国家已应用"3S"技术指导灌溉。

对于旱地作物而言,土壤水分过多就会产生涝害、渍害。因此必须排除土壤多余的水分,主要包括排除地表积水、降低过高的地下水和除去土壤上层滞水。

④改土施肥,扩大有效水贮量

结构不良的黏质土,易形成地表径流,土壤水分的存贮量低;砂质土水分下渗快,蓄水量不多,采用掺砂掺黏与增施有机肥相结合的方法,可增加土壤毛管孔隙的数量,降低凋萎系数,提高田间持水量,扩大土壤有效水的范围,提高土壤蓄水量。

2019 年 10 月 30 日,国家重点研发计划"土壤水分时间变异影响作物水分利用效率和养分吸收的机制"(2018YFE0112300)项目座谈会在北京召开,会上指出,农业水资源利用关系着国家粮食安全和广大农民切身利益以及社会稳定,关系着农业生态环境质量和农产品产量质量有效提升的多重目标。该项目研究将利用业界最新的土壤水分精准调控技术,研究作物对土壤水分时间变异的响应,筛选作物适宜土壤水分条件,从作物响应、土壤生境等方面阐明土壤水分时间变异影响作物水肥利用效率的机理,为研发区域适宜性灌溉技术、水肥一体化技术提供通用性较好的理论依据。

6) 土壤空气

(1)土壤空气的特点　土壤空气主要来源于大气,其组成基本与大气相似。但由于受土壤中各种生物化学过程的影响,与大气相比,又有本身的特点:

①土壤空气中 O_2 的浓度比大气低。

②土壤中 CO_2 的含量比大气高。

③土壤空气中的水汽呈饱和状态,而大气则成非饱和状态。

④土壤空气中有时含有少量的还原性气体,如 CH_4,H_2S,NH_3,H_2 等。

(2)土壤空气与植物生产及肥力的关系　土壤空气与大气之间常通过扩散作用和整体交换形式不断地进行气体交换,这种性能称之为土壤通气性。土壤通气性对植物生长发育有着重要影响:

①影响种子萌发:植物种子正常发芽需要氧气的含量在10%以上。

②影响植物根系的发育与吸收功能:通气良好,根系生长健壮,根系长而多,颜色浅,根毛也多,根系呼吸作用旺盛,供给植物吸收水分和养分的能量多,根系吸收的水分和养分也多。

③影响土壤养分状况:土壤通气性影响养分转化,从而影响到养分的形态及其有效性。

④影响植物的抗病性:通气不良,易使病菌生长;同时植物抗病力下降,易于感染病虫害。

农业生产上常通过深耕结合施用有机肥料、合理排灌、适时中耕等措施来调节土壤的通气状况,改善土壤水、肥、气、热条件,给植物生长创造适宜的环境条件。

7)土壤肥力因素之间的关系

水、肥、气、热是植物在生长发育过程中不可缺少的因素,它们各自对植物生长发育起着特定的作用,被称为土壤肥力的四大因素。每个因素都同等重要、不可替代,但是,在一定的具体条件下,由于植物不同生育阶段对各个肥力因素需要程度的不同,以及这些因素在土壤中的存在状况不同,因此在某一阶段可能是某一个因素起主要作用。

土壤中的水、肥、气、热状况相互联系,相互制约,它们之间的关系十分复杂。其中某一因素的变化,都将会引起其他因素相应的变化,而这些变化又受土壤物理、化学、生物等基本性质的影响。

(1)土壤水分与空气

土壤水分与空气都是流体,它们共同存在于土壤孔隙中。在一定的孔隙状况下,水、气互相消长,水多气少,水少则气多,所以土壤水分与空气在数量上是有矛盾的。只有在土壤结构良好、总孔隙度高、大小孔隙比例适当的条件下,水气才能协调供应,满足作物的需求。

(2)土壤水和土壤温度

土壤水、气比例影响土壤温度的变化。湿土温度上升慢,下降也慢,反之,干土温度上升快,下降也快,且不同土层深度的温度梯度变化不一样。同时,土壤温度也影响毛管水运动的速度和方向,土壤水分蒸发的速度及水分状态的转化。当土温较高时,土壤的蒸发量也大,土壤易失水干燥,同时也易通气。土壤不同层次中的温度梯度也可引起土壤水分的运动,即从热处向冷处运动,特别是土壤冻结时,可导致土层滞水,通气不良。

土温影响土壤中微生物的活性,从而影响土壤空气的组成以及土壤空气与大气之间的气体的交换强度。

(3)土壤水、气、热与土壤养分

土壤中有机质的转化、矿物质的风化、有效养分向根系吸收面的移动以及植物对养分的吸收,在很大程度上取决于土壤的水、气、热的状况。土壤养分状况也影响着植物对水分的吸收和水分的利用效率。土壤中热状况影响土壤养分的有效化、营养离子被胶体的吸附与解吸和土壤中营养离子向根系的移动。

所谓的肥沃的土壤,不仅表现在土壤水、肥、气、热的绝对含量上,更重要的是取决于它们在这些错综复杂变化中所表现出来的相互协调性。这种协调性是土壤肥力发展的重要标志,也是培肥土壤的先决条件。

(4)土壤水、气、热状况的调节

①加强农田基本建设,改良土壤,增加土壤有机质和养分含量,改良土壤性状,提高土壤肥力。

②通过耕作、灌排和施肥,改善土壤的物理性质。

主要调节措施有:灌溉和排水;合理耕作;多施有机肥;地面覆盖,创造良好的土壤环境条件;土壤增温保墒剂。

③精耕细作适时中耕,调节土壤质地、结构,改善土壤孔隙,蓄水保墒、通气调温。改善土壤结构及土体结构,调节土壤水、气、热状况。

3.1.3　中国主要土壤及植物生长

1)南方红黄壤

红壤、黄壤分布于我国热带、亚热带地区,约占国土面积的 21.5% ,是铁铝性土壤的主要类型。其特点是质地黏重而耕性差,酸性强(pH≤5.5),易产生铝毒,氧化物矿物多,易产生磷的固定,养分贫瘠,因而植物生产受到限制。对红壤、黄壤地区的利用,一般在山地上部宜造水土保持林和用材林,山地中部宜发展油茶、茶叶、板栗等经济林,下部则宜发展农作物。

2)黄土性土壤

黄土性土壤以黄土为主要的成土母质,是黄土高原和华北许多地方的主要土壤。这类土壤的特点是土层深厚,疏松,质地细匀,透水性强,耕性良好,微碱性,含较多石灰质,但土壤结构性差,有机质含量低,养分贫瘠,易发生水土流失。干旱和缺水是这个地区植物生产存在的主要问题。一般用于种植牧草,植树造林,防治水土流失,并以种植耐旱植物为主。

3)干旱区土壤

干旱区土壤的主要问题是缺水和由此产生的土壤盐碱化,因此盐碱土是干旱和半干旱地区广泛分布的土壤。我国干旱、半干旱地区的总面积占国土总面积的 52.5% ,占全国耕地的74%。一般用来种草种树,防治水土流失;种植绿肥,合理轮作,采取旱耕技术;农牧结合,适当种植耐旱和耐盐碱植物。

4)东北森林草原土壤

黑土和黑钙土是该地区的主要土壤,其特点是土层深厚,有机质含量高,颜色油黑,疏松而富有团粒结构,极为肥沃,是我国重要的农业区。该地区一般本着宜林则林、宜牧则牧、宜农则农的原则,在低山丘陵区发展林果业,山前平原和坡地宜种植农作物,在土质瘠薄的山地则发展林牧业。

5)水稻土

水稻土是人类通过一系列农田建设和土壤熟化措施,在长期栽培水稻的条件下创造的一种土壤。秦岭、淮河以南为主要分布区。水稻土有独特的剖面特征,耕作层通常厚 12 ~ 18 cm,多锈斑,犁地层青灰色,约厚 10 cm,也多锈斑,渗育层可见明显灰色胶膜与铁锰淀积。我国低产水稻土面积较大,约占总面积的1/3,故改土培肥是水稻土利用中的根本性问题。种植结构上应发展粮饲、粮经集合经营,长江中下游实行"小麦—玉米—水稻"三熟制有发展前途。

3.2　园林植物与土壤基本性质

土壤作为植物生长的基本环境,其各种性质的好坏直接关系到能否为植物提供一个良好的生长环境。而土壤固、液、气三相物质的配比及其运动变化却直接或间接地影响着土壤的性质,影响着土壤水、肥、气、热的供应状况,决定着土壤肥力的高低,土壤各种性质的关系如图3.4所示。

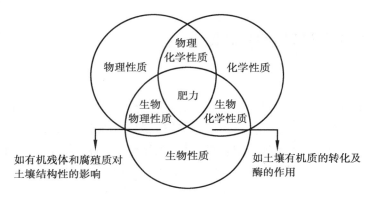

图3.4　土壤性质与肥力的关系

3.2.1　土壤孔隙性与结构性

1)土壤孔隙性

土壤孔隙是指土壤固相颗粒之间能容纳水分和空气的空间。土壤孔隙性包括土壤孔隙数量、孔隙类型及其比例3个方面。土壤孔隙数量决定着土壤液相和气相的总量,孔隙大小类型及其比例关系着土壤中液相、气相的比例和质量,反映土壤协调水分和空气条件的能力。由于土壤孔隙复杂多样,无法直接测定,一般根据土粒密度和土壤容重计算求得。

（1）土粒密度和土壤容重

①土粒密度:土粒密度是指单位体积内固体土粒(不包括粒间孔隙)的质量,单位用g/cm^3或t/m^3表示。土粒密度的大小主要决定于组成土壤的各种矿物的密度和土壤有机质的含量。由于多数土壤矿物的密度在$2.60 \sim 2.70 \ g/cm^3$,所以一般取平均值$2.65 \ g/cm^3$作为土粒密度的常用值。

②土壤容重:土壤容重是指单位体积内的原状土壤(包括粒间孔隙)的干土质量,单位为g/cm^3或t/m^3。旱地耕层土壤容重多在$1.1 \sim 1.7 \ g/cm^3$,常用平均值$1.34 \ g/cm^3$。一般耕层土壤容重小且变化大,心土、底土层容重大也比较稳定。降雨、灌水使土壤沉实,土粒密集,容重增大,耕翻、中耕使土壤容重降低。土壤容重大小是土壤肥力高低的重要标志之一。

（2）土壤孔隙状况

①土壤孔度：土壤是个多孔体，土壤孔隙的多少用土壤孔度来表示。土壤中所有孔隙容积占土壤总容积的百分数，称为土壤孔隙度，简称孔度。其计算公式为：

$$土壤孔度 = \left(1 - \frac{土壤容重}{土粒密度}\right) \times 100\%$$

土壤孔度与土壤容重密切相关，容重越小，孔度越大；反之，容重越大，孔度越小。一般土壤总孔度的变幅多为 30%～60%，适宜植物生长的土壤孔度为 50%～60%。

②土壤孔隙类型：根据性质及功能不同，土壤孔隙常分为 3 类：

第一类是非活性孔隙（又称无效孔隙），是土壤中最微细的孔隙。其孔径在 0.002 mm 以下，保持在这类孔隙中的水分被土粒强烈吸附，植物难以吸收利用；这种孔隙没有毛管作用，也不能通气，植物的细根和根毛不能伸入，微生物也难以侵入，使得其中的腐殖质分解非常缓慢，可长期保存。

第二类是毛管孔隙，是孔径为 0.002～0.02 mm 的孔隙。具有显著毛管作用，是土壤中保存有效水分的主要孔隙，毛管孔隙数量具有决定土壤的蓄水保水能力。

第三类是通气孔隙，孔径大于 0.02 mm，毛管作用明显减弱，保持水分能力逐渐消失。它是水分与空气的通道，经常为空气所占据，故又称为空气孔隙或大孔隙。大孔隙的数量直接影响着土壤透气和渗水能力。耕作层土壤大孔隙保持在 10% 以上时适于植物生长，大小孔隙之比为 1:(2～4)时较合适。

（3）影响土壤孔隙状况的因素　由于自然和人为因素的影响，土壤孔隙状况经常变化。影响因素有土壤质地、土壤结构、有机质含量等。质地越黏，毛管孔隙和非毛管孔隙越多，但通气孔隙越少；当土粒排列疏松时，孔隙度高；排列紧实时，孔隙度低。有机质含量高的壤质土和黏质土，土粒结合成大小不同的团聚体。团聚体之间有较大的孔隙，团聚体内部有大量较小的孔隙，大小孔隙的比例适宜。提倡土壤深耕技术，打破犁底层，加深耕层，增加通气孔隙，改善土壤通透性。

（4）土壤孔隙状况与土壤肥力、园林植物生长的关系

①土壤孔隙状况与土壤肥力：土壤孔隙的多少，特别是大、小孔隙的比例直接影响着土壤的水气状况。土壤疏松时通气性、透水性好，但水分不易保存；而紧实的土壤蓄水少，渗水慢，雨季易产生地面积水与地表径流，土壤通气不良。在实践中，多采用耕、耙、耱及镇压等措施来调节土壤的孔隙状况，改善土壤的通透性及蓄水能力。土壤孔隙状况由于影响水、气含量，也就影响养分的有效化和保肥供肥性能，还影响着土壤的温度状况，所以土壤的孔隙状况与土壤肥力的关系非常密切。

②土壤孔隙状况与园林植物生长：一般适于植物生长的土壤孔隙状况为：上部土壤孔度为 55% 左右，通气孔度达 15%～20%；下部土壤孔度为 50%，通气孔度 10% 左右。上部有利于通气透水和植物种子的发芽出苗，下部则有利于保水和根系扎稳。但不同园林植物由于具有不同的生物学特性，对土壤松紧和孔隙状况的要求也略有不同。如李树对紧实的土壤有较强的忍耐力，在土壤容重为 1.55～1.65 g/cm³ 的土壤中也能正常生长；桃树则要求通透性较好的疏松土壤。土壤的松紧程度和孔隙状况对林木种子发芽和幼苗出土有很大影响。土壤中大小孔隙比例状况也影响土壤的通气性、保水性和透水性，只有大小孔隙比例协调，植物才能得到适宜的水分和空气，同时也有利于养分供给和植物生长发育。

2)土壤结构性

土壤中的矿物颗粒很少以单粒存在,多数是在各种因素的综合作用下,相互团聚、胶结成大小、形状和性质不同的土块、土片等团聚体,称为土壤结构或结构体。土壤结构性是指土壤结构的类型、数量及其在土壤中的排列方式等。各种土壤及其不同层次,往往具有不同的结构体和结构性,它们直接影响着土壤中水、肥、气、热的状况,在很大程度上反映了土壤肥力水平。

(1)土壤结构体的类型　根据结构体的几何形状、大小及肥力特征,土壤结构可划分为以下几种类型(见图3.5)。

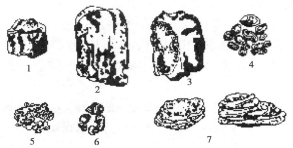

图 3.5　土壤结构的主要类型
1—块状结构　2—柱状结构　3—棱柱状结构　4—团粒结构
5—微团粒结构　6—核状结构　7—片状结构

①块状结构:土粒胶结呈不规则的立方体,表面不平,其长、宽、高三轴大体近似。大的直径大于10 cm,小的直径也有3~5 cm,俗称"坷垃";直径小于3 cm的为碎块状、碎屑状结构。质地偏黏而又缺乏有机质的耕层,在耕作不当时最易形成块状结构。块状结构是一种不良的结构,土壤紧实,孔隙小不透气,微生物活动微弱,植物根系也不易穿插进去。在土块与土块之间,孔隙过大,蓄水、保墒和保温能力差,土壤水分多以气态向空中散失,冬季冷风也易侵入土中,植物易受干旱和冻害。块状结构较多的土壤,播种质量差,由于地面高低不平,播种深浅不一,有露籽,有的苗木种子压在土块下面难以出苗。地面以下的暗坷垃对种子发芽和苗木根系伸展及吸收水分养分影响很大,易产生"架空"现象。

②核状结构:结构较小,直径1~3 cm,形似核状,表面光滑有胶膜,结构稳定,俗称"蒜瓣土"。它的保水保肥能力差,是一种不良结构。蒜瓣土一般多由石灰或氢氧化铁胶结而成,黏重坚实,耕作困难,通透性差,苗木不易扎根。在土质黏重而又缺乏有机质的土层中多见。

③柱状结构:这种结构纵轴大于横轴,在土体中呈立柱状,俗称"立土"。这类结构往往在质地偏黏、有机质缺乏的心土层或出现,是在干湿交替*的作用下形成的。半干旱地带的碱土和碱化土壤的心土层常有柱状结构。这类结构土体紧实,结构体内孔隙少,但结构体之间有明显裂隙,会漏水漏肥。

④片状结构:结构体横轴远大于纵轴,呈扁平薄片状,俗称"卧土"。结构体稍弯曲的,称为鳞片状结构。多由于水的沉积作用或机械压力所形成。这种结构致密紧实,不利于通气透水,不利于蓄水保墒,还会阻碍种子发芽和幼苗出土。因此要进行雨后中耕松土,以破除板结。

⑤团粒结构:团粒结构是指近似球形,疏松多孔的小团聚体,其直径为0.25~10 mm。它是

---

* 干湿交替:土壤反复经受干缩和湿涨的过程。

植物生长中最为理想的团粒结构,一般粒径为 $2 \sim 3$ mm,俗称"蚂蚁蛋"。

（2）团粒结构　团粒结构是多级团聚体结构,具有良好的肥力特征,是植物生长的理想结构。

①团粒结构的特点及其与土壤肥力的关系:团粒结构由单粒到微团粒,再由微团粒胶结成较大的团粒。在团粒内部的土粒之间有很多细小的毛管孔隙,团粒与团粒之间有较大的通气孔隙,即团粒结构的多级孔性。有团粒结构的土壤具有适当比例的毛管孔隙和非毛管孔隙,使土壤的固、液、气三相物质的比例适宜;团粒结构能协调水分和空气的矛盾。水分和空气同时并存,水分保存在团粒内部的毛管孔隙中,团粒之间的大孔隙是通气透水的通道,水分和空气在土壤孔隙中可各得其所,从而协调了水、气矛盾。团粒之间的大孔隙为空气所占据,好气性微生物活动旺盛,促进有机质等迟效养分转化。团粒内部水分多,空气少,利于腐殖质的积累和养分的保存,从而协调了保肥与供肥的矛盾。另外,由于团粒之间接触面较小,大大减弱了土壤的黏结性与黏着性,耕作阻力小,宜耕期长,耕作质量好。土壤疏松多孔,利于苗木种子发芽出土和根系生长,肥料有效性也高。

形成团粒结构的条件有两个,一是胶结物质的存在,二是外力的挤压和切割作用。在土壤中的胶结物质主要有腐殖质、菌丝体及黏液、黏粒等。外力作用主要来自于胶体的凝聚作用、干湿交替作用、冻融交替作用、生物活动、耕作活动等。

②创造团粒结构的措施:创造团粒结构的常用方法:一是合理耕作结合增施有机肥料。精耕细作能加深耕层,加速耕层土壤熟化,使耕作层疏松,为创造团粒结构及良好土体构造提供了有利条件。增施有机肥料可以使有机物质与土粒结合,创造结构稳定的水稳性团粒结构。正确的耕作方法,可以减少不良结构的形成,为团粒结构的形成创造条件。如北方的夏耕晒垡、冬耕冻垡,南方的犁冬晒白等措施,都可以创造团粒结构。二是合理灌溉,灌溉方式对结构影响很大,大水漫灌对土壤结构破坏最明显,易造成土壤板结,而喷灌、沟灌或地下灌溉则较好,滴灌则能使水稳性团粒长期免受破坏。三是改良土壤的酸碱性质。土壤过酸过碱都会使团粒结构遭到破坏,酸性土壤中过多的铁、铝、氢离子,能使土壤胶结成大块;碱性过强,钠离子过多,又能使胶粒分散,不易凝聚。因此,调节土壤适宜的酸碱性是保持团粒结构的有效办法之一。四是施用土壤结构改良剂。土壤结构改良剂有天然土壤结构剂和人工合成的土壤结构改良剂两大类。人工土壤结构改良剂模拟天然团粒胶结剂的分子结构、性质,利用合成技术制成的高分子聚合物作为团粒胶结剂,应用较多的有聚乙烯醇、聚丙烯酰胺及其衍生物等。施用改良剂后,土壤中各级水稳性团粒明显增加,容重降低,总孔度增加,空气孔隙增加极明显,能提高土壤贮水量和水分渗透率,减少水分蒸发,改善土壤物理性,且效果可维持 $2 \sim 3$ 年之久。人工土壤结构改良剂成本高、用量少,目前多用于盆栽花卉土壤及现代设施栽培土壤。

3.2.2　土壤物理机械性与耕性

土壤耕性是土壤物理机械性质的反映,物理机械性也直接影响耕性的好坏,二者关系密切。

1)土壤物理机械性

土壤物理机械性是指土壤耕作时显示出的一系列物理特性,主要有土壤的黏结性、黏着性、可塑性和胀缩性等。

（1）黏结性　黏结性是指土粒与土粒之间通过各种引力而相互黏结在一起的性质。这种性质使土壤具有抵抗破碎的能力,也是产生耕作阻力的主要原因之一。黏结性的强弱主要决定于土壤中黏粒的含量和土壤中水分的含量。黏粒含量越多,黏结性越强,反之则弱。在湿润时,土粒间引力通过粒间水膜为媒介,实际上是土粒—水—土粒之间的黏结力,所以水分过多或过少土壤都会失去黏结性(见图3.6)。

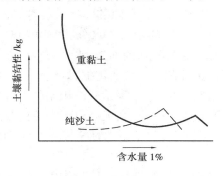

图3.6　土壤黏结性与含水量的关系

图3.7　土壤黏着性与含水量的关系

（2）黏着性　黏着性是指土壤在一定含水量下,土粒黏附在外物表面的性质。这种黏着力实际上是土粒—水—土粒之间的吸引力。由于土壤具有这种性质,在耕作时土壤黏着农具,增加了土粒与农具的摩擦力,增加了耕作阻力,使耕作困难。黏着性强弱也决定于土壤中黏粒的含量和土壤中水分的含量。干土没有黏着性,水分过多,土壤也失去黏着能力(见图3.7)。

（3）可塑性　土壤在一定的含水量范围内,可由外力塑成任何形状,当外力消失或土壤干燥后,仍能保持其形状,这种性质称为可塑性。土壤含有一定量的水分时,黏粒表面被包上一层水膜,若加上外力揉搓,使片状黏粒重新改为平行排列而黏结固定,失水干燥后,由于土粒间的黏结力,仍能保持原状,这是产生可塑性的原因。土壤在可塑状态下进行耕作,不但耕作阻力大,而且耕后形成表面光滑的大土垡,干后土垡板结形成硬块,不易耙碎,耕作质量差。

（4）胀缩性　胀缩性是指土壤湿时膨胀、干时收缩的性质。土壤质地越黏重,胀缩性越强。胀缩性主要影响土壤的通透性、耕作质量及对根系的机械损伤。当土壤吸水膨胀时,土壤紧实难以透水透气;干燥时土体收缩导致龟裂,会拉断植物根系,透风散墒,在冬季植物易受冻害。

2）土壤耕性

土壤耕性是土壤在耕作时反映出来的特性。它是土壤的物理性与物理机械性等的综合表现。土壤耕性可以反映土壤的熟化程度,直接关系到能否为植物生长发育创造一个合适的土壤环境。

（1）判断土壤耕性的标准　土壤耕性的好坏可以从3个方面来衡量。

①耕作难易程度:耕作难易程度是指耕作时土壤对农机具产生阻力的大小,它决定人力、畜力和机械动力的消耗,影响耕作效率。如土壤有机质含量少,结构不良的黏质土,耕作较难,效率低。

②耕作质量:它是指耕作后土壤的状况及其对植物生育的影响。凡是耕后土垡松散,容易耙碎,不成坷垃,疏松平整,利于种子发芽出土和根系发育,称为耕作质量好;反之耕性不良的土壤,耕作费力,耕后起大坷垃,而影响播种质量、种子发芽出苗和根系生长。

③宜耕期长短:也就是适宜耕作的时期长短。在此期间耕作可以将土壤很好地碎成团块,

形成较好的结构状态,并且耕作阻力小,同时也为土壤的宜耕状态。宜耕期长短主要与土壤含水量、土壤质地和土壤的物理机械性有关。耕性好的土壤,如砂土,雨后或灌水后适宜耕作的时间长,表现为"干好耕、湿好耕、不干不湿更好耕"。而耕性不良的黏质土,宜耕期很短,一般只有 1 ~ 2 d,错过宜耕期不仅耕作困难,费力费工,而且耕作质量差。对宜耕期短的黏质土,宜随耕翻随耙平,耕多少耙多少,不宜停放,以免形成大坷垃,影响耕作质量。

　　生产实践中判断宜耕期的方法有:眼看、手摸、试耕等。眼看:雨后或灌水后黏质土壤地表呈黑白斑块相间,外干内湿,畦埂及稍高处地表有干土时,即进入宜耕期;手摸:将 2 ~ 3 指深处的土壤取一把握成团,平胸落地即散碎,手上留有湿印(而无渍水),就是宜耕期;试耕:试耕时,起犁以后土垡能自然散开(即现犁花),不起大坷垃,即为宜耕期。

　　(2)土壤耕性改良的措施

　　①改良质地和土壤结构:黏土掺沙,可减弱黏土的黏结性、黏着性和可塑性;沙土掺黏,可增加土壤的黏结性,并减弱土壤的板结性。创造良好的结构可改善土壤的黏结性和黏着性,可塑性减弱,通透性和耕性都能得到改善。

　　②掌握宜耕期:在适耕期内耕作,不仅耕作效率高,而且耕作质量好。在实际中可借助一些当地的经验做法,把握适宜的耕作时期,进行犁、耙等操作,避免人为造成不良结构体。

　　③增施有机肥料,增加土壤团粒结构,增加砂质土的黏结性和黏着性,增强团聚性,减少黏质土的黏结性和黏着性,减少耕作阻力,提高耕作质量。

　　根据所种植物种类和生长特点,有些土壤可以采用少耕或免耕的休闲制度,以保护土壤的耕性不被破坏。

3.2.3　土壤的保肥性与供肥性

1)土壤胶体

　　(1)土壤胶体的概述　　胶体是指直径在 1 ~ 100 nm 的颗粒,但是实际上土壤颗粒中直径 <1 000 nm 的黏粒都具有胶体的性质,所以通常所说的土壤胶体实际上是指直径在 1 ~ 1 000 nm 的土壤颗粒,它是土壤中最细微的部分。土壤胶体的组成从内向外可分为微粒核、决定电位离子层、补偿离子层 3 个部分(见图 3.8)。其中补偿离子层又可以分为非活性离子层和扩散层内外两层。胶体表面的离子与土壤溶液中的离子发生交换,主要是扩散层离子发生的交换。因此,胶体扩散层电荷的种类和数量,对胶体的性质有决定性作用。

　　(2)土壤胶体的种类　　根据胶体微粒核的组成物质不同,可以将土壤胶体分为 3 大类:

　　①无机胶体:组成胶体微粒核的主要物质是土壤矿质颗粒,主要包括成分复杂的各种次生铝硅酸盐黏粒矿物(一般称为黏土矿物)和成分简单的氧化物及含水氧化物。无机胶体占到土壤胶体的大部分(约95%)。

　　②有机胶体:胶体微粒核的组成物质是有机物质,其主要成分是土壤腐殖质,有机胶体占到土壤胶体的比例不大(5%),但其活性比无机胶体高,在土壤中容易被土壤微生物分解。

　　③有机-无机复合胶体:胶体微粒核的组成物质是土壤矿物质和有机质的复合体。一般情况下,土壤有机质并不单独存在于土壤中,而是与土壤矿物质,特别是黏土矿物通过物理和化学的机理结合在一起,形成有机-无机复合体。有机-无机复合体是土壤中比较活跃的组成部分,

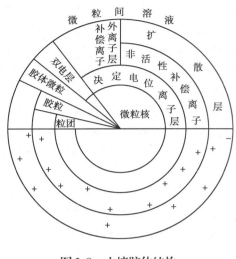

图3.8　土壤胶体结构

对土壤肥力影响较大。越是肥沃的土壤，有机-无机复合体所占的比例越高。

（3）土壤胶体的特性　土壤胶体是土壤固相中最活跃的部分，土壤胶体的特性主要体现在下面几方面：

①土壤胶体的表面性：土壤胶体由于颗粒直径较小，因此具有较大的比表面和表面能。2:1型次生硅酸盐矿物和有机胶体中呈疏松网状结构的腐殖质，都具有外表面和内表面。比表面是指颗粒的表面积总和与体积的比值。颗粒越细，总表面积越大，比表面值越高。由于表面物质分子受力不平衡，处于表面上的分子就会受到向内吸引的力，而使表面分子产生表面能。比表面值越大，表面能就越高，物质受到的吸引力就越强。由于质地黏重的土壤颗粒风化程度高，颗粒小，总表面积大，其土粒表面的吸附力就强，保肥能力也越强，反之，则越弱。

②土壤胶体的带电性：土壤胶体带的电荷由于产生的原因不同分为永久电荷和可变电荷两种。由黏粒矿物晶体层内发生同晶替代作用*所产生的电荷称为永久电荷。永久电荷的产生与矿物结构类型有关，而与土壤溶液的pH值无关。土壤胶体中电荷数量和性质随土壤溶液pH值变化而产生的电荷，称为可变电荷。不同pH值条件下，可变电荷可以是负电荷，也可以是正电荷，但是大多数土壤胶体带负电荷。

③土壤胶体的凝聚性与分散性：土壤胶体存在两种状态，即溶胶和凝胶。胶体微粒分散在介质中形成胶体溶液，这时的胶体形态称溶胶。胶体微粒相互团聚在一起而呈絮状沉淀，这时的胶体形态称为凝胶。溶胶和凝胶之间可以相互转化，由溶胶转化为凝胶称为凝聚作用；相反由凝胶转化为溶胶，称为分散作用。

$$\text{溶胶} \underset{\text{水分、电解质淋溶加强}}{\overset{\text{电解质、异种电荷、干燥或冻结}}{\rightleftharpoons}} \text{凝胶}$$

土壤胶体的凝聚作用促进土壤养分聚集，免于淋失，同时加强土壤的结构性，对保持养分和间接调节土壤水、气、热状况有良好作用，但降低了养分的有效性。分散作用一般能使土壤养分呈可溶状态，易被植物吸收，有效性增强，但易引起养分流失，土壤结构性变差。

2）土壤的保肥性

土壤保肥性和供肥性是农业土壤的重要生产性能。保肥性是指土壤将一定种类和数量的可溶性或有效性养分保留在耕作层的能力。它体现土壤的吸收性能，其本质是通过一定的机理将速效养分保留在耕作层内。土壤的吸收性能反映了土壤的保肥能力，吸收能力越强，其保肥能力也强；反之，保肥力则弱。土壤的吸收保肥作用有5种形式。

---

*　同晶替代作用又称"同晶替代"。矿物结晶时，晶体结构中由某种离子或原子占有的位置，部分被性质类似、大小相近的其他离子或原子占有，但晶体结构形式基本不变，但使晶体中电价不平衡，产生剩余负电荷，从而吸附带有异性电荷的离子。这是土壤能保持养分的重要原因之一。

（1）机械吸收作用 指具有多孔体的土壤对进入土体的固体颗粒的机械截留作用。如粪便残渣、有机残体、磷矿粉及各种颗粒状肥料等，主要靠这种形式保留在土壤中。若它们的粒径大于土壤孔径，且在水中不溶解，则可被阻留在一定的土层中。阻留在土层中的物质可被土壤转化利用，起到保肥的作用，其保留的养分能被植物吸收利用。因此，多耕多耙可以增强土壤的机械吸收作用。

（2）物理吸收作用 指土壤对分子态养分(如氨、氨基酸、尿素等)吸收保持的性能。如粪水中的臭味在土壤中消失，就是由于土壤吸附了氨分子，减少了氨的挥发，把肥分保持在土壤中。土壤质地越黏重，含有的吸附性成分越多，其物理吸收保肥作用就越明显；反之则弱。靠物理吸收保留的养分能被植物吸收利用。

（3）化学吸收作用 指一些水溶性养分在土壤溶液中与其他物质反应生成难溶性化合物的过程。如施入土壤的速效性磷肥与土壤中的 Ca^{2+}、Fe^{3+}、Al^{3+} 等作用生成难溶性磷酸盐化合物而失去有效性。靠化学吸收保留的养分一般对当季植物无效，但可缓慢释放出来供以后的植物吸收利用。另外，化学吸收还具有特殊意义，如能吸收农药、重金属等有害物质，减少土壤污染。

（4）生物吸收作用 指土壤中的微生物和植物根系对养分的吸收、保存和积累在生物体内的作用。如土壤中固氮生物固定空气中氮素，增加土壤中氮素营养水平，提高了土壤肥力；土壤中有效养分被生物吸收后转化为有机物，可避免养分随水流失或化学固定。

（5）离子交换吸收作用 指带有电荷的土壤胶粒能吸附土壤溶液中带相反电荷的离子，这些被吸附的离子又能与土壤溶液中带同性电荷的离子相互交换。它是土壤保肥性最重要的方式，也是土壤保肥性的重要体现形式。包括阳离子交换吸收和阴离子交换吸收两种类型。带负电荷的土壤胶体吸附阳离子与土壤溶液中的阳离子之间的交换，称为阳离子交换吸收作用。例如碳酸氢铵施入土壤中可发生下面的反应：

$$\begin{matrix} H^+ \\ K^+ \end{matrix} \boxed{土壤胶体} \begin{matrix} Ca^{2+} \\ Na^+ \end{matrix} + 4NH_4^+ \rightleftharpoons \begin{matrix} H^+ \\ NH_4^+ \end{matrix} \boxed{土壤胶体} \begin{matrix} NH_4^+ \ NH_4^+ \\ NH_4^+ \end{matrix} + K^+ + Na^+ + Ca^{2+}$$

土壤阳离子交换能力常用阳离子交换量来表示，它是衡量土壤保肥能力的主要指标之一。阳离子交换量是指每千克土壤所能吸附的全部可交换性阳离子的厘摩尔数，用$cmol^{(+)} \cdot kg^{-1}$表示。一般认为，阳离子交换量大于 $20\ cmol^{(+)} \cdot kg^{-1}$ 的土壤保肥力强，较耐肥；$10 \sim 20\ cmol^{(+)} \cdot kg^{-1}$的土壤保肥力中等；小于 $10\ cmol^{(+)} \cdot kg^{-1}$ 的土壤保肥力差。土壤阳离子交换量与胶体种类、质地粗细、胶体的化学成分和溶液的 pH 值等因素有关系。砂质土阳离子交换量小，黏质土大；无机胶体阳离子交换量小，有机胶体阳离子交换量大；阳离子交换量随 pH 值的下降而下降，随其升高而增大。阳离子发生交换时，代换能力有强弱之分。各种阳离子代换力的大小顺序是与它们对溶胶凝固力大小的顺序相一致的，即 $Fe^{3+} > Al^{3+} > H^+ > Ca^{2+} > Mg^{2+} > NH_4^+ > K^+ > Na^+$。

离子代换能力的大小与离子化合价、原子序数、阳离子半径、水化程度和离子运动速度等因素有关。一般高价代换能力强于低价、原子序数大的强于原子序数小的、阳离子半径小而水化程度低的强于半径大而水化程度高的、运动速度快的强于运动速度慢的。在阳离子发生交换时，离子浓度越大，代换能力越强。

3）土壤的供肥性

供肥性是指土壤耕作层供应植物生长发育所需的速效养分和数量的能力。土壤在植物发育期内,能够持续不断地供应植物生长发育所必需的各种速效养分的能力和特性。土壤的供肥性能是土壤的重要属性,是评价土壤肥力的重要指标。土壤供肥性能主要表现在4个方面:

①植物长相:生产实践中根据植物的反应,将土壤的供肥性划分为:"发小苗不发老苗,有前劲无后劲";"发老苗不发小苗,前劲小后劲足";"既发小苗又发老苗,肥劲稳长"3种类型。这里的"发"与"不发"是植物对土壤肥力条件的综合反映,"有劲""无劲"则主要表现土壤供肥强度的特性。

②土壤形态:耕作层深厚、土色较暗、沙黏适中、土壤结构良好、松紧适度的土壤供肥性能好。

③施肥效应:不同类型的土壤具有不同的供肥特性,对肥料养分的要求和反应各异。如沙性土,施肥后供肥猛而不持久,而黏质土不择肥、不漏肥、"饿得饱得",肥劲稳长。

④室内化验结果:有机质含量高,阳离子交换量大,有效养分丰富。

影响土壤供肥性的因素很多,除了土壤质地、结构状况、耕层深浅、土壤胶体含量和所吸收的离子种类、数量,以及微生物的活动等诸因素外,气候条件也影响土壤供肥性。气温高,土壤潜在养分释放快。

3.2.4 土壤酸碱性与缓冲性

土壤酸碱性是土壤重要化学性质之一,不但直接作用于土壤的养分转化和供应,还直接作用于植物的生长发育及土壤有机物质的转化分解。土壤缓冲性主要通过作用于土壤酸碱性而影响到土壤肥力。

1)土壤酸碱性

(1)土壤酸碱性的概念 土壤酸碱性就是土壤溶液中的 H^+ 和 OH^- 浓度比例不同所表现的酸碱性质,通常用土壤溶液的 pH 值表示。土壤的 pH 值是土壤溶液中 H^+ 浓度的负对数值,即 $pH = -\lg(H^+)$。pH =7 为中性,pH 值小于 7 为酸性,pH 值大于 7 为碱性。我国土壤酸碱度分为以下 7 级(表3.4)。

表3.4 土壤 pH 和酸碱性反应的分级

土壤 pH	<4.5	4.5~5.5	5.5~6.5	6.5~7.5	7.5~8.5	8.5~9.5	>9.5
反应级别	强酸性	酸性	微酸性	中性	微碱性	碱性	强碱性

土壤的酸碱性是气候、植被以及土壤组成共同作用的结果,其中气候起着决定性的作用。我国土壤的酸碱反应从地理概况来看是"南酸北碱"。长江以南的华南、西南地区分布着红壤和黄壤,这两种土壤是强酸性、酸性土壤,pH 值为 4.5~5.5;华中、华东地区的红壤,pH 值为 5.5~6.5;长江以北的华北、西北地区的石灰性土壤,pH 值为 7.5~8.5;最酸的是分布在台湾新八仙和海南五指山的黄壤,pH 值为 3.6~3.8;最碱的是在新疆和内蒙古等地,pH 值为10.5以上。

（2）土壤酸碱性对土壤肥力、植物生长发育的影响

①影响植物的生长发育：不同的植物生长发育所要求的酸碱范围不同，有些植物喜酸性，如茶花、茉莉；有的植物喜碱性，如白皮松、柏树，杨柳可以在 pH＝9 左右的土壤中生长。大多数植物不能在 pH 值低于 3.5 或高于 9 的环境中生长，因为 pH 值太低，土壤中易产生铝离子毒害，或由于多种有机酸浓度过高，引起植物体细胞蛋白质变性，而直接危害植物，pH 值过高则会腐蚀根系和茎部，造成植物死亡。有些植物能对土壤酸碱性起指示作用，这类植物称为指示植物。如酸性土的指示植物是映山红、石松、茶树；盐土的是盐角草、盐生草、盐爪爪；碱土是碱蓬、牛毛草、麻陆（见表 3.5）。

表 3.5　部分园林植物所适宜的 pH 范围

花卉植物	pH 范围	果类植物	pH 范围	林　　木	pH 范围	林　　木	pH 范围
茶花	4.5～5.5	柑橘	5.0～6.5	桑	6.0～8.0	槐	6.0～7.0
茉莉	4.5～5.5	杏、苹果	6.0～8.0	桦	5.0～6.0	松	5.0～6.0
唐菖蒲	6.0～8.0	桃	6.0～7.5	泡桐	6.0～8.0	洋槐	6.0～8.0
月季	7.0～8.5	梨	6.0～8.0	油桐	6.0～8.0	白杨	6.0～8.0
郁金香	6.0～7.5	菠萝	5.0～6.0	榆	6.0～8.0	栎	6.0～8.0
菊花	6.5～7.9	草莓	5.0～6.5	侧柏	7.0～8.0	红松	5.0～6.0

②影响养分的有效性：土壤中 N、P、K 等大量元素和微量元素的有效性均受土壤酸碱性的影响。大多数养分在 pH 值为 6.5～7.5 时有效性较高。土壤中氮素养分在 pH 值为 6～8 的范围内有效性最大；磷在酸性土壤中易被 Fe^{3+}、Al^{3+} 固定，在 pH 值为 7.5～8.5 石灰性土壤中，易被 Ca^{2+} 固定，在 pH 值为 6.5～7.5 时有效性最高；K、Ca、Mg、S 在 pH 值为 6～8 时有效性最大。Fe、Mn、Cu、Zn、B 一般在酸性条件下有效性最高，这些养分在石灰性土壤等偏碱性条件下易形成沉淀，有效性低，而 Mo 则与之相反，有效性高。

③影响土壤理化性质：在碱性土壤中，交换性 Na^+ 增多，使土粒分散增强，结构受到破坏；在酸性土中，吸附性降低造成养分淋失、黏粒矿物分解，结构也遭到破坏。在中性土壤中 Ca^{2+}、Mg^{2+} 较多，利于团粒结构的形成。

④影响土壤微生物的生长发育：微生物对于土壤反应也有一定的适应范围，土壤过酸或过碱都不利于有益微生物的活动。土壤细菌和放线菌，如硝化细菌、固氮菌和纤维分解细菌等，均适宜于中性和微碱性环境，在此条件下其活动旺盛，有机质矿化快，固氮作用也强，因而土壤有效氮的供应较好。因此，适宜的酸碱性是微生物活动的必要条件。pH 值在 6.5～7.5 时，利于细菌的生活；pH 值在 7.5～7.8 时，利于放线菌的生活；pH 值在 3.0～6.0 时，利于真菌的生活。

⑤酸碱性与土壤类型：土壤的酸碱性与土壤类型有关，红壤土是酸性，黑钙土是微碱性。盐土的 pH 值是 8.5，石灰性土壤的 pH 值是 7.8～8.5，碱土 pH 值在 8.5 以上。

⑥影响植物对养分的吸收：土壤溶液的碱性物质会促使细胞原生质溶解，破坏植物组织。酸性较强也会引起原生质变性和酶的钝化，影响植物对养分的吸收。酸性过大时，还会抑制植物体内单糖转化为蔗糖、淀粉及其他较为复杂的有机化合物的过程。

（3）土壤酸碱性的调节　我国土壤呈"南酸北碱"的趋势，过酸或过碱都不利于植物生长，土壤酸碱性的调节主要通过施肥调节和化学物质调节两方面的措施。

①施肥调节：南方的酸性土壤在调节时可以施用生理碱性肥料，如石灰氮、钙镁磷肥、碳酸铵

等;北方碱性土壤较多,碱性土调节时可施用生理酸性肥料,如硫酸铵、过磷酸钙、腐殖酸肥料等。

②施用化学物质调节:酸性土壤常施用石灰物质,利用 Ca^{2+} 代换土壤胶体上的 H^+、Al^{3+}。南方常施用生石灰,生石灰碱性很强,在施用时不能与种子或幼苗的根系直接接触,否则易烧死植物根系。石灰使用量的经验做法是:pH 值为 4~5 的土壤,石灰用量为 750~2 250 kg/hm²;pH 值为 5~6 的土壤,石灰使用量为 375~1 125 kg/hm²。除石灰外,在沿海地区还可以用含钙质的贝壳改良;草木灰也有改良酸性土壤的作用。碱性土壤可施用硫酸钙、硫磺粉、明矾、硫酸亚铁等,利用 Ca^{2+}、Fe^{3+} 代换土壤胶体上的 Na^+,使土壤酸性增强,碱性降低。

2) 土壤缓冲性

土壤具有抵抗外来物质引起酸碱度反应剧烈变化的性能,这种性能称为土壤缓冲性。在土壤中加入一定量的酸性或碱性物质之后,土壤的 pH 值变化小,则说明该土壤缓冲能力强;反之则说明该土壤缓冲能力弱。

土壤的缓冲性有赖于多种因素的作用,它们共同组成了土壤的缓冲系统。土壤具有缓冲作用的机理包括 3 个方面因素:

①土壤胶体的离子交换吸收作用。加入土壤的酸性或碱性物质可与胶体吸附的离子进行交换,生成水和中性盐,从而使土壤的 pH 值不发生很大变化。

②土壤溶液中具有弱酸及其盐类组成的缓冲系统　土壤溶液中存在着多种弱酸,如碳酸、磷酸、硅酸、腐殖酸和其他有机酸及其盐类,构成缓冲系统,它们对酸碱有缓冲作用。

③土壤中两性物质的缓冲作用。土壤中存在着多种既可以与酸反应又可以与碱反应的两性物质,如胡敏酸、氨基酸、蛋白质等。

正是这些物质的存在构成了土壤的缓冲系统,使土壤具有缓冲性,可以使土壤酸碱度经常保持在一定范围内,避免因施肥、植物根的呼吸、微生物的活动、有机质的分解等引起溶液反应的激烈变化。也正是由于土壤具有缓冲性,才为园林植物的生长和微生物活动创造了稳定的土壤环境条件。土壤的缓冲性作为土壤的自我调节系统,与外界环境密切相关。土壤质地不同,缓冲能力不同,一般是黏土>壤土>砂土;土壤有机质含量越高,有机胶体数量越多,缓冲能力越强。在植物生产中,可以通过质地改良、增施有机肥、种植绿肥等措施来提高土壤有机质含量,增强土壤的缓冲性能。

3.2.5　土壤的氧化还原反应

氧化还原反应是指有电子得失的化学反应。土壤中存在着一系列参与氧化还原反应的物质及氧化还原反应,这种反应的过程甚为复杂,它既受土壤的物理、化学性质影响,也反过来影响土壤的性质。氧化还原反应一方面影响到部分养分的转化,另一方面也影响到养分的形态和养分的有效性。

1) 土壤中的氧化还原物质

土壤中存在着多种多样的有机和无机的氧化还原物质。主要是氧、铁、锰、硫等以及各种有机物质,其中氧和有机还原物质较为活泼,铁、锰、硫等的转化要受这两类物质的影响。

氧气是土壤中的主要氧化剂。铁、锰、硫等物质形成不同价态的阳离子而呈现出氧化性,构

成氧化还原体系的氧化剂;土壤有机质在分解时具有还原作用,是高价金属离子还原为低价的重要动力。不同分解程度的有机化合物,尤其是有机酸类,还有微生物的细胞体及其代谢产物,是土壤中的还原剂。因此土壤中施入的各类有机肥,是氧化还原物质的主要来源。

土壤中存在的氧化还原物质构成了土壤中的氧化还原体系。

氧体系:$O_2 + 4H^+ + 4e = 2H_2O$

氢体系:$2H^+ + 2e = H_2$

铁体系:$Fe^{3+} + e = Fe^{2+}$

锰体系:$MnO_2 + 4H^+ + 2e = Mn^{2+} + 2H_2O$

硫体系:$SO_4^{2-} + H_2O + 2e = SO_3^{2-} + 2OH^-$

2)土壤氧化还原反应与土壤肥力的关系

衡量土壤中一种物质是易于得到电子被还原,还是易于失去电子被氧化,可用氧化还原电位来表示,单位是毫伏(mV)。氧化态物质的含量越高,则氧化还原电位越高,体系处于强氧化状态;如氧化还原电位越低,则体系的还原性越强。在土壤中,通气条件越好,氧化还原电位值越大,土壤的氧化性越强;如土壤水分含量较高,则氧气含量较低,氧化还原电位也低,土壤处于还原状态。

旱地土壤的氧化还原电位一般较高,在正常范围内养分供应正常,植物根系生长发育较好。氧化还原电位过高时,则处于完全氧化条件下,有机质迅速分解,营养物质趋于贫乏,Fe^{3+}、Mn^{4+}氧化析出,植物常患缺绿症;如果过低时,反硝化作用*易于发生,土壤就进行剧烈的还原过程,破坏氮素营养,硝酸盐开始淋失,土壤中积累许多还原物质如硫化氢、低价铁锰、有机酸、甲烷等,由于氧气缺乏,植物根系呼吸受阻,根毛减少甚至发黑腐烂。

3)土壤氧化还原过程的调节

土壤中的氧化还原条件是经常变化的,它受土壤水分、松紧度、温度、施肥、微生物活动、植物生长等多种因素的影响。灌溉、施入新鲜有机肥等,都可以降低氧化还原电位;土壤变干,疏松通气,可以提高氧化还原电位。因此,在缺乏有效态铁、锰、铜的土壤中,可以施用有机肥料,加强还原作用,促进其溶解;在还原物质多而危害植物生长发育时,可以采取各种改善通气的措施,如降低水位或深耕晒垡等。

3.3　土壤资源合理利用与管理

土壤资源作为一种重要的自然资源和永恒的生产资料,是人类从事农林业生产以达到自身生存、繁衍和社会发展的重要物质基础。同时,土壤作为重要环境因素之一,还是生物和非生物环境的分界面,也是生物与非生物体进行物质、能量移动和转化的重要介质和枢纽。人类在利用土壤资源中所采取的干预正确与否,将直接对农业生态系统良性循环的维持与发展起了举足

---

* 反硝化作用:在反硝化细菌的作用下,土壤中的硝酸盐最终被还原成氮气的过程。其反应过程可产生不同价态的含氮化合物:$NO_3^- \rightarrow NO_2^- \rightarrow NO\uparrow \rightarrow N_2O\uparrow \rightarrow N_2\uparrow$。在中性或碱性土壤处于嫌气状态时,其中的反硝化过程较为强烈,使土壤中的有效态氮素转化成无效态的分子态氮,从而引起氮素养分的损失。

轻重的作用,如科学灌溉、合理施肥、耕作、良种栽培、发展生态农业等,皆可促进土壤生态系统的良性循环和发展。但若毁林开荒、陡坡种植、盲目施肥、大水漫灌等也会带来水土流失、土壤沙化、土壤盐渍化、土壤污染、土壤养分含量下降、比例失调、土壤环境条件变劣等不良后果,使农林业生态平衡遭到破坏,给人类带来巨大的损失和灾难。因此,珍惜土壤资源,合理利用土壤资源,加强对土壤资源的管理与保护,是当前十分紧迫的任务。

3.3.1 我国土壤资源的特点

我国地域辽阔,沃野千里。复杂的自然条件,悠久的农业历史,造就了种类繁多的土壤。正是由于土壤的类别、发育过程、所处环境、利用方式等诸多差异,使我国土壤有着以下的特点。

1)土壤资源丰富

我国土地总面积占世界陆地总面积的 1/15,仅次于俄罗斯和加拿大,居世界第 3 位。在辽阔的国土上,从最北部的寒温带到极南端的赤道带,从东海之滨的湿润地区到西北内陆的干旱区,从青藏高原到天山南北,这广阔的范围,包含了地带性和非地带性变化,导致了光、水、气、热条件的多元组合和错综复杂的地域差异,从而形成了我国复杂多样的土壤类型。最新土壤分类系统(1995 年)将我国土壤分为 14 个土纲、39 个亚纲、141 个土类、595 个亚类。这些土壤因各自的不同性质而形成对农、林、牧业的不同适宜程度。我国土壤中 75% 已经利用或可利用于农、林、牧业。

2)山地土壤资源优势明显

我国是多山的国家,各种山地丘陵的土壤资源约占全国土地资源总面积的 66%,同俄罗斯、加拿大、美国等领土较大的国家相比较,我国的山地资源比重较大,尤其是海拔 1 000 m 以上的山地土壤约占全国土地资源总面积的 50%,海拔 3 000 m 以上的高山土占国土总面积的 20%,我国约有 1/3 的人口和 2/5 的耕地分布在山区,1/3 的粮食产于山区,天然林和天然牧场主要集中于山区。

3)耕地面积小,可耕性后备资源不足

我国现有耕地约 1.3 亿 hm²,林地 26 898 万 hm²,是人均占有土地面积紧缺的国家。目前随着经济建设的发展,城镇人口的不断增加,耕地每年递减,人地矛盾日益突出。据调查,在现有可利用土地资源中,可作为农、林、牧用地的土地资源共约 1.25 亿 hm²,而其中适宜于作农田的土壤约为 1 300 万 hm²,且在寒冷的黑龙江和干旱的新疆以及内蒙古东部分布较多,因此,希望从未利用土地资源中开辟更多的耕地是很困难的。

4)土壤资源的区域分布差异明显

由于地形地貌的不同和气候等自然条件的差异,带来了人类对土地资源利用的情形不同,易于开发、利于人类生存与发展的土地必然首先被利用,从而出现了迟早不一的区域性农业垦殖史,造就了关中平原、中原、长江流域等农业发祥地。人类有选择性的生产活动导致了我国土地资源分布及其在农业上的利用方向、耕作水平等均有显著差别。东部季风地区虽然占全国土地资源总面积的 47.6%,却集中了全国 90% 的耕地和林地,居住着 95% 的农业人口;内蒙古和新疆干旱地区占有全国土地总面积的 29.8%,而只占 10% 左右的耕地和 4.5% 的农业人口;青

藏高原占全国土地总面积的22.6%,但只有4.5%的人口。

5)现有耕地低肥力土壤面积大

由于土地利用结构不当,经营水平不高,土地生产力不高,低肥力耕地占总耕地面积的2/3,土地资源退化,生态环境恶化,全国水土流失面积为367万 hm^2,沙化耕地面积达256.21万 hm^2,次生盐渍化占盐渍土面积的1/4。工业的发展产生的"三废",以及过量施用化肥、农药带来的土壤污染,还有掠夺式的经营带来的肥力下降等,都使低肥力土壤面积不断扩大。

3.3.2 高产肥沃土壤培育与园林土壤的培肥管理

1)高产肥沃土壤的特征与培育

高产肥沃土壤是适宜植物生长的理想条件,它的最本质特征是具有优良的肥力状况,即能充分、及时地满足和协调作物生长发育所需要的水、肥、气、热等因素的能力。

(1)高产肥沃土壤的特征 我国土壤资源极为丰富,利用方式也多种多样,高产肥沃土壤的特征也不尽相同,一般应具有以下特征:

①适宜的土壤环境:高产肥沃土壤一般应达到地面平坦,有较为便利的排灌条件、利于耕作的环境,有蓄积养分和水分的能力等。

②合理的土体结构和适量协调的土壤养分:优质肥沃的土壤一般具有上虚下实的土体结构。耕作层深厚、疏松、质地较轻、有机质含量高,有机养分与无机矿质养分含量适宜且比例协调,供肥能力强、肥效持久。心土层紧实,保蓄能力强。

③良好的理化性状和足量的有益微生物数量:高产肥沃的土壤一般都有良好的理化性状。质地适宜、结构良好、缓冲能力强、耕层土壤容重为 $1.10 \sim 1.25$ g/cm^3;总孔隙度达到50% ~ 60%,且大小孔隙比例合理;团粒结构多,固、液、气三相比合理,通透性好,保蓄性能强。有益微生物种类符合植物养分转化需要且数量足,土壤中没有污染源及污染物等。

(2)高产肥沃土壤的培育 高产肥沃土壤能充分满足植物生长所需条件,肥力水平高,植物生长状况好,其培育方法必须运用有效的综合农业措施和技术。根据各地具体情况的不同,可综合运用以下几个方面措施:

①施肥措施:有机质是对土壤养分含量、理化性质、保蓄性质等有重要影响的物质,因此增施有机肥,增加土壤有机质含量是提高土壤肥力的有效手段。在农林生产中可以通过发展畜牧业、推广秸秆还田、种植绿肥等方法增加有机肥源,推动有机肥的施用。提高土壤肥力不仅要增加有机肥的施用量,还应把无机肥与有机肥配合施用,保证植物生长所需养分的供应,使土壤养分含量不断提高,水、肥、气、热四要求不断协调,从而达到肥力不断提高的效果。

②耕作栽培措施:在耕作管理中应以用养结合为出发点,从养分、水分的供求关系出发,做到植物生长过程中的供求平衡。因地制宜,合理轮作耗地植物与养地植物,如豆科植物与禾本科植物的轮流种植、深根系植物与浅根系植物间作等。耕作时应根据条件适时、适度深耕,加速土壤熟化,加深熟化土层的厚度。

③排灌措施:在灌溉时要注意灌溉方法,禁止大水漫灌,实行喷灌、滴灌或渗灌等,做到既增加土壤水分又不破坏土壤结构、既促进植物生长又提高了土壤肥力。在地下水位高或地面易积

水的地块,应及时采取有效的排泄方法,防止地面返盐或形成渍害。

④防止土壤侵蚀,保护土壤资源:运用合理的农、林、牧、水利等综合措施,防止土壤侵蚀,如加强农田基本建设,植树造林和种植牧草,严禁滥伐破坏林地和过度开垦放牧,发展水利,加强灌溉等。

2)园林土壤的培肥与管理

园林植物的栽培方式主要有露地栽培与盆土栽培两种方式。这两种方式对土壤的要求基本是一致的,但也稍有区别。露地栽培由于根系可以在土壤中舒展延伸,只要土层深厚,排水透气,酸碱度适宜,并有一定肥力,就能正常生长。而盆栽植物由于根系局限于花盆内,依靠有限的土壤来供应养分和水分,维持其生长发育的需要。因此,在土壤的培肥管理过程中要求就更高一些。

(1)露地栽培土壤的培肥与管理　露地栽培土壤的培肥与管理主要包括整地、松土除草和水分蓄积等环节。

①整地:整地要注意时间,深度和方法等。

第一,整地季节。选择适宜的整地季节是取得良好的整地效果的重要措施。在一般情况下,应提前整地,以便发挥蓄水保墒的作用,并可保证植树工作的及时进行。在干旱地区,提前整地最好使整地与栽植之间有一个降水较多的季节,一般应提前3个月以上。准备秋季栽植时,整地可提前到雨季前;准备春季栽植时,整地可提早到头年雨季前或至少头年雨季。

第二,整地深度。整地深度因计划种植的园林植物种类不同而有差异,如一二年生花卉整地宜浅,宿根和球根花卉和园林树木宜深。一般要求深耕土壤至40~50 cm,同时要施入大量有机肥料,浅耕一般要求达到20~30 cm。整地方法要根据土壤情况而变。坡度8°以下的平缓耕地或半荒地,可进行全面整地,通常翻耕30 cm深,以利蓄水保墒;对于重点布置地区或深根树种可翻掘50 cm深,并施有机肥,以改良土壤。平地的整地要有一定的倾斜度,以利排除过多的雨水。市政工程场地和建筑地区常遗留大量灰槽、灰渣、砂石、砖瓦、碎木及其他建筑垃圾等,在整地之前应全部清除,还应将因挖除建筑垃圾而缺土的地方,换入肥沃土壤;由于地基夯实,土壤紧实,在整地的同时应将夯实的土壤挖松,并根据设计要求处理地形。挖湖堆山是园林建设中常见的改造地形措施之一。人工新堆的土山,要令其自然沉降,方可整地植树;通常在土山堆成后,至少经过一个雨季,才开始整地。人工土山多但不很大,也不太陡,又全是疏松新土,可按设计要求进行整地。

②松土、除草:松土能减少土壤水分蒸发,改良土壤通气状况,促进土壤微生物的活动,提高土壤肥力。除草可减少土壤水分和养分的消耗,减少病虫害,增进风景效果。松土、除草应在天气晴朗时,或初晴之后土壤不过干又不过湿时进行。松土除草要认真细致,做到不伤根,不伤皮,不伤梢,杂草除净,土块、石块拣净,并给树木根部适当培土。松土除草的深度,应根据树木生长情况和土壤条件而定。幼树根系分布浅,松土不宜太深,随着树木的生长,可逐渐加深;土壤质地黏重、表土板结时,可适当深松。要做到里浅外深;树小浅松,树大深松;沙土浅松,黏土深松;土湿浅松,土干深松。一般松土除草的深度为5~15 cm。松土除草的次数,以每年进行2~3次为宜。人工清除杂草,花费劳力多,劳动强度大,应大力提倡化学除草。目前较常用的除草剂有除草醚、扑草净、西马津、阿特拉津、茅草枯、灭草灵等。

③地面覆盖与地被植物:利用有机物或活的植物体覆盖地面,可防止或减少水分蒸发,减少地面径流,增加土壤有机质;还能调节土壤温度,减少杂草生长。覆盖材料以就地取材、经济适

用为原则,如水草、谷草、豆秸、树叶、树皮、锯屑、马粪、泥炭等均可采用。在大面积粗放管理的园林中还可将草坪或树旁刈割下来的草头随手堆于树盘附近,用以覆盖。对幼树或草地的树木,一般仅在树盘下进行覆盖,覆盖的厚度以 3～6 cm 为宜。

地被植物可以是紧伏地面的多年生植物,也可以是一二年生的较高大绿肥植物。多年生地被植物除覆盖作用外,还可以减少尘土飞扬,抑制杂草生长,降低树木养护的费用。绿肥植物除覆盖作用外,还可以在开花期翻入土内,收到施肥的效用。应选择适应性强,有一定耐阴性,覆盖作用好,繁殖容易,并有一定的观赏或经济价值的地被植物。

(2)盆栽土壤的培肥与管理 盆栽土壤简称盆土。它取材于自然界的土壤、动植物残体和某些化学物质,经过制作、调配而成。如果使用单一某种自然土壤制作盆土,则难以达到花繁叶茂的目的。自然土壤主要有素砂土、园土、腐叶土、泥炭土、黄泥、松针土、塘泥、草皮土、沼泽土、谷糠灰等。盆土的配制常要由人工堆积、沤制一些营养土,又称堆肥土。盆土的配制就是将各种优质自然土、堆肥土等,按适当比例配合调制,使盆土既通透、排水,又使养分中的氮、磷、钾及微量元素比例合理,以保证花卉在盆内能够正常生长。

盆土力求清洁,配制好后,还要进行消毒,常用消毒方法有日光消毒法、加热消毒法和药物消毒法 3 种。日光消毒法即将配制好的盆土薄薄地摊在木板或清洁的水泥地上曝晒 2～3 d,也可曝晒 2 d,第 3 天盖膜;加热消毒法即将盆土加热至 80 ℃,持续 30 min 即可。药物消毒法可将配制好的盆土,每立方米拌入 40% 的福尔马林 400～500 mL,然后将土堆积起来,上面覆盖草毡或塑料膜,经过 2 天后揭去覆盖物,摊开,以利散去气体。

3.3.3　低肥力园林土壤的改良

低肥力园林土壤一般为风沙旱薄地、盐碱渍化地、有机质含量低的新垦荒地、建筑物废弃地等。对这些土壤的园林绿地土壤改良不同于农作物土壤的改良。农作物土壤的改良可以经过多次深翻、轮作、休闲和多次施肥等手段,而城市园林绿地土壤的改良,不可能采用轮作、休闲等措施,只能采用深翻、增施有机肥、质地改良等手段来完成,以保证树木或花草等植物正常生长。

1)结合增施有机肥,深翻熟化土壤

对低肥力园林土壤应增施有机肥,提高土壤有机质含量,改善土壤理化性状,增强保肥性和供肥性,还可以提高土壤的水、气、热状况的协调。对一些多年生园林树木还应结合施肥深翻,促使土壤形成团粒结构,增加土壤孔隙度,促进土壤熟化。深翻后土壤的水分和空气条件得到改善,使土壤微生物活动加强,加速土壤熟化,使难溶性营养物质转化为可溶性养分,相应地提高了土壤肥力。园林树木多是深根性的,根系活动很旺盛,因此在整地、定植前要深翻,给根系生长创造良好条件,促使根系向纵深发展。对重点布置或重点树种还应该适时深耕,以保证供给树木随着树龄的增长对肥、水、气、热的需要。过去认为深翻伤根多,对根系生长不利。实践证明,合理深翻、断根后可刺激发生大量的新根,提高吸收能力,促使树木健壮,叶片浓绿,新芽形成良好。因此,深翻熟化不仅能够改良土壤,而且能够促进树木生长发育。深翻的时间一般以秋末冬初为宜。此时,树木地上部分生长基本停止或者趋于缓慢,同化产物消耗减少,并且已经开始回流积累。深翻后正值根部生长高峰,伤口容易愈合,容易发出部分新根,吸收和合成营养物质积累在树体内,有利于树木次年的生长发育;深翻后经过冬季,可接纳雨雪,有利于土壤

风化保墒;深翻后经过大量灌水,土壤下沉,土粒与根系进一步密接,有利于根系生长。早春土壤化冻后,进行深翻,此时树木地上部分尚处于休眠期,根系刚开始活动,生长较为缓慢,伤根后除某些树种外,也较宜愈合再生。

深翻的深度与地区、土质、树种、砧木等有关。黏重土壤深翻应宜深,沙质土壤可适当浅耕;地下水位高时宜浅,下层为半风化的岩石时则应加深以增重土层;深层为砾石,应翻得深些,捡出砾石,并换好土,以免肥、水淋失;地下水位低,土层厚,栽植深根性树木时,则以深翻,反之则浅;下有黄淤土、白干土、胶泥板或建筑地基等残存物时,深翻深度则以打破此层为宜,以利渗水。由此可见,深翻深度要因地、因树而异。在一定范围内,翻得越深效果越好,一般为60～100 cm,最好距根系主要分布层稍深、稍远一些,以促进根系向纵深生长,扩大吸收范围,提高根系的抗逆性。

深翻后的土壤,需按土层状况加以处理。通常维持原来的层次不变,就地耕松后,掺和有机肥,再将心土放在下部,表土放在表层。有时为了促使心土迅速熟化,也可将肥沃的表土放置沟底,而将心土放在上面。但应根据绿化种植的具体情况从事,以免引起不良的副作用。

2) 客土栽培

在下述情况时,园林植物有时必须进行客土栽培。

(1)树种需要有一定酸碱度的土壤,而本地土质不合要求,这时要对土壤进行处理和改良。例如在北方种酸性土植物,如栀子、杜鹃、山茶等,应将局部土壤换成酸性土,至少也要加大种植坑,放入山泥、泥炭土、腐叶土等,并混拌有机肥料,以符合酸性树种的要求。

(2)栽植地段的土壤根本不适宜园林树木生长,如坚土、重黏土、砂砾土及被工业废水污染的土壤,或在清除建筑垃圾后仍然板结土质不良的土壤,应酌量增大栽植面,全部或部分换入肥沃的土壤。

3) 培土

对于栽培园林树林的土壤,培土是常用的措施,它具有增厚土层,保护根系,增加营养,改良土壤结构等作用。在我国南方高温多雨地区,由于降雨多,土壤淋洗流失严重,一般将树木栽种在土墩上,以后再大量培土。在土层薄的地区也可采用培土措施,以促进树木健壮生长。

北方寒冷地区一般在晚秋初冬进行压土掺沙,可起保温防冻、积雪保墒的作用。压土掺沙后,土壤熟化沉实,有利于树木的生长。压土厚度要适宜,一般厚度为5～10 cm;过薄起不到压土的作用,过厚对树木生长不利。"沙压黏"或"黏压沙"时要薄一些,压半风化石块可以厚一些,但不要超过15 cm。连续多年压土,土层过厚会抑制树木根系呼吸,从而影响树木生长和发育,造成根系腐烂,树势衰弱。所以,为了防止接穗生根或对根系的不良影响,一般压土后适当扒土露出根须。

3.3.4　园林土壤资源的保护

我国的土壤资源严重不足,自然条件复杂,山多平地少,土壤类型多样。现在国土面积960万km²,其中耕地面积约1.3亿hm²,林地面积26 898万hm²,是人均占有土地资源紧缺的国家。由于不合理的利用,土壤退化严重。据统计,因土壤沙化、水土流失、盐碱化、沼泽化、土壤肥力衰减、酸化等造成的退化总面积约 4.6×10^8 hm²,占全国土壤总面积的40%,是全球土壤退化总面积的25%。此外,工业的发展,产生大量"三废",以及过量施用化肥、农药带来的土壤污染,也使优质土壤资源不断减少。因此,采取有效的综合治理和保护措施防止土壤资源减少,是园林工作者的迫切任务。

1)土壤沙化与防治

土壤沙化是指在沙漠周边地区,由于植被破坏,或草地过度放牧,或开垦荒地,土壤变得干燥,土粒分散缺乏凝聚,被风吹蚀,而在风力过后或减弱的地段,风沙颗粒逐渐堆积于土壤表层而使土壤沙化。

土壤沙化对经济建设和生态环境危害极大。土壤沙化使大面积土壤失去林、农、牧生产能力,使有限的土壤资源面临更为严重的挑战;使大气环境恶化,如我国每年发生多次沙尘暴,甚至黑风暴现象;土壤沙化的发展,造成土地贫瘠、环境恶劣,威胁人类生存。如塔里木河流域的楼兰古国,正是由于土地沙化而从地图上消失的。土壤沙化的防治必须重在防,防治重点应放在农牧交错带和农林草交错带。主要防治的途径是:

(1)营造防沙林带　我国沿吉林白城地区—内蒙古的安盟东南—通辽市和赤峰市—古长城沿线是农牧交错地带,土壤沙化正在发展中。我国已实施建设的"三北"地区防护林体系工程,应该进一步建设为"绿色长城"。

(2)实施生态工程　我国河西走廊地区,因地制宜,因害设防,采取生物工程与石工程相结合的办法,在北部沿线营造了防风固沙林13.2万hm²,封育天然沙生植被26 513.2万hm²,在走廊内营造约513.2万hm²农田林网,河西走廊的一些地方如今已成为林茂粮丰的富庶之地。目前我国正在西部实施退耕还林、退牧还草工程,也必将起到重要的生态作用。

(3)建立生态复合模式　在沙丘建立乔、灌、草结合的人工林生态模式,在沙平地建立草田复合生态系统和平地建立林草生态系统,都具有较好防风固沙效果。

(4)合理开发水资源　在新疆、甘肃黑河流域,应该合理规划,调控河流上、中、下游水量,避免使下游干涸,控制下游地区进一步沙化。

(5)完善法制,严格控制农垦和破坏草地　土壤沙化正在发展的农林、牧区,应合理规划,控制农垦,草原地区应控制载畜量。对盲目垦地种粮、樵柴、挖掘中草药等活动要依法从严控制。

2)污染土壤对园林植物的危害

经济的快速发展和人们生活水平的逐渐提高,使越来越多的人进入城市生活,而城市人口不断增加,导致城市的土壤环境发生了较大的变化。土壤是城市生态系统的重要组成部分,是城市园林绿化必不可少的物质条件。土壤环境直接影响着城市园林绿化建设和城市生态环境质量。目前,土壤环境已成为制约园林绿化效果保持和品质提升的瓶颈。

调查发现,在受人类活动的影响下城区土壤主要有以下特点:土壤养分匮缺、土壤密实、结构差、土壤侵入体多。城区土壤孔隙分布状态和土壤水、气、热、养分状况的发生改变破坏了植物正常的生长环境,严重影响植物生长。

同时,园林绿地土壤的污染越来越严重,主要是农药和重金属污染。土壤污染具有隐蔽、滞后、累积、不可逆转和难于治理等特点。农药对园林绿地土壤环境的影响主要有:改变了园林绿地土壤pH值,使土壤孔隙度发生变化,造成土壤酸化、板结,最终导致土壤结构和功能发生改变,还造成土壤生态系统功能失调,抑制植物生长、减少土壤中微生物、原生动物等的数量和种群。从而限制园林植物根系伸展,造成园林植物抗性降低,最终导致园林生态系统全面退化。

城市土壤中的重金属污染主要来源于工矿业活动、交通运输、燃煤、生活垃圾堆弃以及肥药等人为活动。大气沉降等也可能造成土壤污染事件的发生。城市土壤中的重金属污染已经严重威胁人类的健康,同时抑制园林植物的生长。目前,镉和铅的污染比较严重。

3)污染土壤的防治

随着人类社会对土壤需求的扩展,土壤的开发利用强度越来越大,向土壤排放的污染物成倍增加。土壤污染物的来源主要是工业"三废",即废气、废水和废渣,以及化肥农药、城市垃圾等。土壤自身虽然有自洁能力,但一旦受污染,就不容易治理,因此应以防为主,先防后治,对于已受污染的土壤,应根据污染实际情况进行治理。

(1)加强对土壤污染的调查和监测 首先要严格按照有关污染物排放标准,建立土壤污染监测、预测与评价系统;发展清洁的生产工艺,加强"三废"治理力度,有效地消除、削减控制重金属污染源。

(2)彻底消除污染源 污水必须经过处理达标后才能进行灌溉,要严格按国家环保局1985年批准的农田灌溉水质标准执行。为防止化学氮肥的污染,应因土壤、因植物适量施肥,以减少流入江河、湖泊及地下水的化肥数量。为防治农药污染,应尽量采用综合防治病虫害的方法。严格执行农药安全使用标准,制止滥用农药;也可及时施用残留农药的微生物降解菌剂,使农药残留降到国标以下。

(3)增施有机肥料及其他肥料 增施有机肥料既能改善土壤理化性状,还能增大土壤环境容量,提高土壤净化能力。特别是受到重金属污染的土壤,增施猪粪和牛粪等有机肥料,可显著提高土壤钝化重金属的能力,从而减弱其对植物的污染。

(4)除去污染表土或换土 去除污染土层,用净土覆盖在污染土层上。据试验研究,铲除表土5~10 cm,可使镉下降20%~30%;铲土15~30 cm,镉下降50%左右。

除了以上措施之外,还可以采用其他的人工办法排除土壤的污染。如对重金属污染较轻的土壤,可施用化学改良剂,使重金属转为难溶性物质,减少植物对重金属元素的吸收。酸性土壤施用石灰,可使镉、铜 、汞、锌等形成氢氧化物沉淀。施用硫化钠、硫磺等硫源物质,可使镉、汞、铜、铅等在土壤嫌气条件下生成硫化物沉淀。这些都可通过人工的办法排除土壤的污染。

习　题

1. 简述园林植物与土壤的关系。
2. 观察当地土壤质地有哪些类型,各有什么特点?
3. 土壤保蓄养分有哪几种方式? 举例说明。
4. 土壤胶体有哪几种类型?
5. 调节土壤酸碱性的措施有哪些?
6. 土壤团粒结构有哪些特点? 如何创造团粒结构?
7. 简述土壤有机质的作用。
8. 土壤水分有哪些类型? 它们对植物的有效性如何?

9. 简述土壤质地与土壤肥力的关系。

10. 高肥力土壤应具备哪些特征？如何培育高肥力土壤？

11. 防治土壤污染应采取哪些措施？

12. 防治土壤沙化有哪些措施？

思考题

1. 调查当地有哪些土壤类型，在改良与利用方面有哪些好的经验？并进行总结。

2. 调查当地主要园林植物对土壤酸碱性的适宜性，找出适宜当地土壤条件的园林植物，并进行可行性分析。

3. 植物生产中常通过哪些方面判断土壤供肥性的好坏？如何调节土壤供肥性才能适应植物生长发育的要求？

4. 调查当地有哪些园林低肥力土壤，如何进行改良和开发？

5. 土壤空气与大气在组成上有什么差异？土壤空气对植物生长有何影响？植物生产上如何进行调节土壤的通气状况？

6. 鼓励学习者课前预习，课内提出问题积极参与讨论；第三章园林植物与土壤要素学习结束后写出本章的学习小结，并列出思维导图。

4 园林植物与营养要素

[本章导读]

    本章介绍了植物生长发育所必需的营养元素种类、生理功能和失调诊断方法,主要营养元素在土壤中的存在状况及转化规律,同时介绍了合理施肥的基本原理、方式方法;常见肥料的种类、特性及合理利用方法。使读者掌握植物营养的基本知识和园林植物合理施肥的原理和技术。

4.1 营养元素与植物生长发育

4.1.1 植物必需营养元素

1)植物必需营养元素的种类

    植物体的组成十分复杂,大约有 70 多种元素,一般新鲜植物体中含有 75%~95% 的水分和 5%~25% 的干物质。干物质主要由组成有机质的碳(C)、氢(H)、氧(O)、氮(N)元素和磷(P)、钾(K)、钙(Ca)、镁(Mg)、硫(S)等矿质元素组成。70 多种元素中只有部分元素是植物生长不可缺少的,其中有些元素是所有植物生长都必需的,称为必需营养元素。判断某种元素是否为植物必需营养元素的标准有 3 个:

    ①缺乏某种元素,植物不能完成生命周期。

    ②缺乏某种元素,植物会表现出特有症状,只有补充这种元素后,症状才能减轻或消失。

    ③这种元素对植物的新陈代谢起着直接的营养作用,而不是改善植物环境条件的间接作用。

    根据这 3 个标准,植物必需的营养元素有:碳(C)、氢(H)、氧(O)、氮(N)、磷(P)、钾(K)、钙(Ca)、镁(Mg)、硫(S)、铁(Fe)、硼(B)、铜(Cu)、锌(Zn)、锰(Mn)、钼(Mo)、氯(Cl)和镍(Ni)等 17 种元素。

    根据在植物体内的含量,17 种植物必需元素分为 3 组:

    ①大量元素:包括碳、氢、氧、氮、磷、钾。它们在植物体内含量一般为百分之几到几十。碳、

氢、氧 3 种元素来自空气和水,是有机物的重要组成元素;对于氮、磷、钾这 3 种元素,植物需要量较大,但土壤中一般含量较少,常常需要通过施肥才能满足植物生长的需求,因此氮、磷、钾称为肥料"三要素",氮、磷、钾肥是植物需要量较多的肥料。

②中量元素:包括钙、镁、硫 3 种元素。它们在植物体内含量为千分之几,在土壤中含量较高,易满足植物需要,一般不需要施肥补充,但在南方降水量大的地区需要施肥补充。

③微量元素:包括铁、铜、锌、锰、钼、硼、氯和镍。它们在植物体内含量为万分之几以下,微量元素虽然含量较低,但对植物的作用很大,一般土壤中含量可以满足植物的需要,但也有些微量元素在土壤中含量不足,需要通过施微肥来补充(见表 4.1)。

表 4.1　高等植物必需营养元素的种类、利用形态及适合含量(以干重计)

类别	营养元素	利用形态	含量 %	类别	营养元素	利用形态	含量 %	含量 mg·kg^{-1}
大量营养元素	碳(C)	CO_2	45	微量营养元素	氯(Cl)	Cl^-	0.01	100
	氧(O)	O_2、H_2O	45		铁(Fe)	Fe^{3+}、Fe^{2+}	0.01	100
	氢(H)	H_2O	6		锰(Mn)	Mn^{2+}	0.005	50
	氮(N)	NO_3^-、NH_4^+	1.5		硼(B)	$H_2BO_3^-$、$B_4O_7^{2-}$	0.002	20
	磷(P)	$H_2PO_4^-$、HPO_4^{2-}	0.2		锌(Zn)	Zn^{2+}	0.002	20
	钾(K)	K^+	1.0		铜(Cu)	Cu^{2+}、Cu^+	0.000 6	6
中量营养元素	钙(Ca)	Ca^{2+}	0.5		钼(Mo)	MoO_4^{2-}	0.000 01	0.1
	镁(Mg)	Mg^{2+}	0.2		镍(Ni)	Ni^{2+}	0.000 01	0.1
	硫(S)	SO_4^{2-}	0.1					

还有些元素对植物生长有作用,但不是必需的元素,或只对某些植物在特定的条件下是必需的元素,通常被称为有益元素。例如,硅是水稻所必需的元素,钠对盐生植物和糖用甜菜的生长有促进作用等。植物对有益营养元素的需求量要求十分严格,缺少时影响生长,过量则有毒害作用。虽然不同植物对有益营养元素的需求有一定差异,但是一般植物正常生长发育所要求的含量很低,适宜的范围也很窄,所以适宜的含量是有益营养元素发挥作用的关键。

2)营养元素之间的相互关系

(1)植物必需营养元素的同等作用　各种植物必需营养元素都同等重要,不能互相替代。必需营养元素在植物体内无论含量多少都是同等重要的,任何一种营养元素的特殊生理生化功能都不能被其他元素所代替。这是因为每一种元素在植物新陈代谢过程中都具有其独特的功能和生化作用。例如植物缺氮时叶片失绿,而缺磷时叶片变紫暗淡无光,施用磷肥后缺磷症状消失,但失绿症状不能因施磷而消失,只有施用氮肥后缺氮症状才能消失。这是因为氮和磷都影响叶绿素的形成和生理活动,氮和磷同等重要,但氮与磷不能彼此代替。

(2)植物必需营养元素之间的相互作用　营养元素间既有拮抗关系也有协同关系(见表 4.2)。

表 4.2　元素间的相互关系

	硝态氮	铵态氮	磷	钾	钙	镁	硫	铁	锌	锰	铜	硼	钼	氯
硝态氮														
铵态氮														
磷		协同												
钾	协同	拮抗	拮抗											
钙	协同	拮抗		拮抗										
镁	协同	拮抗	协同	拮抗	拮抗									
硫														
铁			拮抗	协同	拮抗	拮抗								
锌			拮抗		拮抗			拮抗						
锰			协同		拮抗		协同	拮抗						
铜	协同		拮抗		拮抗		协同	拮抗	拮抗	拮抗				
硼			协同		拮抗		拮抗			协同				
钼			协同		协同		拮抗	协同		拮抗	拮抗			
氯	拮抗	协同												

①拮抗作用：一种元素阻碍或抑制另外一种元素吸收的生理作用，称为拮抗作用。产生拮抗作用的原因有很多，凡离子大小、电荷和配位体结构以及电子排列相类似的元素都有较大的竞争作用，如 K^+ 与 NH_4^+ 的离子水合半径彼此接近，容易在载体吸收部位产生竞争作用，所以互相抑制吸收。

②协同作用：一种营养元素促进另一种元素吸收的生理效应，即两种元素结合后的效应超过其单独效应之和的现象，称为协同作用。

协同作用能导致植物体中另外一种元素或多种元素含量的增加，而拮抗作用则使其含量或有效性降低。在土壤—植物体系中，营养元素间的相互作用非常复杂，它们可发生于两种养分离子间，也可发生于多种离子之间，无论是在土壤或是植物体内部均可发生。微量元素与大量元素之间的关系，大多以拮抗作用为主。

4.1.2　植物对养分的吸收

根系是植物吸收营养的主要器官，主要吸收水分和矿物质，通过根系吸收的这些营养称为根部营养。除根系外，叶和茎也有吸收作用，它们吸收的营养称根外营养。

1）植物根系的特性与养分吸收

（1）根系特性　根系是植物根的总称，由大小不同的根组成，根是吸收养分的主要器官。植物吸收的养分主要是通过根系吸收到植物体内的。植物根系根据形态的不同可分为直根系和须根系。一般直根系植物主根与侧根有明显区别,主根粗壮发达,垂直向下生长有优势,属深根性,多数双子叶植物是直根系。须根系植物主根生长缓慢,根茎基部生长出的不定根较发达,与主根无明显区别,多数单子叶植物根系是须根系。须根系一般分布较浅,向四周伸展优势较大,属浅根性。根系吸收养分主要通过侧根来完成的,侧根的根毛区是吸收养分的区域(见图4.1)。

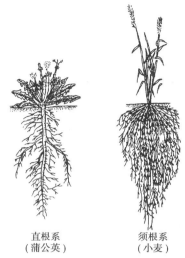

图4.1 植物根系

直根系
(蒲公英)

须根系
(小麦)

(2)植物根部吸收养分的形态 植物根系吸收养分的形态主要有离子态和分子态两种,一般以离子态养分为主。离子态的养分主要有一、二、三价阳离子和阴离子,如 K^+、NH_4^+、Ca^{2+}、Mg^{2+}、Cu^{2+} 和 NO_3^-、$H_2PO_4^-$、SO_4^{2-}、MnO_4^{2-}、$H_2BO_3^-$、$B_4O_7^{2-}$ 等。分子态养分主要是一些小分子的有机化合物,如尿素、氨基酸、磷酸、生长素等。大部分有机态养分需经微生物分解转化为离子态后才能被植物吸收利用(见表4.1)。

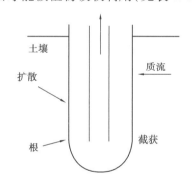

土壤

扩散

质流

根

截获

图4.2 养分向根系迁移的途径

(3)养分向根系迁移的途径(见图4.2) 根系吸收养分离子时,首先土壤溶液中的离子到达根的表面,或者进入根的自由空间(自由空间是指根部某些组织或细胞允许外部溶液中离子自由进入的区域),然后才能进入根的细胞内,参与植物体的各种代谢活动。养分离子向根系迁移有3种途径,即截获、质流和扩散。

①截获:由于呼吸和分泌等作用,根的表面常常带有一定量的电荷,并吸附着离子。纵横交织穿透于土壤中的根及其根毛,在与土壤颗粒接触时,根表面吸附的离子与土壤胶体颗粒吸附的离子进行交换,从而使土壤中的养分离子到达根的表面。因此,植物根系越发达,根毛越多,截获的养分数量也越多。一般根系截获的养分占植物吸收养分总量的 0.2% ~ 10%,远远不能满足植物生长的需要。所以,截获作用不是养分迁移的主要方式。

②离子扩散:通过截获途径到达根表的离子数量不到总养分量的 10%,但随着根系对养分的吸收,距根系较近的土壤溶液中的养分浓度降低,形成土体到根系表面的养分浓度差,导致土体中养分向根系移动并到达根系的表面,这种途径称为扩散。

③质流:质流是指由于植物的蒸腾作用,植物根系吸收水分时带动养分由土体向根际土壤流动的过程。因为蒸腾作用和根系吸水,造成土体与根际土壤之间出现水势差,水分由土体向根际土壤流动,使得土壤溶液中的养分也随之迁移到植物根系的表面供植物吸收利用。

质流和扩散作用是植物获得养分的两种主要方式。一般认为质流作用能在较长距离的范围内输送养分,可提供较多的氮素,而提供磷、钾养分较少。扩散作用只能在根表附近短距离内进行,由于养分的性质和特点不同,$H_2PO_4^-$ 的扩散明显低于 K^+。一般移动性大的离子主要通过质流迁移到根表,移动性小的离子则主要通过扩散到达根表。

(4)植物根系对养分的吸收方式 养分离子由根表进入根细胞内部有被动吸收和主动吸

收两种方式。

①被动吸收:不消耗能量而使离子顺着浓度梯度进入细胞的过程,称为被动吸收。当膜外溶液的离子浓度高于细胞内部溶液的离子浓度时,外部溶液中的离子则通过扩散透过质膜进入细胞,直至细胞内外的离子浓度达到平衡为止。

②主动吸收:植物吸收的营养只有很少的一部分是被动吸收的,而在多数情况下植物体内的离子浓度高于环境中的离子浓度,因此必然有一个养分离子逆浓度梯度吸收的途径。养分离子在能量作用下逆浓度梯度,透过质膜进入细胞内的过程,称为主动吸收。

2)根外营养

叶片和幼茎的吸收是根部吸收的重要补充途径。根外营养与根部营养相比,具有吸收快、效率高、可减少固定、节省肥料等特点,因此,生产上常采用根外追肥的方式作为根部施肥的有效补充方式。特别是价格高、易被土壤固定的肥料,采用根外追肥可以提高效率,增加效益。根外追肥虽然具有以上优点,但也具有不足之处,且每次施入量很有限,因此根外追肥只能是根部追肥的补充,而不能代替根部追肥。

叶片吸收是通叶表皮组织进行的,气孔是养分进入的主要通道。叶片表面的角质层厚度和气孔数量影响叶片对养分吸收的速度。角质层越厚、气孔数量越少,吸收速度就越慢;反之则越快。一般双子叶植物叶片下表面较上表面气孔数量多,双子叶植物叶片角质层较单子叶植物叶片角质层薄。因此,双子叶植物进行根外施肥时效果也较单子叶植物效果明显。另外,根外施肥时养分的浓度、环境温度及养分种类等都会对养分吸收产生影响。

3)影响植物吸收养分的因素

植物吸收养分随着环境条件变化而不同,其影响因素主要有温度、光照、通气、酸碱性、养分浓度和土壤离子间的相互作用等。

(1)温度　在一定范围内,随着温度的增加,植物吸收养分的能力不断提高,温度过高或过低都不利于养分的吸收。一般植物吸收养分的温度范围在 $6 \sim 38\ ℃$ 范围内。过低时呼吸作用和各种代谢活动十分缓慢,根吸收动力不足;过高时蛋白质和酶失去活性,但不同植物适宜吸收养分的温度范围有所差异。

(2)光照　植物吸收养分的过程是消耗能量的过程。光照充足,光合作用强度大,可提供充足的能量物质,养分吸收也多。另外,光合作用还可影响蒸腾作用强度,从而影响蒸腾拉力的大小。蒸腾拉力大,养分通过质流吸收量就多,反之则少。

(3)通气　土壤通气状况对呼吸作用有重要影响。良好的通气状况,氧气浓度大,呼吸作用旺盛,根的吸收强度就大,反之则小。

(4)土壤酸碱度　酸性条件下,植物吸收阴离子的数量多于阳离子。由于蛋白质的两性,在酸性条件下促进氨基($-NH_2$)质子化,使蛋白质分子以带正电荷为主,能较多地吸附外界溶液中的阴离子;在碱性条件下,促进 H^+ 的解离,使蛋白质分子带负电荷,因而能吸附阳离子。

(5)养分浓度　植物吸收养分的速度随着浓度的变化而改变。起初随着浓度的提高而迅速增加,接着缓慢增加,然后稳定在一定速率,如果继续提高养分浓度,养分吸收速率会出现"迅速增加→缓慢增加→趋于稳定"的现象。

4.1.3　植物营养特性

1）植物营养的阶段性

植物在整个生长周期中,要经历不同的生育阶段。在不同的生育阶段植物吸收营养的特点不同,主要表现在营养元素的种类、数量和比例等方面有不同的要求,这就是植物营养的阶段性。植物吸收养分的一般规律是:植物生长初期吸收养分少,到营养生长与生殖生长并进时期,吸收养分逐渐增多,到植物生长后期又趋于减少。

2）植物营养的关键时期

植物在不同的生育时期,对养分吸收的数量是不同的,对植物生长发育影响较大的有两个关键时期,即植物营养的临界期和最大效率期。了解这两个时期,对植物的施肥有重要意义。

（1）植物营养临界期　在植物生长发育过程中,常有一个时期对某些养分的要求绝对量不多,但缺少时对植物生长发育所造成的危害即使以后补充也很难纠正或弥补,这一时期称为养分临界期。不同植物对不同元素的临界期出现的时期不同。多数植物的养分临界期出现在幼苗期,这时种子养分耗竭严重,幼苗的根系尚小,吸收能力弱,营养不足,就会影响植物的生长。

（2）植物营养最大效率期　在植物生长发育过程中,有一个对养分的需求量最多,吸收速率最快,产生的肥效最大,干物质积累率最高的时期,这个时期称为营养最大效率期。这一时期如果营养充足,植物将生长旺盛,枝繁叶茂,果实丰硕。如果营养不足,则会严重影响植物生长发育和产量的形成。多数植物的最大效率期在营养生长与生殖生长并进期,一方面营养器官要充实,另一方面生殖器官要发育建成,对养分的需求不仅要数量足,而且要供应强度大。

植物的这两个关键时期对植物生长发育状况影响最大,必需适时适量补充植物生长所需的养分,以满足这两个时期的养分需求。这两个时期是植物生产管理的关键时期,也是施肥的重要时期。但其他时间,也应施足肥料,使植物整个生长发育都有一个连续的、充足的养分供给。

4.1.4　主要营养元素、营养功能与植物营养失调症诊断

植物必需营养元素对植物生长发育有着重要的生理作用,它们是保证植物生长的物质基础。适宜的元素含量,以及元素之间的协调关系,是植物健壮生长的关键。

1）主要营养元素的生理功能

植物必需营养元素在植物生长发育中的功能有3个方面:

①构成植物体的结构物质、贮藏物质和生活物质,如纤维素、木质素、淀粉、脂肪、蛋白质、核酸等,形成这些物质的营养元素主要有碳、氢、氧、氮、磷、钙、镁、硫等。

②在植物新陈代谢中起催化作用,如钼、铁、蛋白酶、碳酸、酐酶等。

③参与植物体物质的转化与运输。不同植物必需营养元素在植物体内具有独特的生理作用。当某种营养元素营养失调,则会出现症状,尤其是当某种元素缺少时,植物生长发育就受到明显的影响,而在叶、茎或根等不同器官上表现出症状。

（1）氮素的生理功能　氮在植物体内的含量一般为其干重的 0.3% ~0.5% ，其含量的多少与植物种类、器官、生育期、施肥量等因素有关。氮素具有下面几个生理功能。

①氮是蛋白质的组成元素：蛋白质中的氮素占植物体全氮的 80% ~85% ，蛋白质平均含氮 160~180 g/kg。蛋白质是构成植物细胞的基础物质之一，而且也可催化植物体内的各种代谢活动。蛋白质是生命活动的主要体现物质，因此，氮素是植物生命活动的重要物质。

②氮是核酸的组成元素：核酸含氮量为 150~160 g/kg，约占植物体内全氮的 10% 。核酸在植物体内一般与蛋白质结合在一起形成核蛋白，共同执行和传递各种遗传信息，在植物的生长发育及遗传变异过程中起特殊作用。

③氮是叶绿素的组成元素：叶绿素含氮量的高低与光合作用的强弱及植物的有机物质积累有关。

④氮是植物体内许多维生素、生物碱、激素等物质的成分：这些物质在植物体内含量少，但具有重要的调节作用。

（2）磷素的生理功能　植物体内的全磷含量一般占干物质重量的 0.2% ~1.1% 。磷在不同器官，不同生育期的含量不同。

①磷素是核酸、核蛋白、磷脂、植素、磷酸腺苷和酶的组分，并参与作物体内多种代谢过程。核酸和核蛋白是生命物质的主体，多分布在幼叶、新芽、根尖等生长旺盛部位，担负着细胞增殖和遗传变异功能；磷脂是形成生物膜的重要成分，它与蛋白质形成膜质结构，既具有亲水性又具有疏水性，可增强细胞的渗透性，磷脂又是含有酸性基、碱性基的两性化合物，扩大酸碱度的调节，可提高作物抗盐碱能力；三磷酸腺苷是植物进行生理活动的能源物质，是生命活动过程中能量的贮存库和中转站；植素是种子中磷的一种贮存形式，植素含量高时种子质量也好，并有利于生育后期淀粉的积累。酶与磷酸盐参与作物体内物质的合成、运转及各种生物代谢。

②磷广泛存在于各种酶中，参与植物体内糖类、蛋白质、脂肪等多种代谢过程。

③磷能促进根系发育，增加吸引面积，提高植物抗逆性和适应性。

（3）钾的生理作用　钾在植物体内一般含量为干物质重的 0.3% ~5.0% 。幼芽、幼根和根尖中钾含量十分丰富。钾在植物体内的营养功能有多方面。

①钾能促进叶绿素的合成，促进植物叶片对 CO_2 的同化作用。

②在光合产物的运输中起着重要作用。

③钾是许多酶的活化剂，钾直接影响蛋白质和淀粉的合成与分解以及油脂的合成，对根瘤的固氮有促进作用。

④钾对氮的吸收和运输起重要作用。

⑤钾调节叶片气孔的开闭，提高植物的抗旱性和持水能力。

⑥钾通过提高植物体内纤维素的含量，增强细胞壁的机械组织强度，增强植物的抗倒伏、抗早衰和抗病能力。

（4）钙、镁、硫的生理作用

①钙的主要生理功能：钙是细胞壁的结构成分，促进糖类和蛋白质的形成，调节细胞的酸碱形成，平衡生理活性，降低胶体水合度，提高黏滞性和原生质的保水能力，增强抗寒、抗旱等抗逆性，促进根系吸收，调节呼吸活性。

②镁的生理功能：镁是组成叶绿素的元素，能调节和参与光合作用、脂肪代谢、蛋白质合成及养分吸收和物质转运等生理生化过程，有利于对磷的吸收，是多种酶的活化剂。

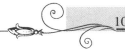

③硫的生理作用:硫是组成蛋白质和酶的成分,促进叶绿素形成,并且在许多重要的生理过程中起作用。

(5)微量元素的生理功能　微量元素在植物体内的含量虽少,但却有着重要的生理功能。表4.3列出了不同微量元素的主要生理功能。

表4.3　微量元素的主要生理功能

微量元素	主要生理功能
铁(Fe)	铁是许多酶和蛋白质的组成成分,影响叶绿素的形成,参与光合作用和呼吸作用的电子传递,促进根瘤菌的生成
锰(Mn)	锰是多种酶的组成成分和活化剂,是叶绿体的结构成分,参与脂肪、蛋白质合成,参与呼吸过程中的氧化还原反应,促进光合作用和硝酸还原作用,促进胡萝卜素、维生素、核黄素的形成
铜(Cu)	铜是多种氧化酶的组成成分,是叶绿体蛋白—质体蓝素的成分,参与蛋白质和糖代谢,影响植物繁殖器官的发育
锌(Zn)	锌是许多酶的组成成分,参与生长素合成,参与蛋白质代谢和碳水化合物运转,影响植物繁殖器官的发育
钼(Mo)	钼是固氮酶和硝酸还原酶的组成成分,参与蛋白质代谢,影响生物固氮作用,影响光合作用,对植物受精和胚胎发育有特殊作用
硼(B)	硼能促进碳水化合物运转,影响酚类化合物和木质素的生物合成,促进花粉萌发和花粉管生长,影响细胞分裂、分化和成熟,参与植物生长素类激素代谢,影响光合作用
氯(Cl)	氯能维持细胞膨压,保持电荷平衡,促进光合作用,对植物气孔有调节作用,抑制植物病害发生
镍(Ni)	镍是脲酶的一个重要组成部分,与植物体内氮的代谢息息相关,并对花色素起到一个稳定剂的作用。低浓度下镍能刺激生长,促进种子发芽、加快种子的萌发过程,提高产量和防治病害,尤其在防治谷类作物锈病方面效果十分显著。

2)植物营养失调症状的诊断

(1)植物营养元素失调的诊断方法　植物生长发育必需元素在植物体内有其适宜的含量是保证各项生理活动正常的前提。当植物体内营养失调,特别是缺少某种元素时,植物生长发育就出现一定的症状。植物营养失调症状的诊断主要有3种方法。

①形态诊断:鉴别营养元素缺素症时,第一可看症状出现的部位。一般缺铁、锰、硼、钼、铜和硫时,症状首先发生在新生组织上,从新叶、顶芽开始表现。第二可看叶片的大小和形状。如缺锌,叶片小而窄,枝条向上直立呈簇生状。第三要注意叶片失绿部位。如缺锌和镁的叶片只有叶脉间失绿,缺铁只有叶脉不失绿,其余全部失绿。植物缺素症的形态诊断,可用表4.4进行检索。

②根外喷施诊断:如果形态诊断不能肯定缺少某种元素,可采用根外喷施诊断。具体做法是配制0.1% ~0.2%浓度的含某种元素的溶液,喷到病株叶部或采用浸泡、涂抹等办法将病叶浸泡在溶液中1~2 h,或将溶液涂抹在病叶上,隔7~10 d看施肥前后叶色、长相、长势等的变化,进行确认。

表 4.4   作物营养元素缺乏症检索简表

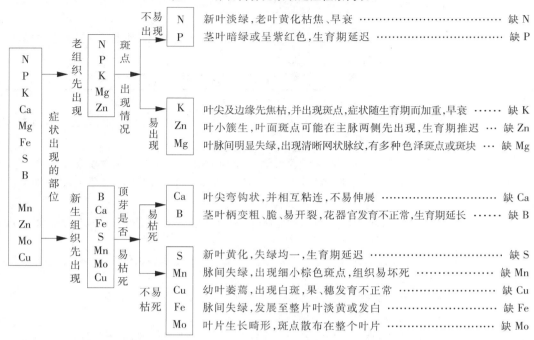

③**化学诊断**:采用化学分析方法测定土壤和植株中营养元素含量,对照各种营养元素缺少的临界值加以判断。

(2)植物常见营养元素缺乏症状

①**缺氮**:首先在植株中下部老叶上出现症状,病叶中蛋白质和叶绿素含量下降,叶色淡绿发黄,叶片薄且较柔软,花果少且易脱落。

②**缺磷**:老叶或功能叶片先发病,病叶呈现暗绿色,叶片和茎常积累较多的花青素而呈现紫红色,种子和果实的成熟期延迟,且种子不充实,根系生长不健全,叶子小而狭窄。

③**缺钾**:首先在功能叶发病,病斑界线清楚,心叶正常。发病时叶片发黄,严重时叶片边缘呈灼焦状,呈倒"V"字形。

④**缺硫**:幼叶先发病,叶脉先缺绿再遍及全叶,严重时老叶变黄,甚至变白,但叶肉仍呈现绿色,常用"脉黄肉绿"形容。

⑤**缺钙**:顶部心叶嫩器官先发病,芽尖先枯死。病叶呈淡绿色,以后叶尖向下呈钩状,并逐渐枯死。

⑥**缺镁**:发病时叶肉组织失绿,且下部老叶先发病。严重时叶肉组织会变为褐色而死亡。

⑦**缺微量元素**:缺铁心叶叶肉部分缺绿,严重时叶枯死,茎、根生长受抑制,树木顶部新梢死亡,果实较小;缺硼心叶先发病,植株尖端发白,茎及枝条的生长点死亡。心叶粗糙,淡绿呈烧焦斑点。叶片变红,叶柄叶脉易折断。易花、蕾脱落,种子不实,果实畸形;缺锰植株矮小,心叶肉黄白色,叶脉保持绿色,呈白条状,叶上有斑点;缺铜植株矮小,叶尖黄化、枯萎,果树中有"枯顶病";缺锌植物叶簇生、失绿,心叶呈灰绿或黄白色斑点,根系生长差,果实小或变形;缺钼时植物幼叶黄绿色,老叶变厚,呈蜡质,脉间肿大,并向下卷曲。

4.2　合理施肥的原理和方法

4.2.1　合理施肥的基本原理

在植物生长过程中,补充营养的主要途径是施肥。科学的施肥可以改善植物生长状况,促进产量的提高。但科学的施肥必须在一定的理论指导下进行,否则就不能保证施肥的效果和作用。主要的施肥原理和规律有:养分归还学说、最小养分律、报酬递减律和综合因子作用律等。

1)养分归还学说

随着植物的每次收获,必然要从土壤中带走一定量的矿质养分。如果不正确地归还所带走的养分于土壤,土壤肥力必然会逐渐下降。要想恢复土壤肥力,必须归还从土壤中带走的全部养分,要想增加植物产量,就应该向土壤施入矿质元素。这一原理解释了当今进行农业生产、提高植物产量,必须向土壤施肥的原因所在。这一学说存在着一定的狭隘性,植物从土壤中带走的养分不需全部归还,只需要部分归还。

2)最小养分律

植物为了生长发育,需要吸收各种养分,但是决定植物产量的却是土壤中那个相对含量最小的有效养分。植物产量在一定范围内随着这个最小养分的增减而变化,忽视这个养分限制因素,即使继续增加其他养分,植物产量仍难以提高。例如,土壤中大量元素的含量虽然远远高于微量元素的含量,但是与植物对大量元素的需求量相比,大量元素仍然不能满足植物生长的需要,也就是说大量元素的有效含量仍然低于微量元素的含量。此时,限制植物生长的因素就是大量元素而不是微量元素。要提高植物产量,就应该增加大量元素的使用量。如果不增加大量元素,只增加微量元素,就不能提高植物产量。因此土壤中养分的含量不是指养分的总量,而是指养分的有效含量。

3)报酬递减律

报酬递减律是一个经济学领域适用的规律,后来被引入农业领域。它的主要内容为:从一定土地上所得到的报酬随着向该土地投入的劳动和资本量的增大而有所增加,但随着投入的劳动和资本量的增加,单位投入的报酬增加却在逐渐减少。因而可以理解为在土壤生产力水平较低的情况下,施肥量与植物产量的关系往往呈正相关,但随着施肥量的提高,植物的增产幅度随着施肥量的增加而逐渐减少,因而并不是施肥量越大,产量和效益越高,当施肥量超过植物需求量时,则会使植物营养失调,不但不能增产,反而会减产,效益为负值。

4)因子综合作用律

植物的产量决定于对植物产生影响的全部因子的作用,即光照、水分、养分、温度、品种和耕作栽培管理等因素的综合作用的结果。这些因素中任何一个因素的供应不足或供应过量都会影响到植物的正常生长发育。因此,在施肥时不仅要考虑肥料本身的因素,还要兼顾土壤、水分、温度、光照等因素的状况。

4.2.2 合理施肥的方式方法

1)合理施肥的方式

植物生产管理中进行合理施肥的方式有3种,即:基肥、追肥和种肥。

(1)基肥　基肥常称为底肥。基肥是指在播种或定植前以及多年生植物越冬前结合土壤耕作翻入土壤中的肥料。一般情况下,基肥应以有机肥为主,配合一定数量的速效性化学肥料。如农家肥常在整地前撒入地中,尿素、磷酸二胺等化肥也可以在整地前施入。

(2)追肥　追肥是指在植物生长发育期间施用的肥料,一般多用速效性化学肥料,腐熟良好的有机肥料也可以用作追肥。如在春季或夏季植物进入旺盛生长期前常追施碳铵、尿素等速效性化肥,用腐熟的粪水浇灌花卉或蔬菜等施肥方式也属于追肥。

(3)种肥　种肥是指播种或定植时,施于种子或植物幼株附近、与种子混播、与植物幼株混施的肥料。种肥一般多选用腐熟的有机肥料或速效性化学肥料以及细菌肥料等。凡是浓度过大、过酸或过碱、吸湿性强、溶解时产生高温及含有毒副成分的肥料均不宜作种肥施用。如碳铵有吸湿性、过磷酸钙溶解时呈强酸性、氨水易生成氨气有腐蚀性等,这些肥料均不宜直接与种子或植物幼株接触作种肥用。

2)合理施肥的方法

合理的施肥既要有合理的方式也要有合理方法,才能真正发挥肥料的作用,促进植物健壮生长。根据植物种类、品种,土壤特性、气候特征、水文状况及管理水平的不同,施肥的方法也有多种多样,主要有撒施、条施、穴施、分层施、沟施、叶面喷施、拌种和浸种、蘸秧根等。

(1)撒施　撒施是把肥料均匀撒于地表,随后耕翻入土中或随后灌水带入土中。一般适于施肥量大、栽植密度大的植物。由于植物密度大,封垄后根系可以分布至施肥区域内,充分利用肥料。如育苗圃地、草坪、成片花卉等常采用撒施方法。

(2)条施　条施是开浅沟将肥料施入后再覆土的方法。一般在肥料用量较少的情况下采用,这样有利于植物较集中地吸收肥料。常用于行间距较大的植物栽培中,如成行种植的美人蕉、月季、牡丹、芍药、黄杨等。

(3)穴施　穴施是在播种前把肥料施在播种穴中,而后覆土播种。多用于果树、观赏树木、大株花卉等。

(4)分层施肥　将肥料按不同比例施入土壤的不同层次内,以利于植物根系充分利用,提高利用率。多用于易被土壤固定的肥料品种。如钾肥在土壤表层易发生干湿交替而被固定,因此钾肥常进行分层施肥,以提高利用率。过磷酸钙易与土壤钙离子结合而被固定,施用时常分层施入根系分布较密集的土层中。

(5)沟施　在一些植株较大的观赏树木树冠下方或行间挖深与宽各 30~60 cm 的沟,将有机肥或化肥施于沟内,施后覆土踏实。沟的方向可以是条形直沟,也可以是环绕树冠下方的环状沟或呈放射状排列的小直沟。如果是在树冠下的环状沟,来年再施肥时可在第一年施肥沟的外侧再挖沟,逐年向外扩大施肥范围。放射状沟应以树干为中心向外辐射,每条小沟外边界应与树冠相齐,来年再施肥时应在交错位置上挖沟。

（6）叶面喷施　叶面喷施就是根外追肥，即把可溶性肥料配成一定浓度的溶液，喷施在植物的叶面，以供植物吸收利用。这种方法适合于可溶性的速效性肥料，多用于微量元素肥料和多效性复合肥料。在果园、蔬菜和花卉的施肥中，这种方法有用量少、肥效快、效益高等诸多优点。

（7）拌种和浸种　拌种是将种子与肥料均匀拌和后一起播入土壤的方法。浸种是用一定浓度的肥料来浸泡种子，待一定时间取出稍晾干后播种的方法。这两种方法均可起到补充种肥的效果，也是保证种子萌发后幼苗健壮的有效方法，多用于微量元素肥料和多效性复合肥料。

（8）蘸秧根　这种方法是用于移栽植物的一种施肥方法。将对植物根无副作用的可溶性肥料与微生物菌肥或有机肥泥土混合配制成浊液，浸蘸植物根部后移栽定植。

除以上方法之外，还有盖种肥、随水浇施等施肥方法，可以应根据当地具体植物的特性与生长状况采用合适的施肥方法。

4.3　土壤中主要营养元素状况与化学肥料的合理施用

植物生长发育需要的必需营养元素除碳、氢、氧外，其他营养元素几乎全部来自于土壤。这些依靠土壤供给的植物生长发育所必需的营养元素称为土壤养分。土壤养分由于其存在的形态不同，对植物的有效性差异很大。土壤养分形态一般可分为无机态和有机态两类，无机态养分又有：水溶性养分、交换性养分、缓效态养分、难溶态养分等4种类型，其中水溶态养分和交换态养分合称为速效态养分。速效态养分是可以被植物直接吸收的养分。土壤中的养分形态不是永恒不变的，随着土壤环境条件的变化，养分形态可以进行相互转化。难溶态的养分可以分解转化为缓效态或速效态养分，速效态养分也可能被土壤固定转变为不易被植物吸收的难溶态养分。速效性养分、缓效态养分含量一般低于难溶态养分。

农业生产中植物生长所需要的养分仅仅靠土壤固相物质分解转化释放出的养分是不够的，必须通过施入有机物质或无机物质，补充植物所需要的养分，施入土壤的有机物质或无机物质就是肥料。所以，施入土壤或通过其他途径能够为植物提供营养成分，或改良土壤理化性质，为植物提供良好生活环境的物质统称为肥料。施肥是补充土壤养分的最直接方法，肥料是农业生产中最主要的生产资料之一。常用的肥料根据其养分形态和成分的差异分为化学肥料（无机肥料）、有机肥料和生物肥料等种类。化学肥料按其含有的营养元素种类分为氮肥、磷肥、钾肥、微量元素肥料和复合肥料等。

4.3.1　土壤中的氮素状况和氮肥的合理施用

氮素是植物必需的三大营养之一，在植物营养中占重要地位。因此，氮肥是植物施肥中应用最多的肥料种类之一。

1）土壤中的氮素状况

（1）氮素的含量和来源　地球上的氮素99%存在于大气和有机体内，成土母质中不含有氮素。土壤中的氮素来源于生物固氮、降水、尘埃沉降、施入含氮肥料、土壤吸附空气中的 NH_3、灌溉水和地下水补给等,其中施肥和生物固氮是氮素的主要来源。

我国土壤全氮含量变化很大,一般在 0.4 ~ 3.8 g/kg,平均值为 1.3 g/kg,多数土壤在 0.5 ~ 1.0 g/kg。不同地区的不同土壤中氮的含量不同。一般气候稍冷、地形低洼、植物茂盛或生物活动旺盛、质地黏重的地区,土壤中容易积累氮素。

(2)土壤中氮素的形态　土壤中氮素的形态可分为无机态氮、有机态氮和有机无机态氮 3 种。

①无机态氮:也称矿质氮,包括铵态氮、硝态氮、亚硝态氮和游离氮,以铵态氮(NH_4^+)和硝态氮(NO_3^-)为主。土壤中无机态氮虽然只占全氮量的 1% ~ 2%,但是这部分氮素却是土壤中氮素的最有效形式,易被植物吸收利用。

②有机态氮:土壤中的氮 98% 以上是有机态氮。按其溶解和水解的难易程度可分为水溶性有机氮、水解性有机氮和非水解性有机氮 3 类。水溶性有机氮主要是一些结构简单的游离氨基酸、胺盐及酰胺类化合物,一般占全氮量的 5% 以下,是速效氮源;水解性有机氮主要包括蛋白质类、核蛋白类和氨基糖类,经微生物分解后可被植物吸收;非水解性有机态氮主要有胡敏酸、富里酸氮和杂环氮等,其含量占全氮的 30% ~ 50%。

③有机无机氮:是指被黏土矿物固定的氮。

土壤有效氮指能被当季作物利用的氮素,包括无机氮(< 2%)和易分解的有机氮,是 NH_4^+—N、NO_3—N、氨基酸、酰胺和易水解的蛋白质氮的总和,通常也称为水解(性)氮。土壤速效氮指能直接被植物根系吸收的氮,主要指土壤有效氮中的无机矿物态氮,即 NH_4^+—N(土壤溶液中的铵、交换性铵)和 NO_3—N 。

(3)土壤中氮素的转化　土壤中氮素的转化包括矿化作用、硝化作用、反硝化作用、生物固氮作用、氮素的固定与释放、氮的挥发作用和氮素的淋溶作用等。这些转化过程都是相互联系和相互制约的。

①矿化作用:是指土壤中的有机氮经过微生物分解成无机氮素的过程。矿化一般分为水解和氨化两步。水解作用是指高分子化合物,在微生物水解酶的作用下,分解成简单化合物的过程。如:蛋白质→多肽→二肽→氨基酸→氨 + 其他物质 + 能量。氨化作用是指氨基酸在氨化细菌的作用下,进一步分解成铵离子或氨气的过程。

②硝化作用:土壤中的氨或铵离子在硝化细菌的作用下转化为硝酸的过程,一般分为两步,即

$$2NH_3 + 3O_2 \xrightarrow{\text{亚硝化细菌}} 2HNO_2 + 2H_2O$$

$$2HNO_2 + O_2 \xrightarrow{\text{硝化细菌}} 2HNO_3$$

③反硝化作用:硝酸盐或亚硝酸盐还原为 N_2、NO_2、NO 的过程,反应式为

$$NO_3^- \rightarrow NO_2^- \rightarrow NO \rightarrow N_2O \rightarrow N_2$$

④生物固氮:通过一些生物固氮菌,将空气中的氮被植物根系所固定而存在于土壤中的过程。生物固氮一般发生于豆科植物的根系。一般在幼苗期固氮作用较弱,需要适量施用氮肥促进根系的发育,当根系强壮后,随植物的生长其固氮能力不断增强(图 4.3)。

⑤土壤中无机氮的固定作用:土壤中的 NH_4^+ 或 NO_3^- 被土壤微生物吸收,或被黏土矿物固定,或与有机物质结合,这些都称为无机氮的固定作用。在干湿交替频繁的土壤中,微生物进行生命活动吸收氮素合成其细胞的组成成分时,都对氮素产生固定作用。

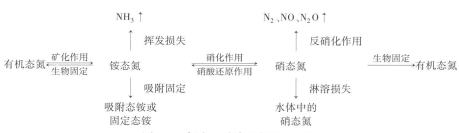

图 4.3　氮在土壤中的转化示意图

⑥淋溶作用:土壤中以硝酸或亚硝酸形态存在的氮素,在渗透水的作用下而随水淋溶损失。在降水较多的地区淋溶较多,干旱地区和半干旱地区淋失较少。

⑦氮的挥发:土壤中的 NH_4^+ 易转化成 NH_3 而挥发的过程。pH 值高且 NH_4^+ 浓度高的土壤易发生氮的挥发,温度高、光照强、风速大也易造成氨的挥发。

2) 氮肥的种类和施用

常用的氮素化肥品种,按氮肥中氮素化合物形态的不同分为铵态氮肥、硝态氮肥和酰胺态氮肥三类。

(1) 铵态氮肥特点及合理施用

①铵态氮肥特点:主要包括碳酸氢铵、硫酸铵、氯化铵、氨水和液氨等,其共同特点是:易溶于水,植物能直接吸收利用,肥效快,为速效氮肥。施入土壤后,肥料中 NH_4^+ 能与土壤胶体上吸附的阳离子进行交换,被吸附在土壤胶体上,成为交换态养分。在通气良好的土壤中,铵态氮可进行硝化作用,氧化为硝态氮,便于植物吸收,但也易引起氮素的损失。遇碱性物质会分解放出氨,易引起氨的挥发损失。

②铵态氮肥的合理施用:目前,生产中应用较多的铵态氮肥主要是碳酸氢铵和氯化铵。

● 碳酸氢铵:化学式为 NH_4HCO_3,简称碳铵,含氮 17% 左右,白色细粒结晶,有强烈的氨气味,易溶于水,20 ℃时溶解度为 21%,水溶液 pH 值为 8.2 ~ 8.4,易吸湿结块。由于酸性极弱,在常温易分解为氨气(NH_3)、二氧化碳(CO_2)和水,反应式如下:

$$NH_4HCO_3 \rightarrow NH_3 \uparrow + CO_2 \uparrow + H_2O$$

温度和湿度是影响碳铵挥发损失的主要因素,随着温度的升高和湿度的增大,分解的速度会越来越快。因此,碳酸氢铵在存放期间,一定要放置在干燥、阴凉处,避免受潮受热、注意密封,减少与空气接触。碳铵施入土壤后,很快溶于水,形成 NH_4^+ 和 HCO_3^-。NH_4^+ 易被土壤胶体吸附,也能被植物吸收。HCO_3^- 易离解成 CO_2 和 H_2O,CO_2 挥发进入大气,是光合作用的原料,H_2O 在土壤中成为土壤水分的组成部分。因此碳铵施入土壤后不会对土壤有副作用和不良残留。碳酸氢铵适于作基肥和追肥,不宜作种肥或叶面喷施。施用时应结合灌水和覆土,要深施。为了减少氮素的挥发,可以与过磷酸钙混合制成肥球施用,避开高温季节施用也可减少挥发,提高肥效。

● 氯化铵:分子式为 NH_4Cl,简称氯铵,含氮 24% ~ 25%,纯品为白色结晶,由于有杂质,常略带浅黄色,有吸湿性,易结块,易溶于水。施入土壤后解离成 NH_4^+ 和 Cl^-,土壤胶体可以吸持 NH_4^+,作物对 NH_4^+ 的吸收较多,残留在土壤中的 Cl^- 导致土壤酸化,固 NH_4Cl 也是一种生理酸性肥。Cl^- 可与 Ca^{2+} 形成氯化钙,使钙易随水流失掉,也会致使土壤结构性变差、板结、通气性变差。可作基肥和追肥,不宜作种肥和根外追肥。Cl^- 易造成土壤板结,因此,应施在通气性好的土壤中,为降低其致酸性可配合使用石灰。

（2）硝态氮肥特点及合理施用

①硝态氮肥特点：硝态氮肥中氮素以 NO_3^- 形态存在。主要包括硝酸铵、硝酸钙和硝酸钠等。其共同特点是：易溶于水，溶解度大，为速效性氮肥。易吸湿结块。受热易分解，易燃易爆，贮运中应注意安全。NO_3^- 不易被土壤胶体吸附，易随水流失，在降水量大的地区不宜施用。在嫌气条件下，NO_3^- 可进行反硝化作用，形成 N_2O 和 N_2 等气体而挥发。

②硝态氮肥的合理施用：生产中应用较多的硝态氮肥主要是硝酸铵、硝酸钙等。

● 硝酸铵：分子式为 NH_4NO_3，简称硝铵，含氮 33% ~ 34%，NH_4^+—N 和 NO_3^-—N 各一半，纯品为白色结晶，极易溶于水，吸湿性强。化学性质不稳定，受热易分解，具有助燃性和爆炸性，贮运或存放时应远离火源，以免发生爆炸。硝酸铵宜作追肥，不宜作基肥和种肥，也不宜用于根外追肥。适宜于通气性好的土壤中施用。

● 硝酸钙：分子式为 $NH_4NO_3 + CaCO_3$，又名石灰硝铵，是由硝酸铵与碳酸钙混合共熔而成。水溶液呈弱碱性，含硝酸铵的量为 58% ~ 60%，含氮量为 20%。因加入了碳酸钙，很好地改善了硝酸铵的吸湿性，施入土壤后可中和由硝酸铵硝化后引起的酸性。宜作追肥，施于酸性或结构性差的土壤，可增加钙离子，效果较好。

（3）酰胺态氮肥特点及合理施用

常见酰胺态氮肥就是尿素。尿素分子式为 $CO(NH_2)_2$，化学名称为碳酰二胺，含氮 42% ~ 46%，是人工合成的有机成分肥料。有一定的吸湿性，干燥环境中物理性状较好，在高温高湿条件下，易吸湿潮解。纯品尿素为白色针状或棱柱状晶形，为降低其吸湿性一般要造粒，根据粒径不同分为大粒尿素和小粒尿素。大粒尿素粒径为 2 ~ 10 mm，适合于作散状掺合肥料的基础肥料和林木施肥。小粒尿素粒径为 1 ~ 2 mm，多数尿素为小粒。造粒尿素为白色颗粒，易溶于水，水溶液呈中性。施入土壤中的尿素，大部分以分子态溶于土壤水中，溶于水的尿素分子，在脲酶的作用下，很快就会转化为碳酸铵和碳酸氢铵，最终以碳酸氢铵的形式被作物吸收，其反应式为：

$$CO(NH_2)_2 + 2H_2O \xrightarrow{\text{脲酶}} (NH_4)_2CO_3 \underset{}{\overset{CO_2 + H_2O}{\rightleftharpoons}} 2NH_4HCO_3$$

因此，尿素施入土壤后一经转化就与碳酸氢铵的农化性质相似，在土壤中不残留任何有害成分，长期施用没有不良影响。尿素可用作基肥和追肥。由于尿素是有机化合物，电离度小，不烧伤茎叶，分子体积小，容易通过细胞膜进入细胞，本身有吸湿性，易被叶片吸收，所以尿素特别适于叶面追肥。施用尿素应结合灌水和覆土进行深施，或与磷、钾肥配合施用，以提高其肥效。

4.3.2　土壤中磷素和磷肥的合理施用

磷也是植物必需的三大营养元素之一。我国耕作土壤中磷的含量很低，大多数土壤全磷的含量（P_2O_5）在 0.2 ~ 1.1 g/kg 范围内，其中 99% 以上为迟效磷，植物当季能利用的磷仅有 1%。土壤磷素含量不仅有明显的地带性分布，而且也呈现出有规律性的局部变化。我国土壤中的全磷含量从南往北、由东向西呈现逐渐增加的变化趋势；土壤中全磷的含量与土壤母质有关，而速效磷的含量与气候条件和土壤中的水盐运动有关，也与土壤中有机质的含量、耕作年限、人为的干扰、农业生产水平等有关。我国大部分土壤有效磷的含量很低，施用磷肥能促进植物生长，特别是与氮肥配合施用，效果更佳。

1) 土壤中的磷素

（1）土壤中磷的形态　土壤中磷的形态分为有机态磷和无机态磷两大类，两类之间可以相互转化。有机态磷来源于有机肥料和生物残体，与土壤有机质含量呈正相关。有机态磷主要有磷酸肌醇、磷脂和核酸。耕作土壤中有机态磷含量（质量分数）占全磷的10% ~ 50%。有机态磷除少数能被植物吸收外，大部分需经微生物分解为无机态磷才能被植物吸收利用。无机态磷占全磷量的50% ~ 90%，主要是由土壤中矿物分解而来。无机态磷有3种类型：

①水溶性磷：主要是磷酸二氢钾、磷酸二氢钠、磷酸氢二钾、磷酸氢二钠、磷酸一钙、磷酸一镁等，这些物质均易溶于水，呈离子态，易被植物吸收。

②弱酸溶性磷：主要是磷酸氢钙（$CaHPO_4$）和磷酸氢镁（$MgHPO_4$）等，它们不溶于水，但可溶于弱酸，能被植物吸收。

③难溶性磷：主要是磷酸十钙、羟基磷灰石、磷酸八钙、氯磷灰石、盐基性磷酸铝等，它们不溶于水或弱酸，不能被植物吸收利用。

水溶性磷和弱酸溶性磷在土壤中含量很少，是易被植物直接吸收的养分形态，称为速效磷，在土壤中易被固定为难溶性磷。

（2）土壤中磷素的转化　土壤中磷的转化包括有效磷的固定和难溶性磷的释放两个方向相反的过程。所谓磷的固定是指速效态磷转变成无效态磷，结果导致磷有效性降低；而磷的释放是指土壤中难溶性磷酸盐转化为水溶性磷盐，结果将增加土壤中有效磷的含量。这两个过程同时存在，处于在动态平衡中。

2) 磷肥的性质和施用

常用的磷肥按其所含磷酸盐溶解性的不同，分为水溶性磷肥、弱酸溶性磷肥和难溶性磷肥3类。

（1）水溶性磷肥　水溶性磷肥主要包括过磷酸钙和重过磷酸钙。过磷酸钙又名普钙，含12% ~ 18%的有效磷（P_2O_5）。水溶液呈酸性，有腐蚀性，易吸湿结块；由于含有铁、铝杂质，吸湿后与磷酸根生成难溶性的磷酸盐，从而失去活性，这就是过磷酸钙的退化作用。过磷酸钙施入土壤后，很快溶于水，解离成Ca^{2+}和$H_2PO_4^-$，呈强酸性，在肥粒周围形成强酸环境，使肥粒周围土壤中的结构性离子铁、铝、钙、镁等溶解性增大而游离出来与PO_4^{3-}结合生成沉淀，这是过磷酸钙利用率低的主要原因。

过磷酸钙可用作基肥、追肥和种肥。为提高其利用率，可采用2/3作基肥深施于根系集中的土层中，1/3作种肥或追肥在种植时施于表层，以充分满足各个时期植物对磷素营养的需要。与有机肥配合施用，或制成颗粒肥料减少对磷的固定。

（2）弱酸溶性磷肥　弱酸溶性磷肥不溶于水、但可溶于2%的柠檬酸或中性柠檬酸铵溶液，这类磷肥在石灰性土壤中会与钙结合形成难溶的磷酸钙盐，使其有效性降低，而在酸性土壤中，它却是速效性肥料。此类肥料主要有钙镁磷肥、钢渣磷肥、脱氟磷肥、沉淀磷肥和偏磷酸钙等。其中常见的是钙镁磷肥。钙镁磷肥不单是磷肥，也是钙、镁、硅含量较高的肥料。钙镁磷肥有效成分主要为$\alpha\text{-}Ca_3(PO_4)_2$，含12% ~ 28%的$P_2O_5$，呈碱性，化学性质稳定、物理性质好、不吸湿、不结块、无腐蚀性，长期存放不降低肥效。钙镁磷肥施入土壤后，可缓慢转化为水溶性磷酸盐。

（3）难溶性磷肥　难溶性磷肥是指那些不溶于水或弱酸，只能溶于强酸的磷肥，包括磷矿粉、骨粉等，也称为强酸溶性磷肥。难溶性磷肥的成分非常复杂，有多种磷酸盐。一般对当季植物的肥效较差,只有对少数吸磷能力强的植物才有一定肥效。

磷矿粉在农业中应用较多,它是由磷矿石直接磨碎而成,为灰褐色粉末,主要成分为 $Ca_3(PO_4)_2$ 或 $Ca_5(PO_4)_3 \cdot F$,中性至微碱性,含氟、氯、锰、锶等磷酸钙盐,一般含 P_2O_5 在 14% 左右。由于当季植物对磷矿粉的利用率一般很少超过 10%,故其大部分仍然留在土壤中,因此连续施用 4~5 年后可以停止施用一段时期。磷矿粉只宜作基肥撒施或深施。

4.3.3 土壤中的钾素和钾肥的合理施用

钾是植物必需营养元素之一,在植物体中的含量仅次于氮。从北到南,由西到东,我国土壤钾素含量呈逐步降低的趋势,东南地区是我国缺钾集中的地区。适量补充钾素,成为促进植物生长的重要途径。钾素对农林产品的品质具有重要影响,在园林植物施肥管理中的应用也越来越多。

1) 土壤中的钾素

(1)土壤中钾素的形态   土壤中钾素有水溶性钾、交换性钾、缓效态钾和矿物态钾 4 种形态。水溶性钾是以离子形式存在于土壤中的钾,在土壤中的含量很少,一般只占全钾量(质量分数)0.05% ~ 0.15%。交换性钾是吸附于土壤胶体上的钾,占全钾量(质量分数)的 0.15% ~0.5%。这两种钾是植物当季吸收利用的主要来源,也称为速效钾。它们的含量是指导钾肥施用的依据。土壤中固定于黏土矿物中的钾和易风化的矿物态钾,称为缓效态钾,缓效钾占土壤钾量的 2% 左右。它可通过风化作用成为水溶性钾,因此缓效钾是速效钾的贮备库。在土壤中,绝大部分钾素存在于难溶的矿物中,称矿物态钾。矿物态钾占全钾量的 90% ~ 98%,不能被植物吸收利用,只有风化后才能逐渐释放出来,被植物吸收利用。

(2)土壤中钾素的转化   钾素在土壤中的转化包括钾素释放与钾素固定两个过程。钾素释放即钾素的有效化过程,是由矿物态钾和有机体中的钾在微生物和各种酸作用下,逐渐风化并转变为速效性钾的过程。钾的固定是指土壤有效钾转化为缓效钾的过程。土壤中不同形态的钾可以相互转化,并处于动态平衡中。

2) 钾肥的特性及施用

钾肥主要有两类:一类来自于天然钾矿,经工业加工制造而成的钾肥。主要包括硫酸钾、氯化钾、硝酸钾等;另一类是含有钾素的工农业副产物,主要包括窑灰钾肥、草木灰等。

硫酸钾易溶于水,是化学中性、生理酸性肥料,含 50% ~55% 的 K_2O。硫酸钾在酸性土壤上施用应配合石灰和有机肥料。在石灰性土壤上施用易堵塞土壤孔隙,引起土壤板结,因此注意配合有机肥料。硫酸钾可作基肥、追肥和种肥,也适于根外追肥。作基肥应深施,避免因表层干湿交替造成对钾的固定。

氯化钾易溶于水,是化学中性、生理酸性肥料。含 K_2O(质量分数)55% ~60%,性质同硫酸钾。氯化钾一般作基肥和追肥,不作种肥和根外追肥。作基肥时应深施到根系密集土层中,在酸性土壤中施用氯化钾,应配合石灰和有机肥,氯化钾不宜在盐碱地上施用。

草木灰是植物残体燃烧所剩余的灰分,成分十分复杂,含 K_2O(质量分数)为 5% ~10%,此外还含有钙、磷、镁和各种微量元素。草木灰的水溶液呈碱性,为碱性肥料,不能与铵态氮肥、磷肥、腐熟的有机肥料混合施用,也不宜与人粪尿混存,以免造成氮素损失。草木灰可作基肥、追肥,也可用于拌种、盖种或根外追肥。

窖灰钾肥是水泥厂的副产品,含有多种成分,水溶液为碱性,吸湿性很强,易结块。窖灰钾肥可作基肥或追肥。追肥时避免与植物有直接接触,以免烧苗或伤苗。窖灰钾肥呈强碱性,不能与铵态氮肥或水溶性磷混合施用。

4.3.4　中量元素及中量元素肥料

土壤中钙、镁、硫3种中量元素的含量较高,一般不会出现供应不足,但随着对农业土壤利用强度的增加,有些土壤中的钙、镁、硫也需要施肥补充。

1)土壤中的钙素与钙素肥料

(1)土壤中钙素含量及形态　我国南方的红壤、黄壤含钙量低,而北方的石灰性土壤中游离碳酸钙含量较高。施用石灰、过磷酸钙、钙镁磷肥、硅酸钙等肥料均可提高土壤中钙素含量。

土壤中的钙可分为矿物态、交换态和溶液态钙3种形态:矿物态钙占钙量的40%～90%,主要存在于矿石和石膏等物质中。交换态钙主要是指吸附于土壤胶体表面的钙离子,是植物可利用的钙。土壤溶液中的游离钙,是土壤有效态钙的主要形态。土壤溶液中的 Ca^{2+}、胶体上的交换态 Ca^{2+} 和难溶盐 $CaCO_3$、$CaSO_4$ 中的 Ca^{2+} 保持着一定的平衡。

(2)钙素肥料的特性及施用　施用钙肥除补充钙养分外,还可借助含钙物质调节土壤酸度和改善土壤的物理性状。钙肥有石灰、熟石灰、石膏、含钙工业肥渣和其他含钙化肥等。生石灰又称烧石灰,呈强碱性,具吸水性,与水反应转化成熟石灰。生石灰中和土壤酸能力很强,生石灰施入土壤后,可在短期内矫正土壤酸度。熟石灰又称消石灰,溶解度大于石灰石粉,呈碱性反应。施用时不产生热,是常用的石灰,也有较强的中和能力(表4.5)。

表4.5　几种石灰物质和含钙肥料

	肥料名称	化学式	Ca 的质量分数/%
石灰物质	生石灰	CaO	60.3
	熟石灰	$Ca(OH)_2$	46.1
	方解石石灰岩	$CaCO_3$	31.7
	白云石石灰岩	$CaCO_3 \cdot MgCO_3$	21.5
	高炉炉渣	$CaSiO_3$	29.5
含钙肥料	石灰氮	$CaCN_2$	38.5
	硝酸钙	$Ca(NO_3)_2$	19.4
	磷灰岩	$3Ca_3(PO_4) \cdot CaF_2$	33.1
	过磷酸钙	$Ca(H_2PO_4)_2 + CaSO_4 \cdot 2H_2O$	20.4
	重过磷酸钙	$Ca(H_2PO_4)_2$	13.6
	窖灰钾肥	CaO	25～28
	石膏	$CaSO_4 \cdot 2H_2O$	22.5

2）土壤中的镁与镁素肥料

（1）土壤中镁的含量和形态　　温湿多雨的地区土壤含镁量少，半干旱和干旱地区土壤中含镁量高。镁的形态有矿物态、胶体吸附态、溶液态3种。矿物态镁主要以硅酸盐、碳酸盐和硫酸盐形式存在。交换态 Mg^{2+} 占土壤全镁含量（质量分数）的11%～40%。土壤中溶液态镁一般每千克土只含几个毫克。溶液态镁可与交换态镁保持平衡，过多时能以难溶性盐形态析出，在土壤中沉积。溶液态镁和交换态镁是土壤中有效镁的主要形态。

（2）常见含镁肥料的特性及施用　　常用作镁肥的是一些镁盐粗制品。主要有水溶性的硫酸镁、钾镁肥、难溶的菱镁矿及白云石粉等。酸性土壤缺镁时施用菱镁粉、白云石粉效果较好；碱性土壤宜施氯化镁或硫酸镁。硫酸镁可用作叶面喷施。

3）土壤中的硫素与硫素肥料

（1）土壤中硫素含量及形态　　土壤中的硫以无机态硫和有机态硫两种形式存在，无机态硫可分为3种形态：水溶态、吸附态和矿物态硫。水溶态硫主要是指土壤溶液中的 SO_4^{2-}；矿物态硫主要以硫化物或硫酸盐形态存在于矿物中；吸附态硫主要是指土壤胶体上吸附的 SO_4^{2-}，酸性土壤吸附量较高。土壤有机硫主要是一些含硫的氨基酸和硫脂化合物，包括胱氨酸、半胱氨酸、酚、胆碱及硫酸脂等。

（2）含硫肥料的特性及施用　　含硫肥料主要是石膏和硫磺。石膏可为植物提供钙、硫养分，也是一种土壤改良剂。农用石膏分为生石膏、熟石膏和磷石膏3种。硫磺、农用硫磺（S）含 S 达95%～99%，能溶于水。硫磺由于不易从土壤耕层中淋失，故后效较长。硫肥可作基肥、追肥和种肥。

4.3.5　土壤微量元素与微量元素肥料

土壤中微量元素含量差异很大，高的每千克土达到百分之几，少的则低于几微克，多数微量元素含量都在几克至几微克。土壤中的微量元素含量主要取决于其成土母质、土壤质地、有机质含量等因素。一般来说，水溶态、代换态、有机结合态全部或部分对植物有效，而矿物态的有效性很低。土壤酸碱度、氧化还原状况、微生物活动等因素都影响土壤微量元素的有效性。

微量元素肥料主要是一些含微量元素的无机盐类和氧化物。微量元素肥料不仅可作基肥、追肥或种肥施于土壤，又可直接喷施于植物体。如种子处理、蘸秧根或叶面喷施等。常用微量元素肥料的种类、性质和施肥特点如表4.6所示。

4.3.6　复合肥料

复合肥料是指含有氮、磷、钾三种养分中，至少有两种养分标明量的肥料。复合肥料的有效成分一般用 $N-P_2O_5-K_2O$ 的含量百分数来表示。如果含 N 质量分数为13%、含 K_2O 质量分数为44%的硝酸钾，成分表达式为：13-0-44。复合肥料中几种主要营养元素质量分数的总和，称为

复合肥料的总养分量。总养分量≥40%的复合肥为高浓度复合肥;≥30%为中浓度复合肥料;三元肥料≥25%、二元肥料≥20%为低浓度复合肥料。

表 4.6 常用微量元素肥料的种类、性质和施肥特点

种类	肥料名称	主要成分	微量元素质量分数/%	主要性质	施用要点
硼肥	硼砂	$Na_2B_4O_7 \cdot 10H_2O$	11	白色结晶或粉末,40 ℃热水中易溶,不吸湿	作基肥、追肥,每667 m^2 用量 0.25 ~ 1 kg
	硼酸	H_3BO_3	17.5	性质同硼砂	
	硼镁肥	$H_3BO_3 \cdot MgSO_4$	1.5	灰色粉末,主要成分溶于水,是制取硼酸的残渣,含 MgO 为20% ~30%	浸种,沾秧根
锌肥	硫酸锌	$ZnSO_4 \cdot 7H_2O$	23 ~ 24	白色或浅橘红色结晶,易溶于水,不吸湿	拌种,浸种,根外追肥
	氯化锌	$ZnCl_2$	40 ~ 48	白色结晶,易溶于水	
锰肥	硫酸锰	$MnSO_4 \cdot 3H_2O$	26 ~ 28	粉红色结晶,易溶于水	拌种,浸种,根外追肥,基肥
	氯化锰	$MnCl_2 \cdot 4H_2O$	27	粉红色结晶,易溶于水	
铜肥	硫酸铜	$CuSO_4 \cdot 5H_2O$	24 ~ 26	蓝色结晶,易溶于水	拌种,浸种,基肥
钼肥	钼酸铵	$(NH_4)_6Mo_7O_{24} \cdot 4H_2O$	50 ~ 54	青白或黄白结晶,易溶于水	拌种,浸种,根外追肥
	钼酸钠	$Na_2MoO_4 \cdot 2H_2O$	35 ~ 39	青白色晶体,易溶于水	
铁肥	硫酸亚铁	$FeSO_4 \cdot 7H_2O$	19 ~ 20	淡绿色结晶,易溶于水	根外喷施

1)复合肥料的特点

复合肥料与单质肥料相比具有以下特点:

①养分种类多,含量高。复合肥含有三大元素中的两种或两种以上,养分质量分数一般高于单质肥料。如磷酸二氢钾,含 P_2O_5 为52%,含 K_2O 为34.5%,总养分质量分数高达 86.5%。

②副成分少,物理性状好。如磷铵、硝酸钾等不含任何副成分,对土壤无不良影响;又如硝酸磷肥较单质硝酸铵吸湿性小,物理性状好。

③节省贮、运、施费用。复合肥养分含量高、副成分少、物理性质好。因此,一次施用可达多个效果,节省劳务投入,降低成本,效率提高。

④养分比例固定,难于满足施肥技术要求。这是复合肥料的不足之处,所以施用时应配合其他单质化肥。

2)常见复合肥的种类及施用

常见复合肥的种类及特性如表4.7所示。

表 4.7　常见复合肥种类、性质及合理施用

肥料名称		组成和含量	性　质	施　用
二元复合肥	磷酸铵	$(NH_4)_2HPO_4$ 和 $NH_4H_2PO_4$ N 16%～18%，P_2O_5 46%～48%	水溶性，性质较稳定，多为白色结晶颗粒状	基肥或种肥，适当配合施用氮肥
	硝酸磷肥	NH_4NO_3，$(NH_4)_2HPO_4$ 和 $CaHPO_4$ N 12%～20%，P_2O_5 10%～20%	灰白色颗粒状，有一定吸湿性，易结块	基肥或追肥，不适宜于水田，豆科植物效果差
	磷酸二氢钾	KH_2PO_4 P_2O_5 52%，K_2O 35%	水溶性，白色结晶，化学酸性，吸湿性小，物理性状良好	多用于根外喷施和浸种
三元复合肥	硝磷钾肥	NH_4NO_3、$(NH_4)_2HPO_4$　KNO_3， N 11%～17%，P_2O_5 6%～17%， K_2O 12%～17%	淡黄色颗粒，有一定吸湿性。其中，N、K 为水溶性，P 为水溶性和弱酸溶性	基肥或追肥，目前已成为烟草专用肥
	硝铵磷肥	N，P_2O_5，K_2O 均为 17.5%	高效、水溶性	基肥、追肥
	磷酸钾铵	$(NH_4)_2HPO_4$ 和 K_2HPO_4 N、P_2O_5、K_2O 总含量达 70%	高效、水溶性	基肥、追肥

3)肥料的混合

为了满足不同植物对养分的特殊要求，除复合肥外经常要临时配制不同比例养分的混合肥料，肥料混合时必须遵守一定的原则：

①要选择吸湿性小的肥料品种。

②掺混的肥料之间不能发生养分损失的化学反应，如气体放出、生成化学沉淀等。

③混合后应达到提高肥效和功效的效果(表 4.8)。

表 4.8　肥料的混合性

硫酸铵												
硝酸铵	△											
碳酸氢铵	×	△										
尿素	□	△	×									
氯化铵	□	△	×	□								
过磷酸钙	□	△	□	□	□							
钙镁磷肥	△	△	×	□	×	×						
磷矿粉	□	△	×	□	□	□	△					
硫酸钾	□	△	×	□	□	□	□	□				
氯化钾	□	△	×	□	□	□	□	□	□			
磷铵	□	△	×	□	□	×	×	□	□	□		
硝酸磷肥	△	△	×	△	△	×	△	△	△	△	△	
混合性	硫酸铵	硝酸铵	碳酸氢铵	尿素	氯化铵	过磷酸钙	钙镁磷肥	磷矿粉	硫酸钾	氯化钾	磷铵	硝酸磷肥

△　可以暂时混合但不宜久置

□　可以混合

×　不可混合

4.3.7 新型肥料

当前化肥不仅利用率低、养分流失严重,还带来了面源污染问题。鉴于生态环境安全及国家粮食安全考虑,发展新型高效、环境友好、有针对性的肥料技术刻不容缓。新型肥料是包含新工艺、新技术、新配方、新物质、新元素、新形态,使用具有新功能、新效果,能够提供、促进或改善植物养分吸收利用的物料。目前是我国新型肥料发展的黄金时期,但仍存在一些发展问题。新型肥料的发展趋势与农业发展密切相关,专用化、复合化、高效、安全、环保是其主要方向。

1)缓/控释肥料

缓/控释肥料(缓释肥/控释肥):以各种调控机制使其养分最初释放延缓,延长植物对其有效养分吸收利用的有效期,使其养分按照设定的释放率和释放期缓慢或控制释放的肥料。

由于氮素在土壤中的物理和化学活性远高于磷、钾,因此目前国内外研制和使用的缓/控释肥料主要集中于氮肥上。缓/控释肥料具有提高肥料利用率、省时省力、可降低高离子浓度产生的毒害(特别是对种子的伤害)、适合不同类型的土壤和植物、可以促进施肥方法(根部一次基施)和耕作体系(免耕)的更新等多种优点。按照其制造途径和原理,可将缓/控释肥料分为三类:

(1)化学合成型　合成缓释有机氮肥需要在微生物分解或降解条件下才能释放养分,如脲甲醛(UF)、异丁叉二脲(IBDU)等;合成缓释无机氮肥主要为低溶解性金属盐类,如磷酸镁铵(NH_4MgPO_4)等。

(2)包膜型　以半透性或不透性物质涂覆在肥料表面形成包被层,以控制其溶解速度,如硫衣尿素、硫衣复合肥料、钙镁磷肥包裹碳铵(长效碳铵)、聚合物包被肥料、聚合物/硫包被肥料等。

(3)添加抑制剂型　通过添加脲酶抑制剂、硝化抑制剂控制氮素的转化,如缓释碳铵(添加硝化抑制剂双氰胺即DCD)、缓释尿素(添加脲酶抑制剂氢醌即HQ或同时添加DCD和HQ)等,此类控释肥即稳定性肥料。

(4)基质复合与胶粘型　有机高分子聚合物、改性纤维素和木质素、改性草炭和风化煤与化肥胶结、键合改变养分的释放速率。如腐殖酸尿素,腐殖酸磷肥。

控释肥的缺点在于:

①由于所用包膜材料或生产工艺复杂,成本较高,致使包膜肥料价格一般为常规肥料的3～8倍。美国和欧洲主要用于草坪和高经济价值的园艺植物上,日本主要用于水稻和蔬菜植物。目前,我国使用此类肥料的数量较少。

②包膜材料在土壤中的残留会造成二次污染,因此应开发生物降解及光降解的聚合物为包膜材料。

2)控失肥料

控失肥料:利用"化肥固定化技术",研制出化肥养分控失剂,利用其形成的巨大互穿网络,"网捕"住化肥养分,减少养分流失,提高化肥利用率,降低环境污染的目的肥料。"控失肥"的核心是控失剂,它以精选富含丰富纳米棒状晶体的天然矿物材料为主要原料,采用高科技手段对其加工改性以增强其特有的吸附性能和胶体性能,与专用复配材料协同作用,遇水时吸水膨胀自组成微纳尺度的"互穿网络"结构,通过氢键、范德华力和黏滞力与化肥分子相互作用,吸附和网捕氮、磷、钾等养分分子,减小养分流动性,从而达到控失的目的。这既不同于包膜化肥的原理,也不同于脲酶抑制剂原理。控失肥料能够固定保有养分于土壤之中、养分按需释放、保障作物正常吸取,精确满足作物一生生长需求,完全满足高产、优质、高效、生态、安全的要求。并且,控失剂主要原料来自于自然界,已广泛地用于食品、药品及饲料添加剂中,对人体、生物、农作物无毒无害,其本身具有保水松土功效,是良好的土壤改良剂。

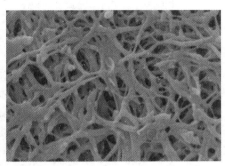

图4.4　控失肥料的网格结构示意图

控失复合肥具有以下7个特点:

①肥效持续时间长。可以满足我国绝大多数农作物全生育期对养分的需求,作物前期不缺肥,后期不脱肥。

②养分利用率高,比普通复合肥提高11%～22%。

③作物活杆成熟,增产幅度大。

④改善土壤结构,培肥土壤。

⑤减少环境污染,保护生态环境。

⑥省工省时,降低劳动强度。

⑦增强抗旱能力。

控失性肥料作为一种高效环保新型肥料,对促进农业增产和控制农业面源污染有着极其重要的作用,其需求量和生产量将逐年增加,国内控失肥的生产能力也在迅速扩大。

控失肥与缓/控释肥的区别:

①控失复合肥不但可以控制养分的释放速度,而且可以防止养分的流失。具有双重效果。缓/控释肥通过包膜厚度来控制养分的释放速度。

②控失复合肥具有氮、磷、钾肥全部控制释放和防止流失的作用。而缓/控释肥仅控制氮肥的释放速度。

③控失复合肥利用率比普通复合肥提高11%～22%,对氮利用率提高6%～13%,磷利用率提高5%～20%,钾的利用率提高21%～32%。而缓/控释肥仅提高氮肥的利用率。

④控失复合肥是环保肥料,对土壤没有二次污染,而包膜型缓/控释肥料对土壤有二次污染。

⑤控失复合肥是农民能够用得起的肥料,而缓/控释肥仅包膜氮肥成本就很高。

3)水溶性肥料

水溶性肥料,简称水溶肥。其定义为:经水溶解或稀释,用于灌溉施肥、叶面施肥、无土栽培、浸种蘸根、滴喷灌施等用途的液体或固体肥料。包括大量元素水溶性肥料、微量元素水溶性肥料、含氨基酸水溶性肥料、含腐殖酸水溶性肥料、磷酸二氢钾、微生物类水溶性肥料、特殊功能的产品。

随着水肥一体化的发展，水溶性肥料在我国发展特别迅猛，这与我国的实际情况以及国家的相关政策有很大关系。自 2012 年开始，我国关于农业水肥一体化的政策密集出台，节水农业连续六年被写入中央一号文件，农业部、工信部、水利部、财政部等部委密集出台了一系列的水肥一体化的规划和意见。"产出，高效，资源节约，环境友好"的农业发展目标，促进了水溶性肥料的快速发展。

水溶肥作为一种多元肥料，它能迅速地溶解于水中，更容易被植物吸收，而且其吸收利用率相对较高，可解决高产植物快速生长期的营养需求。尤其在设施农业上与微喷灌、滴灌等结合运用，以水带肥，实现水肥一体化，达到省水省肥省工的效能。在水资源日益短缺的今天，施用水溶肥成为农业增效、农民增收的措施之一。

（1）大量元素水溶肥料　以氮、磷、钾大量元素为主，按照适合植物生长所需比例，添加以铜、铁、锰、锌、硼、钼微量元素或钙、镁中量元素制成的液体或固体水溶肥料。产品标准为 NY 1107—2010，该标准规定，固体产品的大量元素含量≥50%，微量元素含量≥0.2%～3.0%；液体产品的大量元素含量≥500 g/L，微量元素含量≥2～30 g/L。

（2）中量元素水溶肥料　由钙、镁中量元素按照适合植物生长所需比例，或添加以适量铜、铁、锰、锌、硼、钼微量元素制成的液体或固体水溶肥料。产品标准为 NY 2266—2012。该产品技术指标为：液体产品 Ca≥100 g/L，或者 Mg≥100 g/L，或者 Ca + Mg≥100 g/L。固体产品 Ca≥10.0%，或者 Mg≥10.0%，或者 Ca + Mg≥10.0%。此标准于 2013 年 6 月 1 日正式实施。

（3）微量元素水溶肥料　由铜、铁、锰、锌、硼、钼微量元素按照适合植物生长所需比例制成的液体或固体水溶肥料。产品标准为 NY 1428—2010。该标准规定，固体产品的微量元素含量≥10%；液体产品的微量元素含量≥100 g/L。

（4）含氨基酸水溶肥料　以游离氨基酸为主体，按植物生长所需比例，添加以铜、铁、锰、锌、硼、钼微量元素或钙、镁中量元素制成的液体或固体水溶肥料，产品分微量元素型和钙元素型两种类型。

产品标准为 NY 1429—2010，微量元素型含氨基酸水溶肥料的游离氨基酸含量，固体产品和液体产品分别不低于 10% 和 100 g/L；至少两种微量元素的总含量分别不低于 2.0% 和 20 g/L。

钙元素型含氨基酸水溶肥料也有固体产品和液体产品两种，各项指标与微量元素型相同，唯有钙元素含量，固体产品和液体产品分别不低于 3.0% 和 30 g/L。

（5）含腐殖酸水溶肥料　含腐殖酸水溶肥料是一种含腐殖酸类物质的水溶肥料。以适合植物生长所需比例腐殖酸，添加以适量氮、磷、钾大量元素或铜、铁、锰、锌、硼、钼微量元素制成的液体或固体水溶肥料。

腐殖酸是一类由动植物残体等有机物经微生物分解转化和地球化学过程而形成的天然高分子有机物，多从泥炭、褐煤、风化煤中提取，能刺激植物生长、改土培肥、提高养分有效性和植物抗逆能力。

产品标准为农业行业标准 NY 1106—2010。产品标准规定，大量元素型固体产品腐殖酸含量分别不低于 3%，大量元素含量不低于 20%；大量元素型液体产品的腐殖酸含量不低于

30 g/L,大量元素含量不低于200 g/L;含腐殖酸微量元素型固体产品的腐殖酸含量不低于3%,微量元素含量不低于6%。

(6)其他水溶肥料　不在以上5种水溶肥料范围之内,执行企业标准的其他具有肥料功效的水溶肥料。一般以有机水溶肥料偏多,包含海藻酸、甲壳素、壳寡糖等提取物为核心原料的肥料品种。

4)有机无机复混肥料

是指来源于标明养分的有机和无机物质的产品,由有机和无机肥料混合和(或)化合制成。其制造工艺一般是以有机物料(畜禽粪便、动植物残体以及经处理的城市垃圾等)为主要原料,经发酵腐熟处理后粉碎,添加粉状无机肥料混合,然后造粒、干燥后包装而成。此外,以腐殖酸含量较高的泥炭、褐煤、风化煤等为主要原料,经不同处理后加入一定标明量的氮、磷、钾元素制成的复混(合)肥料也是一种多功能的有机无机复混肥料。

除具备普通无机复混肥料的特性外,有机-无机复混肥还有以下特点:

(1)养分全面,含量高　有机质中含有植物需要的各种养分,化肥中具有较高的氮磷钾含量,而其中的有机物对化肥养分的吸持与保护还可减少化肥氮的损失和土壤对磷素的固定,有利于提高养分的利用率。

(2)养分供应平稳、均衡　结合了化肥肥效快、猛和有机肥肥效缓、稳、长的特点,二者相互补充,养分供应平稳和均衡,有机物质对化肥养分供应强度起到一定的缓冲作用,可较好地适应植物尤其是生育期长的植物在不同时期的养分需要。

(3)培肥土壤　肥料中有机质含量较高,长期施用可在一定程度上弥补土壤有机质的消耗,提高土壤肥力水平。

随着经济的发展,城乡固体有机废弃物大量增加,在提供了丰富有机肥源的同时,也带来了一系列的资源浪费和环境污染问题。因此,通过对有机肥料进行工厂化加工,浓缩有效成分,减小肥料体积,方便贮运和施用,是有效利用有机肥源和减少环境污染的重要措施,添加无机肥料后又可以调控养分供应种类与数量,有机无机复混肥料便成为资源高效利用技术的良好物化载体。

有机-无机复混肥的短期肥效主要是无机化肥成分的作用,根据国家标准(GB 18877—2009),有机-无机复混肥要求有机质含量≥20%, $N + P_2O_5 + K_2O \geq 15\%$,以化肥养分为基础确定施肥量时,即使是按供应植物全生育期需要施肥,有机肥部分的施入量也有限,供养能力不高,且由于有机-无机复混肥加工成本较高,使这种肥料的单位养分价格高于无机复混肥料。因而,对于大田植物来说,有机-无机复混肥更适宜于作为基肥型专用复混肥施用。

5)有机碳肥

有机碳是指水溶性高、易被植物吸收的有机化合物,如糖、醇、酸和醛等,不仅包括含氮的有机碳营养(如氨基酸),还包括不含氮的碳营养。关键特征有两点:一是水溶性,决定其有效性,即能否被作物吸收;二是功能团种类及多少,决定其肥效高低。水溶性是植物营养的最基本条件,水不溶则不能为作物吸收,不能称为营养。普通有机质难溶,主要作用是改土,而不是作为植物营养。

有机碳肥突出的肥效优势不在于化肥所含有的 N、P、K 和中微量矿质营养,而是其特有的有机碳成分,尤其是结构复杂、生理功能明显的环状、链状结构及酸、醇、醛等基团。这才是其促

生长、抗逆功能的内在原因。

有机碳肥具有一般化肥所没有的独特优势,但由于"矿质营养"长期惯性思维还存在,"只有矿质营养才能被吸收"这类错误观点时有出现,成为创新阻力。

有机碳肥的独特优势如下:

(1)以碳增氮 有机碳肥增氮作用明显,增幅甚至超过施氮肥的氮增幅,因为碳与氮的吸收同化关系密切。有机碳的补充可加速氮的合成,减少无机态氮在植株的积滞,从而促进作物对氮的吸收及同化。

(2)有机碳可活化微量元素 《Nature》论文报道,大气 CO_2 浓度升高,会导致作物铁、锌和粗蛋白含量显著降低,影响人类健康。但研究表明,喷施有机碳肥可提高蔬菜、水稻的铁、锌和全氮含量,增幅约20%。有机碳使作物对铁、锌的主动吸收更为顺畅,这也显示了有机碳(C)优于无机碳(CO_2)。研究表明有机碳的一些功能团对 P、Zn、Ca、Mg 等矿质元素有很好的活化作用,这方面腐殖酸的效果特别明显。进一步研究发现,一些有机碳对活化矿质 Mg、K 也有很好的效果。

(3)以有机碳促无机碳吸收 有机碳可显著提高叶片碳含量。大量增长的碳主要来自空气中的 CO_2,因为有机碳加快了光合循环速度,类似开通了高速公路,大大促进了 CO_2 的吸收及同化速度,因而产生有机碳促无机碳吸收的明显增碳效果。

6)气体肥料的施用

(1)二氧化碳气体肥料的施用 在保护地栽培中,因植物光合作用,常会造成二氧化碳缺乏,使植物生长受到影响。施用二氧化碳可提高植物光合作用的强度和效率,促进根系发育,增强抗病能力,改善农产品品质,并大幅度提高植物产量。

①在室内布点放置适量的二氧化碳固体干冰碎块,让它在常温下升华为二氧化碳气体。

②通入压缩二氧化碳气体,可通过多孔管发放将二氧化碳灌入栽培植物的温室,或用二氧化碳发生器将二氧化碳输入温室,或用液化石油燃烧产生二氧化碳气体。

③化学反应法:将工业废盐酸或粗硫酸装入塑料桶内,挂在棚架上,距地面 1 m 左右,桶下一般安装有开关的塑料管。地面上放一个盛碎石灰石的瓦罐。将塑料管插和入罐内,每天清早按规定时间启动开关产生二氧化碳,达到所需浓度为止。或在地面挖土坑,土坑用薄膜垫严,内装一定量的硫(盐)酸,每天清晨,定量放入碳酸氢铵。加入量按温室体积计算二氧化碳浓度,当酸耗尽,形成的硫酸铵或氯化铵当化肥施用。

(2)其他气肥 德国地质学家埃伦斯特发现,凡是在有地下天然气冒出来的地方,植物都生长得特别茂盛。于是他将液化天然气通过专门管道送入土壤,结果在两年之中这种特殊的气体肥料都一直有效。原来是天然气中的主要成分甲烷起的作用,甲烷用于帮助土壤微生物的繁殖,而这些微生物可以改善土壤结构,帮助植物充分地吸收营养物质。

7)稀土肥料

稀土元素是化学元素周期表第三副族的镧素元素(主要是镧、铈、镨、钕等)以及与其性质相近的钪和钇等十七种金属元素的总称,简称稀土。具有稀土标明量的肥料称为稀土肥料。

大量试验表明,可促进植物生根,增加叶绿素的含量,增强光合作用,促进营养向果实转移,提高结实率和千粒重;促进植物对氮、磷的吸收,特别是加强果实磷素供应;可刺激植物根系生长,提高植物的抗寒性与抗逆性;提高经济植物茶、菜、果、花的品质,茶多酚、果糖、香精含量明显提高;另外,还具有一定的防病作用,如防烟草花叶病等。

我国稀土肥料多数是用稀土精矿含稀土元素的矿渣制成,主要产品有:氯化稀土、硝酸稀土、稀土复盐、氢氧化稀土、硫酸稀土等,目前常用的品种主要是硝酸稀土〔R(NO)₃〕,稀土肥料添加剂是硝酸稀土,是以稀土精矿加浓硫酸在 300~350 ℃温度下熔烧、分解。生成易溶于水的硫酸盐,经过水浸、去渣,得到硫酸稀土溶液,经加入食盐、烧碱后获得沉淀物。再以硝酸溶解,得到硝酸稀土。它是低毒的水溶性稀土盐类,有固体和液体两种,固体为结晶型,易溶于水,水溶性很强,不用时要密封。

8)功能性肥料

含有某些特定物质,具有某种特定功能,以肥料为主,药、肥和功能性物质相结合的肥料。为作物提供保水、促根、抗倒伏等功能。具有提高养分利用率,改良土壤,防治病、虫、草害等专项功能。

4.4 有机肥料

4.4.1 有机肥料的特点与作用

1)有机肥料概述

有机肥料是天然有机质经微生物分解或发酵而成,既能向植物提供多种无机养分和有机养分,又能培肥改良土壤的一类肥料。通常所说的有机肥料主要是指农村中就地取材、就地积制、就地施用的一切自然肥料,所以又称农家肥。常用的自然肥料品种有绿肥、人粪尿、厩肥、堆肥、沤肥、沼气肥、饼肥、泥炭、草木灰、落叶、杂草、废弃物等。

2)有机肥料的特点

①来源广,经济易得,但体积庞大、含水量高,运输、施用不便。

②养分全面,能提供植物所必需的营养元素,但养分含量都比较低,而且多以有机形态存在,要通过微生物分解才能被植物吸收,故有机肥一般都要进行堆肥腐熟处理。

③含有丰富的有机质,对改良土壤、缓冲土壤不良性质,如酸碱度、养分毒害等有好处。

3)有机肥料的作用

有机肥是一种完全肥料,含有植物生长发育所需要的各种营养元素。它施入土壤后,分解慢,肥效长,养分不易流失。据统计我国每年有可利用的粪尿、垃圾、秸秆残体在 20 亿吨左右。其所含的肥分,相当于 1 亿吨氮、磷、钾化肥。长期以来,我国的植物生产在相当程度上还是依赖有机肥料提供和维持植物生长发育及持续高产所需的大量养分和培肥土壤的有机质。有机肥料还在土壤改良、土壤生态等方面起到重要作用。

(1)为植物提供全面营养 有机肥中不但含有氮、磷、钾三要素,还含有硼、锌、钼等微量元素。施入土壤后,可为植物提供全面的营养,并且在平衡土壤养分中起着重要作用。

(2)促进微生物繁殖 有机肥腐解后,可为土壤微生物的生命活动提供能量和养料,进而促进土壤微生物的繁殖,微生物又通过其活动加速有机质的分解,丰富土壤中的养分。

(3)改良土壤结构 有机肥施入土壤后,能有效地改善土壤的水、肥、气、热状况,使土壤变

得疏松肥沃,有利于耕作及植物根系的生长发育。

(4)增强土壤的保肥供肥及缓冲能力　有机肥中的有机质分解后,可增强土壤的供肥和耐酸碱的能力,为植物的生长发育创造一个良好的土壤条件。

(5)刺激植物生长　有机肥腐解后产生的一些酸性物质和生理活性物质,能够促进种子发芽和根系生长。在盐碱地上施用有机肥,还具有改良土壤的作用,可减轻盐碱对植物的危害。

(6)提高抗旱耐涝能力　有机肥施入土壤后,可增强土壤的蓄水保水能力,在干旱情况下,可提高植物的抗旱能力。有机肥还可以提高土壤的孔隙度,使土壤变得疏松,改善根系的生态环境,促进根系发育,提高植物的耐涝能力。

(7)减少土壤养分固定,提高化肥利用率　有机肥中的有机质分解时产生的有机酸,能促进土壤和化肥中的矿物质养分溶解,从而有利于植物的吸收和利用。

(8)减轻土壤污染　腐殖质能吸收某些农药,有机质与重金属离子形成的螯合物等,易溶于水,可以从土壤中排出,消除农药残毒及减轻重金属污染土壤。

4.4.2　有机肥的主要类型及施用

1)有机肥料的主要类型

有机肥料按其来源、特性和积制方法一般可分为5类:

(1)粪尿肥类　主要是动物的排泄物,包括人粪尿、家畜粪尿、家禽粪、海鸟粪、蚕沙以及利用家畜粪便积制的厩肥等。

(2)堆沤肥类　主要是有机物料经过微生物发酵的产物,包括堆肥(普通堆肥、高温堆肥和工厂化堆肥)、沤肥、沼气池肥(沼气发酵后的池液和池渣)、秸秆直接还田等。

(3)绿肥　这类肥料主要是指直接翻压到土壤中作为肥料施用的植物整体和植物残体,包括野生绿肥、栽培绿肥等。

(4)杂肥　包括各种能用作肥料的有机物,如泥炭(草炭)和利用泥炭、褐煤、风化煤等为原料加工提取的各种富含腐殖酸的肥料,食用菌的废弃营养基,河泥、湖泥、塘泥、污水等污泥,垃圾肥和其他含有有机物质的工农业废弃物等,也包括以有机肥料为主配置的各种营养土。

(5)商品有机肥料　包括工厂化生产的各种有机肥料、有机-无机复混肥料、腐殖酸肥料以及各类生物肥料。

2)主要有机肥的施用

(1)粪尿肥的施用　粪尿肥是植物生产中施用最为普遍,也是来源最为广泛的一类有机肥料。

①家畜粪尿:家畜粪尿肥主要指人们饲养的牲畜,如猪、牛、羊、马、驴、骡、兔等的排泄物及鸡、鸭、鹅等禽类排泄的粪便。家畜粪是饲料经消化吸收后,未被吸收利用的排泄物,成分较为复杂,主要是纤维素、半纤维素、木质素、蛋白质及其降解物、脂肪、有机酸、酶、大量微生物和无机盐类,也会含有寄生虫、寄生虫卵和致病微生物等病原体。一般羊、马粪所含的水分较少,有机质和养分含量较高;而猪、牛粪含水分较高,有机质和养分含量较低;禽粪优于家畜粪,水分含量更低,有机质和养分含量也相应高。家畜尿是经过家畜新陈代谢后排泄出的废弃物和水分,

成分较为简单,全部是水溶性物质,主要为尿素、尿酸、马尿酸和钾、钠、钙、镁的无机盐。猪尿中含钾素较高,含氮、磷较低;马、羊、牛尿中的氮素含量和钾素含量较高,含磷较低。粪尿肥养分含量高,易分解可作基肥,也可作追肥。

②人粪尿:人粪尿是一种养分含量高,且肥效快的有机肥料,常常被人们称作"精肥"或"细肥"。人粪尿适合于多种植物,也适用于各种土壤。但对于干旱地区灌溉条件较差的土壤和盐碱土,施用人粪尿时应加水稀释,以防止土壤盐渍化加重。人粪尿中氮素含量较高,而且多为速效性氮素,有机质和磷、钾素含量较低。因此,人粪尿在施用时应配合堆肥、沤肥等有机肥料施用,同时配合一定的磷、钾肥施用。人粪尿在作追肥时,应分次施用,并在施用前加水稀释,以防止盐类对园林植物产生危害。

③厩肥:厩肥是以家畜粪尿为主,和各种垫圈材料(如秸秆、杂草、黄土等)及饲料残渣等混合积制的有机肥料。北方称为"土粪"或"圈粪",南方称为"草粪"或"栏粪"。不同来源的厩肥有机质和养分含量有较大差异。厩肥虽然可以为植物提供较多的速效养分,但与化肥相比,有较长的后效,还能改良土壤结构和改良土壤理化性质,提高土壤肥力。未经腐熟的厩肥不宜直接施用,腐熟的厩肥可用作基肥和追肥,但厩肥中的养分大部分是缓效态的,更适合作基肥。

(2)堆肥和沤肥的施用　堆肥和沤肥都是以秸秆、杂草、树叶、绿肥、河塘泥和垃圾等为原料,配合以人粪尿、家畜粪尿、禽粪和泥土等,利用微生物在好气条件下或嫌气条件下发酵积制而成的有机肥料。

①堆肥:堆肥以植物性材料为主,添加促进有机物分解的物质经堆腐而成的肥料。堆肥所含营养物质比较丰富,且肥效长而稳定,同时有利于促进土壤固粒结构的形成,能增加土壤保水、保温、透气、保肥的能力。堆肥可以分为一般堆肥和高温堆肥两种,前一种的发酵温度较低,后一种的前期发酵温度较高。高温堆肥对于促进农作物茎秆、人畜粪尿、杂草、垃圾污泥等堆积物的腐熟,以及杀灭其中的病菌、虫卵和杂草种子等,具有一定的作用。由于高温堆肥经历了高温过程,养分分解较多,速效养分含量相对较高,且微生物数量多,有利于提高温度。

②沤肥:沤肥是利用有机物料与泥土在淹水条件下,通过嫌气性微生物进行发酵积制的有机肥料。沤肥一般作基肥施用,常在耕作和灌水前将沤肥均匀施入土壤,然后进行翻耕、耙地。并注意配合化肥和其他肥料一起施用,以解决沤肥肥效长,但速效养分供应强度不大的问题。

(3)秸秆直接还田　秸秆还田是指将作物收获后的残留物(秸秆)或经过处理后作为有机肥料直接施入土壤。秸秆直接还田是目前施用有机肥的主要方式之一。一般是将秸秆切碎至 $5 \sim 10$ cm,均匀抛撒于地表,再用重耙耙入 $5 \sim 10$ cm 的土壤表层,或者用犁翻至 $18 \sim 20$ cm 土层。

为了加速秸秆的分解腐熟,在秸秆还田的时,应适当施用一定量的氮肥($35 \sim 40$ kg/hm^2)和磷肥($90 \sim 100$ kg/hm^2),或施用适量的腐熟粪尿肥等含氮量较高的有机肥料,以调节 C/N,避免发生微生物与植物争氮的情况。

(4)沼气发酵肥　沼气发酵是有机质(秸秆、粪尿、污泥、垃圾等各种废弃物)在一定温度、湿度和嫌气条件下,由多种微生物参与的无氧条件下进行的发酵,并产生沼气(甲烷气体)的过程。沼气可作为能源使用,沼气液和池渣则是良好的有机肥。沼气液含速效氮 0.03% ~ 0.08%、速效磷 0.02% ~0.07%、速效钾 0.05% ~1.40%,同时还含有钙、镁、硫、硅、铁、锌、铜、钼等矿质元素和多种氨基酸、维生素、酶及生长素等物质。沼气渣含全氮 5 ~ 12.2 g/kg、速效磷 0.05 ~ 0.3 g/kg、速效钾 0.17 ~ 0.32 g/kg 以及大量的有机质。

沼气池液是优质的速效性肥料,可作追肥施用。一般土壤追施用量为 30 000 kg/hm²,要深施覆土,可减少铵态氮肥的损失和增加肥效。沼气池液也可以作叶面追肥,一般将池液和水按 1:1～2 稀释,7～10 d 喷施一次,可以收到促进植物生长的效果。沼气池渣可以追肥也可作基肥施用,一般作追肥时施用量为 15 000～20 000 kg/hm²,作基肥时施用量一般为 30 000～45 000 kg/hm²。

(5)绿肥的施用   凡是用作肥料的绿色植物体均称为绿肥。绿肥是一种重要的有机肥源,对于改良土壤、固定氮素、营养植物具有重要作用。

绿肥的种类繁多,一般常见的绿肥有紫云英、毛叶苕子、田菁、柽麻、黄花苜蓿、豌豆、绿豆、紫穗槐、水花生、水葫芦等,农田杂草也可作绿肥施用。绿肥适应性强,种植范围广,可利用农田、荒山、池塘、河边等种植。绿肥产量高,含有丰富的有机质和较高的氮、磷、钾等养分。

种植绿肥可增加土壤养分,提高土壤肥力,改良土壤结构,增强保肥性和供肥性,是养地的先锋植物。绿肥还有固沙护坡,防止冲刷和水土流失的能力,是风沙地区保护环境的主要植物之一。

绿肥植物作为肥料施用时主要利用方式为直接翻压或作为原材料积制有机肥料。直接翻压时应注意翻压时期、压青技术和翻压后管理几个环节。翻压时期应在绿肥植物养分含量最高时翻压,一般为初花盛花期养分含量最高。翻压量应控制在 15 000～25 000 kg/hm²。翻压后应配合施用速效氮肥和其他肥料,并结合灌水管理。

(6)饼肥的施用   饼肥是含油种子经过榨油后所剩下的残渣,用作肥料的均称为饼肥。在园林植物施肥中,饼肥施用较普遍。饼肥的种类很多,主要有豆饼、菜籽饼、麻籽饼、棉籽饼、花生饼、桐籽饼、茶籽饼等。饼肥是一种优质的有机肥料,它的养分种类多、含量高,肥效持久,适用于各类土壤和多种植物。特别适于花卉植物的施肥,是花房常备的有机肥种类。饼肥可作基肥和追肥。饼肥作追肥需要经过发酵腐熟,发酵的方式是将粉碎后的饼肥加入适量人粪尿、污水或与堆肥混合,再加入一定的水分,使其达到充分湿润,然后堆腐 10～15 d 后施用。

(7)生物肥料的施用   生物肥料是以微生物生命活动使植物得到特定的肥料效应的制品,微生物肥料是一种辅助性肥料,它是利用微生物的有关性质,如对氮素的固定、对土壤中有机质和矿物态养分的分解、对作物生长的刺激等作用,提供植物生长所需的氮素养分或提高土壤中难利用态养分的有效性,从而促进植物对养分的吸收和生长,提高其产量和品质。因而,生物肥料不能单施,一定要与化肥和有机肥配合使用,才能充分发挥它的增产效能。目前应用较多的主要是根瘤菌肥料和生物钾肥。它们可作基肥、追肥,也可蘸根、拌种等。

3)园林植物的施肥管理

园林植物的整个生长发育时期可分为若干阶段,而每个阶段对营养条件的要求是不同的。为了保证植物在各个阶段的正常发育,必须采取多种施肥方式和方法。对大多数一年生或多年生的植物,施肥方式包括基肥、追肥和种肥,施肥的方法有深层施肥、撒施、条施、环状施、穴施、根外施,等等。

有机肥料养分完全,宜作基肥。在苗木定植前,普遍施用有机肥作基肥。一般结合土壤翻耕或定植时穴施,也可以撒施,但以穴施为主。在播种、移栽、上盆、换盆时,也应施入有机肥做基肥。常用的有经过发酵的蹄角、毛发、饼肥、骨粉、粪干等,这类肥料分解缓慢,但肥效长。无机肥料多数为速效肥料,多用做追肥。常用的化肥主要有尿素、过磷酸钙、硫酸钾、磷酸二氢钾、磷酸二铵、草木灰等。

（1）常见花卉的施肥管理　花卉的种类繁多,可分为一年生花卉、二年生花卉、宿根类花卉、球根类花卉、木本类花卉和水生花卉等。由于它们的生长习性和营养特点不同,在施肥管理上也有很大差别。下面简要介绍几种常见花卉及其施肥的管理技术。

①菊花施肥管理:菊花栽培的关键在于养护和管理,施肥管理更为重要。菊花为宿根类花卉,但老根上长出的植株开花不良,必须年年更新重植。植株对氮肥和磷肥的需求量较大,由于扦插的植株根系不发达,因此在植株移植前要施足基肥,做到养分全面且要长效短效配合,一般缓效性肥施于深层,速效性肥施于表层。缓效性肥主要为有机肥,常用速效性肥及用量为硝酸铵 150～225 kg/hm²、过磷酸钙 450～525 kg/hm²、氯化钾 150～225 kg/hm²。

菊花秋季开花后及时剪去残花,将植株移至苗圃中浇透水,并在地表施一层有机肥保温越冬。待次年春季气温回暖,及时松土追肥。追肥时以速效性氮肥为主,可用腐熟的人粪尿稀释液。4—5 月移栽,10 月开花,立秋前的养护主要是促进根系发达,应每隔 10～15 d 施用 1 次稀薄液肥。夏季气温较高可不施肥。立秋后气温下降,菊花生长旺盛,需进行 1 次摘心,长出的新枝条为开花枝条,此时施肥次数和用量应适当增加,通常每 3～4 d 施 1 次,施肥浓度也要增加。如人粪尿浓度(质量分数)可控制在 20%～30%。当花蕾直径达 1.5 cm 左右时停止施肥。孕蕾期间叶面喷施磷酸二氢钾和尿素 1～2 次,有利于花朵肥大。

②水仙的施肥管理:水仙属于石蒜科花卉,喜欢温暖气候,耐严寒,喜肥水。地栽的水仙从秋季开始生长,到第二年春季开花,6 月中旬后地上部分开始枯萎,并进入休眠期。施肥上应采取秋季种植时施足基肥,以有机肥为主,配合无机磷、钾肥的办法。有机肥应为充分腐熟并过筛后的优质堆肥或土杂肥,有机肥用量为 2.25～3.75 t/hm²,磷、钾肥最好施用三元复合肥(2-10-10 或 5-10-10)。追肥重点在早春地上部分开始生长前后,一般 10～15 d 施肥 1 次,用液体肥料为佳。

③月季的施肥管理技术:月季属蔷薇科花卉,多数为灌木状,也有藤本。月季对环境的适应能力较强,能耐受比较粗放的管理,但要想使月季花开得艳丽多姿,仍需要进行必要的和精心的管理。月季基肥一般在秋冬季或冬季土壤冻结之前进行。基肥以有机肥和磷、钾复合肥为主,一般有机肥用量为 11.25～22.5 t/hm²。

月季属于多次开花类型花卉,一年数度,生长量大。每年分别在 4 月至 5 月和 8 月下旬至 9 月,出现两次生长高峰,因此施肥应在这两个高峰前进行。在 10 月开花后植株的生长速度明显下降,即将进入休眠期,所以在此之前也要施足肥料。月季追肥用氮、磷、钾复合肥为宜,追肥时应将肥料施在离枝干 30 cm 处的土壤中。

（2）绿地草坪的施肥管理　绿地草坪的类型很多,常见的有环境保护草坪、公园草坪、庭院草坪、小区观赏草坪等,因它们的种植目的不同,其管理方式也不同。

①环境保护草坪:建立在污染区域的草坪,主要用于转化有害物质,降低粉尘或噪声,调节温度、湿度。这类草坪一般不经常修剪,也不必投入太多的肥料,草坪往往长得高低不一,但要求常绿。

②公园草坪:公园草坪的主要特点是草坪地形复杂,草坪草品种繁杂,草坪容易受到践踏而导致板结,土壤营养差异较大。管理时应区别对待,除常规浇水、修剪和病虫害防除外,还要对践踏土壤进行疏松和草坪的补救等。每年的初春、仲夏和秋末应进行施肥,每次施用三元复合肥的用量一般为 70～80 g/m²。为保持绿色,每次修剪后,应撒施尿素 20～25 g/m²。

③庭院草坪:庭院草坪的管理则要根据庭院草坪地块零星、草坪草品种复杂、土壤类型变化

大等特点进行。施肥通常以氮肥为主,每年在初春、仲夏和秋末分别进行 1 次,施用尿素量为 15 ~ 20 g/m²,也可以施些三元素复合肥,每次用量为 30 ~ 50 g/m²。

④小区观赏草坪:住宅小区通常建植一片或数片绿地,草坪中常常间种一些其他多年生花卉和观叶植物。小区观赏草坪建植时,应根据所搭配的花卉植物的密度和对地表遮阴的程度确定草坪草的品种,在建植时常使用 100 ~ 150 g/m² 的草坪专用肥和一些优质有机肥。建植后每年追施 2 ~ 3 次肥料,以氮肥为主,配合磷、钾复合肥。尿素用量为 30 ~ 40 g/m²。在早春和晚秋施肥后要及时浇透水,保证水分的供应和防止肥料对草坪草的灼伤。

4.5　提高施肥利用率与减少环境污染

4.5.1　肥料施用与环境污染

1)施肥与土壤污染

施肥导致土壤污染的主要类型是有害无机元素污染和有害生物污染。土壤污染具有很强的隐蔽性、持久性、复合性、间接危害性和标准难制定等特征。

施肥造成土壤有害无机元素污染的污染源主要是化学肥料。有害元素主要存在于以矿石为原料的磷肥中,其次是钾肥。因此,造成土壤污染的主要是磷肥,磷肥除含有营养元素磷、钾、钙、锰、锌和硼等以外,同时也含有害物质砷、镉、铅、铬和氟,特别是镉的含量比土壤高数百倍,如美国的过磷酸钙含镉 86 ~ 114 mg/kg,磷铵含镉 7.5 ~ 156 mg/kg。重金属及有毒有害物质造成土壤污染,并通过土壤—植物—人体系统危害动、植物及人体健康。

施肥造成土壤有害生物污染的主要污染源是有机肥和垃圾。有机肥中的粪便和垃圾,含有种类繁多的微生物,其中有不少是病原物。能污染土壤的肠道细菌有沙门菌、志贺菌、伤寒杆菌、霍乱弧菌等;大多数动物(如猪、牛、羊、马、鼠等)的粪便中常含有大量的钩端螺旋体,其在中性或弱碱性土壤中,可以存活数周。炭疽杆菌的芽孢在土壤中可存活 30 年以上。如直接施用未经无害化处理的人畜粪肥或利用其底泥施肥,都会使土壤受到病原物的污染,有的使植物受到污染,有的通过植物产品进入人体,开始下一个污染过程。因此,施肥不当或过量对土壤环境将产生许多不利的影响,其中重金属元素、有害有机化合物、有害微生物以及放射性物质等都会产生一定程度的积累,造成土壤的潜在污染。

当前因盲目施肥导致植物产品质量下降、环境污染等问题日渐突出。我国氮磷钾养分投入的现状是多氮、缺磷、少钾,特别是集约化植物生产中经常盲目增加氮肥用量,养分配比失衡,既限制了肥料效益的发挥,也构成对植物产品品质和生态环境的影响,主要表现在以下几个方面:

①肥料的不合理使用,增大了植物病虫害的发生,导致农药的使用量加大,并造成土壤及植物中农药残留超标。偏施氮肥有利于小绿叶蝉等刺吸式害虫的发生。

②超量使用化肥以及施用技术的不合理,导致土壤中大量的氮、磷养分经地表径流、侧渗进入水体,造成水体特别是封闭型水体富营养化加剧。另外过量施氮,还导致亚硝酸盐及硝酸盐的大量生成而污染土壤,土壤硝酸盐含量高,致使蔬菜积累的硝酸盐来不及同化利用而污染蔬菜,从而危害取食蔬菜的人、畜健康。

③加速土地生产力的衰退,氮肥使用不当可使土壤理化性质变劣,加速土地生产力的退化。

施肥不当还可能引起土壤养分的耗竭,土壤肥力降低。如果土壤中存在的某些限制因子没有通过施肥纠正,偏施某一种或几种其他的肥料,则不仅不能获得应有的增产效果,还会使其他养分元素消耗过度,降低土壤肥力。例如20世纪80年代前,我国多数粮食作物上重施氮、磷肥,轻施钾肥,结果导致土壤中钾素的耗竭。之后再施氮肥对一些粮食作物的增产效应都明显下降,当增施钾肥时,增产效果则显著提高。

2)施肥与大气污染

土壤养分损失对环境的影响主要涉及氮和磷两种元素。磷对环境的影响主要限于水体的富营养化,氮则还影响到大气。

氧化亚氮(N_2O)作为一种温室气体,促进了全球的气候变暖;同时它还破坏臭氧层,增加紫外线辐射,引发皮肤癌。研究表明,在人类活动中产生的 N_2O,约有70%是施肥不合理而造成的。因此,土壤向大气排放氧化亚氮的问题应该受到认真的关注。

施入土壤的能形成氨或铵的氮肥,可通过挥发作用向大气释放一部分氨。进入大气的氨,一部分以干湿沉降而返回地面,一部分可进入平流层后通过光化学反应产生氮氧化物。因此,氮肥中氨的挥发损失,不仅降低了肥效,也影响了环境。

3)施肥与水体污染

按照一般标准,每升饮用水中硝酸态氮的含量不应超过10 mg,水中无机氮总量和磷酸态磷的含量分别超过每升0.2和0.015 mg时即可发生藻华。目前,我国一些植物产量高、施肥量大的地区,已经出现了地表水和地下水的污染问题。部分饮用水中硝酸态氮的含量已超过卫生标准,部分湖泊和水库水中氮、磷的含量已达到中等富营养化水平,藻华频发,影响了工业和生活的用水,而且有趋于严重之势。此外,人、畜粪尿大量地直接排入水体,严重污染了水体。因此,尽可能充分地将人粪尿用作肥料,减少其直接排入水体的数量,将是一项既有利于农林业、又有利于环境保护的好事。

4)土壤污染的危害

全国土壤环境状况总体不容乐观,部分地区土壤污染较重,耕地土壤环境质量堪忧,工矿业废弃地土壤环境问题突出。全国土壤总的点位超标率为16.1%,其中轻微、轻度、中度和重度污染点位比例分别为11.2%、2.3%、1.5%和1.1%。从土地利用类型看,耕地、林地、草地土壤点位超标率分别为19.4%、10.0%、10.4%。从污染类型看,以无机型为主,有机型次之,复合型污染比重较小,无机污染物超标点位数占全部超标点位的82.8%。从污染物超标情况看,镉、汞、砷、铜、铅、铬、锌、镍8种无机污染物点位超标率分别为7.0%、1.6%、2.7%、2.1%、1.5%、1.1%、0.9%、4.8%;六六六、滴滴涕、多环芳烃3类有机污染物点位超标率分别为0.5%、1.9%、1.4%。

土壤污染物类型多样,有无机物、有机物、农药、化学肥料、放射性物质等,新老污染并存,有机无机复合污染,控制难度比较大。这些污染物对作物产量、产品品质、人体健康以及环境等都有很大影响。

(1)土壤污染导致严重的直接经济损失农作物的污染、减产 对于各种土壤污染造成的经济损失,目前尚缺乏系统的调查资料。仅以土壤重金属污染为例,全国每年就因重金属污染而减产粮食1000多万吨,另外被重金属污染的粮食每年也多达1200万吨,合计经济损失至少200亿元。

（2）土壤污染导致生物品质不断下降　我国大多数城市近郊土壤都受到了不同程度的污染，有许多地方粮食、蔬菜、水果等食物中镉、铬、砷、铅等重金属含量超标和接近临界值。土壤污染除影响食物的卫生品质外，也明显地影响到农作物的其他品质。有些地区污灌已经使得蔬菜的味道变差，易烂，甚至出现难闻的异味。

（3）土壤污染危害人体健康　土壤污染主要是农药和重金属污染。它会使污染物在植物体中积累，并通过食物链富集到人体和动物体中，危害人畜健康，引发癌症和其他疾病等。农药在土壤中受物理、化学和微生物的作用，按照其被分解的难易程度可分为两类：易分解类（如有机磷制剂）和难分解类（如有机氯、有机汞制剂等）。难分解的农药成为植物残毒的可能性很大。植物对农药的吸收率因土壤质地不同而异，其从砂质土壤吸收农药的能力要比从其他黏质土壤中高得多。不同类型农药在吸收率上差异较大，通常农药的溶解度越大，被作物吸收也就越容易。人类吃了含有残留农药的各种食品后，残留的农药转移到人体内，这些有毒有害物质在人体内不易分解，经过长期积累会引起内脏机能受损，使肌体的正常生理功能发生失调，造成慢性中毒，影响身体健康。重金属对人体健康的影响　植物对重金属吸收的有效性，受重金属在土壤中活动性的影响。一般情况下，土壤中有机质、黏土矿物含量越多，盐基代换量越大，土壤的 pH 越高，则重金属在土壤中活动性越弱，重金属对植物的有效性越低，也就是植物对重金属的吸收量越小。农作物体内的重金属主要是通过根部从被污染的土壤中吸收积累的。土壤重金属被植物吸收以后，通过食物链危害人体健康。例如，1955 年日本富山县发生的"镉米"事件，即"痛痛病"事件。我国 2013 年发生的湖南毒大米事件也是土壤镉污染引起的。

（4）土壤污染导致其他环境问题

土地受到污染后，含重金属浓度较高的污染表土容易在风力和水力的作用下分别进入到大气和水体中，导致大气污染、地表水污染、地下水污染和生态系统退化等其他次生生态环境问题。

4.5.2　科学施肥，减少环境污染的措施和技术

1）科学施肥，减少环境污染的措施

面对日益紧张的土地资源，做到既要保证土地资源有足够的生产能力，又能同时保护十分脆弱的环境，控制施肥对环境质量的负面影响，只有依靠科技，协调发展，持续发展。其具体措施包括：

（1）加强肥料管理，杜绝劣质化肥进入市场　主要是加强各种肥料的生产环节和销售环节的管理，严防不合格的肥料引入农业系统危害作物生长、污染土壤环境。

（2）合理施肥　包括平衡施肥（N、P、K 及中微量元素协调施肥）；分期施肥（结合作物生长发育特征，分期施肥，减少肥料的损失，抑制污染物的产生，既有经济效益又有环境效益）；有机肥和无机肥结合施用；施肥方法的改进等。

（3）合理灌溉　利用灌溉，调节水、气、肥等肥力因子，大力推广应用既有利于提高肥料利用率和节约用水，又能减少产生污染物的施肥技术，如湿润灌溉法、以水带氮深施技术等。

（4）防止水土流失和侵蚀，减少非点源污染　防止水土流失和土壤侵蚀，既是减少肥料和土壤损失，保持土壤肥力，又是防治水体富营养化的一个有效途径。

(5)其他措施　包括氮肥深施;缓效肥料、包膜肥料和颗粒肥料;施硝化抑制剂;加强科研工作;以及加强宣传,充分认识科学施肥的重要性,增强防治污染的自觉性。

2)减少环境污染的措施和技术

(1)有机肥料的无害化处理　有机肥料的无害化,就是通过高温发酵处理,将有机肥中对动植物及人类有害的物质除去,做到既无害又保持肥效。有条件的地方采用沼气发酵效果更好。因为沼气发酵是在缺氧密封的池中完成的,所以发酵后的液体和渣都可以做肥料。

(2)城市垃圾的无害化处理　垃圾无害化处理一般采用综合处理和卫生填埋。

综合处理就是将城市生活垃圾送到综合处理厂,进行机械分选,将有机垃圾进行生物发酵,在料中加上氮、磷、钾等营养元素,制成有机无机复合肥料。

卫生填埋,首先要找一个合适的填埋场地,其底部的构建是最关键的措施,因为不能使底部有渗漏水透出。北京市朝阳区的做法是采用三合土、膨润土、塑料板、红黏土四层打底,上面每填 2 m 垃圾,就要隔一层鹅卵石,再盖上 1 m 深的黄土,同时还要插上导气管。填埋场地的最上层,再种上园林植物,使垃圾填埋场地变成一座美丽的花园。

(3)充分发挥土壤的净化作用　土壤本身就是一个巨大的有机无机复合体,通常一些污染物进入土壤以后,经过土壤的吸附、化学分解与沉淀以及微生物的相互作用等,均能使一些污染物的毒性降解,所以土壤可算得上是天然的净化器。发挥土壤的净化作用是防治土壤污染的有效措施。土壤自身的净化作用主要有:

①防止重金属对土壤的污染,可采用石灰和钙镁磷肥等碱性物质调节土壤的碱度。重金属在碱性条件下,生成难溶物,不被植物吸收,从而减轻对植物的毒害。

②增施有机肥料,改善土壤质地,提高砂质土壤的黏结力,增加土壤对农药等有害物质的吸附。

③改善微生物活动条件,提高土壤微生物的活性,增加生物降解速度。土壤表层氧气充足,需氧微生物的活动就会加强,在这些微生物活动的过程中,能杀灭一部分病原菌和病毒。大多数有机物都能被好氧性土壤微生物降解。

习　题

1. 植物必需营养元素有哪些? 确定植物必需营养元素的标准是什么?

2. 氮、磷、钾各有哪些生理作用?

3. 土壤中的养分达到植物根部的方式有哪些?

4. 调查当地园林植物常见的缺素症状有哪些?

5. 合理施肥的基本原理有哪些? 主要内容是什么?

6. 土壤中的氮素磷素钾素各有哪些形态?

7. 铵态、硝态氮肥各有哪些共性?

8. 复合肥料与单质肥料相比有哪些特点? 复合肥有哪些分类?

9. 合理施肥的方式有哪些?

10. 园林植物中常用的施肥方法有哪些?

11. 肥料混合的原则是什么?

12. 有机肥料的主要特点及作用是什么？

思考题

1. 施肥造成的环境污染主要表现在哪些方面？如何避免施肥造成的环境污染？

2. 必须采取哪些措施才能充分发挥肥料的肥效？

3. 结合当地主要园林植物特点，谈谈应采取何种施肥方法？

4. 鼓励学习者课前预习，课内提出问题并积极参与讨论；第四章园林植物与营养要素学习结束后写出本章的学习小结，并列出思维导图。

5 园林植物与生物要素

[本章导读]

　　本章主要介绍影响园林植物的生物因素和生态系统的基本概念,使读者了解园林植物的生物要素及生态系统的基本知识,为园林植物的布局与配置创造良好的条件。

　　植物的生长发育除了受温度、水分、温度、光照、大气和土壤等环境因素的影响外,还受到生物因素的影响。生物因素包括植物、动物、微生物及人类。自然界中每一种生物都不是孤立存在的,它们不仅处于无机环境中,而且也和其他生物发生着复杂的相互关系。这种生物间的关系不仅存在于生物种之间,也存在于同种生物的不同个体之间。园林植物生长发育过程中,人们往往对生物因子不够重视,实际上了解生物间的相互关系,对园林植物的配置、保护生物多样性,提高生态系统的稳定性有着非常重要的意义。只有调节好各生物因素之间的关系,才能使园林植物更好地生长发育,并发挥出最佳生态效益。

5.1 园林植物的生物因素

5.1.1 植物的种群

1)种群的概念

　　种群是指同一物种占有一定空间和一定时间的个体集合群,是物种存在的基本单位,也是生物群落的基本组成单元。种群可分为动物、植物和微生物种群。单一的个体不能使物种延续,只有多个个体通过互相交配而不断繁育后代,才能保持物种的存在和发展。种群是有边界的,其边界是由生态学家根据所研究课题的需要而确定。如某个山区的油松、某个公园的月季或某棵树上的某一种类的昆虫等都是一个种群。

　　种群是由个体组成的,但并不是个体的简单累加,每个个体之间都通过有机的联系组合在一起。个体和群体都与环境发生相互作用。个体对群体有着一定程度的依赖,任何个体都不可能离开其群体而长期独立存在。种群有多种特征,如出生率、死亡率、年龄结构,性别比例和生长型,等等。

2) 种群的基本特征

　　各类生物种群在正常的生长发育条件下所具有的共同特征,即种群的共性,包含空间特征(是指种群占有一定的分布区域)、数量特征(是指种群数量随时间变化的规律)和遗传特征(是指种群具有一定的遗传调节机制)。这些特性同时受遗传基因和环境因素的综合影响。种群的基本特征包括密度、空间分布和年龄结构。

　　(1)种群密度　一个种群的个体数目的多少,称为种群的大小,而单位面积或体积内某个种群的个体数量则称为种群密度。种群密度是一个变量,随时间、空间以及生物周围环境的变化而改变,主要取决于出生率和死亡率的对比关系,单位时间内出生率与死亡率之差为增长率。

　　如果种群的个体之间没有竞争,不受环境资源的限制,种群数量将呈指数式增长,增长曲线为 J 形。然而环境资源总是有限的,因此随着种群个体数量增加,加剧了个体之间对有限空间和其他生活必需资源的种内竞争,这必然影响到种群的出生率和存活率,从而降低种群的实际增长率。当种群个体的数目接近于环境所能支持的最大值,即环境负荷量的极限值时,种群将不再增长而保持在该值左右,表现为"S"形生长曲线。种群密度具有上限,上限取决于生态系统中的能量流动或生产力、生物所处的营养级、个体大小和同化代谢率等。在稳定的生态系统中,主要生物种类的种群密度保持在一个适当的范围之中,密度过大,环境中可利用的物质、能量得不到满足,个体的生存受到影响;密度过低,异性个体难以相遇和正常繁殖,加上一旦出现环境条件的突变,种群甚至可能灭绝。因此,在园林植物的栽培过程中,要合理密植,既要保证理想的美化效果,又要保证各园林植物及其与之有关的生物种群的合理生存条件的满足。

　　(2)种群空间分布　由于自然环境的多样性,以及种内个体之间的竞争,每一种群在一定的空间中都会呈现出特有的分布形式。种群分布的状态及其形式一般有 3 种类型:

　　①均匀分布:即种群内各个体在空间上呈等距离分布,如人工栽培种植草坪就属此类型。

　　②随机分布:即种群内个体在空间上的位置不受其他个体分布的影响,同时每个个体在任一空间分布的概率是相等的,这种分布在自然界比较罕见。

　　③聚集分布:又称成群分布或群集分布,是指种群内个体既不随机,也不均匀,而是成团块状分布,是自然界中最常见的分布类型,如公园的杂草及野生昆虫和病菌等都属于此类。

　　(3)种群的年龄结构　年龄结构是指某一种群中具有不同年龄级的个体生物数目与种群个体总数的比例。种群的年龄结构常用年龄金字塔来表示,金字塔底部代表最年轻的年龄组,顶部代表最老的年龄组,宽度则代表该年龄组个体数量在整个种群中所占的比例,比例越大,则宽度越宽;比例越小,则宽度越窄。从生态学角度出发,可以把种群的年龄结构分为 3 种类型:

　　①增长型种群:该类型年龄结构呈典型的金字塔形,基部阔而顶部窄,表示种群有大量的幼体和极少的老龄个体,这类种群的出生率大于死亡率,是典型的增长型种群。

　　②稳定型种群:该类型年龄结构几乎呈钟形,基部和中部几乎相等,出生率与死亡率大致平衡,种群数量稳定。

　　③衰退型种群,该类型年龄结构呈壶形,基部窄而顶部宽,表示种群中幼体比例很小,而老龄个体比例大,出生率小于死亡率,种群数量趋于下降。

3) 生物种群的调节

　　在自然生态系统中,一个种群的数量不可能无限制地增长,由于空间和资源的限制,只能达到环境容纳量。此时种群数量还是变化的,就是在稳定条件下也有变化。种群数量趋于保持在环境容纳量水平上的现象称为种群调节。种群数量通常受环境的物理和生物因素所调节,这种制约因子分为两种:

①非密度制约因子:其作用和影响与种群的大小无关,如天气条件,酸碱性等。

②密度制约因子:其影响程度与种群大小有关,制约着种群大小的发展。

在园林生态环境中,种群的数量主要受自然因素和人为因素的控制,特别是植物种群的大小,主要受人为因素的控制。如一个公园绿地中的植物,当给予充足的肥水管理、及时的病虫害防治、合理的修剪等,植物个体就生长健壮,群体就能保持规模或扩大;当疏于管理时,就可能被杂草或病虫危害而导致种群缩小。由于生物物种与环境有着紧密的联系,相互作用和影响,通过自然选择而影响着生物种群的变化动态。有些生物种群数量相对不稳定,能适应多变的、不稳定的栖息环境,通常出生率高、寿命短、个体小、缺乏后代保护机制,幼体死亡率高。由于其扩散能力强,能导致大范围生境恶化,其群体的变化幅度较大。如蝗虫泛滥时,植物枝叶受损而死亡。蝗虫失去食源,种群的数量会迅速减小。有些生物种群的数量相对稳定,适宜生活在比较稳定的环境条件下,后代保护机制完善,种群的变化幅度不大,如公园的乔木。

5.1.2 植物群落

1)植物群落的概念

在自然界中,植物很少单独生长,一般总是由一定的植物种类联合在一起,成为一个有规律的组合,这种植物组合,称为植物群落。植物群落是各种生物及其所在环境长期相互作用的产物,同时在空间和时间上不断发生着变化。植物与环境的生态关系是在植物群落中以群落的有机整体与环境发生相互作用。因此,园林植物栽培与造园工作就应从植物群落角度着手,弄清植物群落的特征及其与环境之间的各种相互关系,从而营建符合生态规律的相对稳定的人工植物群落。

植物群落按其在形成和发育过程中与人类栽培活动的关系分为两类:一类是在自然界中植物自然形成的,称为植物自然群落,如张家界自然风景区的植物群落;另一类是人类栽培形成的,称为植物人工群落,如城市中各种人工营建的公园绿地等。

2)植物群落的基本特征

任何植物群落都是由生长在一定地区,并适应该地区环境条件的植物个体所组成,有着其固有的结构特征,并随着时间的推移而变化发展。在环境条件不同的地区,植物群落的组成成分、结构关系、外貌及其发展过程都不同。一定的环境条件对应着一定的植物群落,例如亚热带多分布常绿阔叶林,而温带主要分布针阔混交林。因此,一个植物群落具有下列基本特征:

(1)具有一定的种类组成 每个群落都是由一定的植物、动物、微生物种群组成的。种类组成是区别不同群落的首要特征。一个群落中种类成分的多少及每个物种个体的数量是度量群落多样性的基础。

(2)具有一定的外貌 一个群落中的植物个体,分别处于不同高度和具有不同密度,从而决定了群落的外部形态。在植物群落中,通常由生长类型决定其高级分类单位的特征,如森林、灌丛或草丛的类型。

（3）具有一定的群落结构 植物群落除本身具有一定的种类组成外，还具有一系列结构特点，包括形态结构、生态结构与营养结构等。

（4）形成群落环境 植物群落对其居住环境产生重大影响，并形成群落环境。如森林中的林地与周围裸地就有很大的不同，包括光照、温度、湿度与土壤等都经过了生物的改造。即使生物种非常稀疏的荒漠群落，其土壤等环境条件也有明显改变。

（5）不同物种之间的相互影响 植物群落中的物种和谐共处，即在有序状态下共存。植物群落是生物种群的集合体，不同的物种之间相互作用、相互依赖、相互选择、相互适应进化，从而构成一个有机的整体。

（6）一定的动态特征 植物群落是生态系统中具有生命的部分，生命的特征是不停地运动，群落亦是如此，其运动形式包括季节动态、年际动态、演替与演化等。

（7）一定的分布范围 任何一个植物群落都分布在特定地段或特定生境上，不同群落的生境和分布范围不同，无论从全球范围或区域角度看，不同植物群落都是按照一定的规律分布的。

（8）特定的群落边界特征 在自然条件下，有些植物群落具有明显的边界，有些则处于连续变化中。前者见于环境梯度变化较陡或突然中断的情形，如地势陡峭的山地的垂直带；后者见于环境梯度连续缓慢变化的情形。但多数情况下，不同群落之间都存在过渡带并导致明显的边缘效应。

3）植物群落的结构

植物群落的垂直结构即植物群落的层次性，主要是由植物的生长型决定的。苔藓、草本植物、灌木和乔木自下而上分别配置在群落的不同高度上，形成群落的垂直结构。在一个发育良好的森林中，从上到下分布有林冠层、下木层、灌木层、草本层和地表层。其中林冠层对森林群落其他部分的结构影响最大，如果林冠层比较稀疏，就会有更多的阳光照射到森林的下层，因此，下木层和灌木层的植物就会发育得更好；如果林冠层比较稠密，那么下面的各层植物所得到的阳光就会很少，植物发育也就比较差。

人造园林群落也和森林一样具有垂直结构，只是没有森林那么高大，层次也较少，也可分为乔木层、灌木层、地表层和根系层。一般来说，群落的层次性越明显，分层越多，群落中的动物种类也越多。因此，人造园林的层次比较少，动物的种类也比较少；森林的层次比较多，动物的种类也比较多。

4）植物群落的演替

演替是指群落随时间和空间而发生的变化。每一个群落在发生、发展过程中，不断改变自身的生态环境，新的生态环境逐渐不适于原有群落物种的生存，却为其他物种的侵入和定居创造了条件。于是，各种群落的更替相继发生，并形成演替系列，最后进入与环境相适应的、相对稳定的顶级群落。

5.1.3 种内与种间关系

生物在长期进化过程中，形成了以食物、资源和空间关系为主的种内关系和种间关系。生物间的相互关系对共同生长的生物来说,可能对一方有利或相互有利,也可能对一方有害或相互有害。这些相互关系有时发生在同一生物种之间,有时发生在不同生物种之间,发生在同一生物种之间的关系称为种内关系,发生在不同生物种之间的关系,称为种间关系。

1)种内关系

在种内关系方面,植物种群除了有集群生长的特征外,更主要的是个体之间的密度效应,以及植物的性别系统和他感作用。

(1)密度效应　在一定时间内,当种群的个体数目增加时,就必定会出现邻接个体之间的相互影响,称为密度效应或邻接效应。种群的密度效应是由两种相互矛盾的因素决定的,即出生和死亡、迁入和迁出。凡影响出生率、死亡率和迁移的理化因子、生物因子都起着调节作用,种群的密度效应实际上是种群适应这些因素综合作用的表现。

(2)植物的性别系统　大多数植物种的个体具有雌雄两性花,即雌雄同花。有些植物种的个体具有雌雄两类花,雄花产生花粉,雌花产生胚珠,即雌雄同株而异花。至于雌雄异株的植物,其雌花和雄花分别长在不同的植株上。在植物界中,雌雄异株相当稀少,大约只占有花植物的5%,如银杏。雌雄异株能减少同系交配的概率,具有异型杂交的优越性。

(3)隔离和领域性　种群中个体间或小群间产生隔离或保持间隔,可以减少对生存需求的竞争,对种群调节具有重要的作用。产生隔离的原因:一是个体之间竞争缺乏的资源;二是个体间直接对抗。某些生物种群的个体、配偶或家族群常将它们的活动局限在一定的区域内,并加以保护,这块地方就叫领域。领域性是保持个体或种群之间间隔的积极机制。高等动物的隔离机制是行为性的(或神经性的),而低等动物或植物则是化学性的,即通过抗生素或"他感作用物质"产生隔离。这种隔离减少了竞争,能防止种群因过密而过度消耗食物资源,对于植物来说就是水和营养物质。

(4)他感作用　植物的他感作用就是一种植物通过向体外分泌代谢过程中的化学物质对其他植物产生直接或间接的影响。如桃树根中存在扁桃甙,分解后产生苯甲醛,严重妨碍桃树的更新,一般老的桃树根没有清除之前,新的桃树长不起来。红三叶草是繁殖力很强的牧草植物,它常形成较纯的群落,排挤其他的杂草植物,这是因为红三叶草含有多种异黄酮类物质,这些异黄酮类物质及其在土壤中被微生物分解而成的衍生物对其他植物的发芽起抑制作用。

2)种间关系

种间相互作用是构成生物群落的基础。其内容主要包括两个或多个物种在种群动态上的相互影响(相互动态)和彼此在进化过程和方向上的相互作用(协同进化)两个方面。

(1)种间竞争　种间竞争是指具有相似要求的物种,为了争夺共同的空间和有限的资源而产生的一种直接或间接抑制对方的现象。在种间竞争中,常常是一方取得优势,而另一方受到抑制甚至被消灭。竞争可分为两类:一为直接干涉型,两个种群都对对方起直接抑制作用,从而给对方带来负影响;二为资源利用型,在资源缺少时互相抑制对方,当资源充足时,这种抑制作用不明显。植物种群之间的竞争多为资源利用性竞争,也有干涉性竞争,如他感作用。

(2)寄生关系　寄生是指一个物种(寄生者)寄居于另一个物种(寄主)的体内或体表,从寄主获取养分以维持生命活动的现象。更严格地说,寄生物从较大的宿主组织中摄取营养物,是一种弱者依附于强者的情况。寄生可分为体外寄生(寄生在寄主体表)与体内寄生(寄生在寄主体内)两类。在寄生性种子植物中还可分出全寄生与半寄生两类。全寄生植物从寄主那里摄取全部营养,而半寄生植物只是从寄主那里摄取无机养分,它自身尚能进行光合作用,制造有机养分。在植物之间的相互关系中,寄生是一个重要方面。寄生植物对寄主植物的生长有抑制作用,而寄主植物对寄生植物则有加速生长的作用。

除高等植物外,寄生物也包括真菌、细菌等,这些寄生物也会对高等植物造成危害,如菌类寄生,使树木呼吸加速 1~2 倍,降低光合作用 25%~39%,破坏角质层,有时菌丝使气孔不能关闭,加大蒸腾强度,或使导管堵塞,或分泌毒素使细胞中毒。真菌寄生物的大量发生,是许多园林植物病害的成因,如白粉病、叶斑病、锈病、立枯病、腐朽病等。寄生物和寄主种群数量动态在某种程度上与捕食者和猎物的相互作用相似,随着寄主密度的增长,寄主与寄生物的接触势必增加,造成寄生物在寄主种群中的广泛扩散和传播,结果使寄主大量死亡,未死亡而存活下的寄主往往形成具有免疫力的种群;寄主密度的下降减少了与寄生物接触的强度,结果使寄生物数量减少,寄生危害减弱或停止,这又为寄主种群的再增长创造了有利条件,并开始了寄生物与寄主相互作用,影响种群数量变化的新的周期。

(3)共生关系

①互利共生:互利共生是两物种相互有利的共居关系,彼此间有直接的营养物质的交流,相互依赖、相互依存、双方获利。典型的互利共生往往指合体共生,如地衣(藻类与真菌的共生体)、固氮菌与豆科植物根的共生体(根瘤)等。菌根是真菌和高等植物根系的共生体。真菌从高等植物根中吸取碳水化合物和其他有机物,或利用其根系分泌物,而同时供给高等植物氮素和矿物质,二者互利共生。对松属、栎属和水青冈属的许多树种来说,没有菌根时就不能正常生长或发育。生产上应用菌根菌剂培育苗木,可获得良好效果。同样,某些真菌如不与一定种类的高等植物根系共生,也将不能存活。

②偏利共生:偏利共生是指对一种生物有利而对另一种生物无害的共生关系。附生植物与被附生植物是一种典型的偏利共生,如地衣、苔藓、某些蕨类以及很多高等的附生植物(如兰花)附生在树皮上,借助于被附生植物支撑自己,获取更多的光照和空间资源,但不直接从宿主植物获取任何营养,主要依赖于积存在树皮裂缝和枝杈内的大气灰尘和植物残体生活,降水从树体上淋下许多营养物质,也是附生植物的营养来源。偏利共生的另外一种情况是一种植物的存在特别依赖于另一种植物为它提供庇护和支撑,如耐阴树种的正常生长发育需要喜光树种提供阴湿的环境,攀缘植物本身不能直立,必须依赖其他植物作为支撑,使其枝叶攀缘在上面,以获得充足的光照,它们与支撑植物间一般不存在营养关系。一般植物与动物之间普遍存在偏利共生关系,因为植物为动物提供了庇护场所。

(4)种间协同进化 一个物种的进化必然会改变作用于其他生物的选择压力,引起其他生物也发生变化,这些变化反过来又会引起相关物种的进一步变化,这种相互适应、相互作用的共同进化的关系即为协同进化。

捕食者和猎物之间的相互作用可能是这种协同进化的最好实例。捕食对于捕食者和猎物都是一种强有力的选择力,捕食者为了生存必须获得狩猎的成功,而猎物为了生存则获得了逃避捕食的能力。在捕食者的压力下,猎物必须靠增加隐蔽性、提高感官的敏锐和疾跑来减少被捕食的风险。捕食者或猎物的每一点进步都会作为一种选择压力促进对方发生变化,即是协同进化。如昆虫与植物之间的相互作用。大型食草动物的啃食活动可对植物造成严重的损害,这无疑对植物也是一个强大的选择压力,在这种压力下,很多植物都采取了俯卧的生长方式或长得很高大。几乎所有的植物都靠增强再生能力和增加对营养繁殖的依赖来适应食草动物的啃食。

5.1.4   植物与动物的关系

动物是植物群落中的重要组成部分,任何类型的植物群落中都有数量庞大、种类繁多的动物。动物与植物相互依存和相互适应,从而直接或间接地影响着植物的生长发育,起着或好或坏的作用。

1) 动物对植物的依存和适应

植物能为动物提供良好的栖息和保护条件。群落内植物种类越丰富,结构越多样化,所能提供的栖息条件越多,保护条件也越好,适于栖息的动物就越多。树林在这方面起的作用最大。这是因为树林中有独特的小气候,郁闭的乔灌木能保持温度相对稳定,特别是在树洞、树根隧道中、枯枝落叶层和苔藓层下面的温度更为稳定;树林还能减低风力,拦截降水,为动物提供良好的栖息条件。此外,树林中有多种多样的天然掩蔽所,保护着动物免遭各种伤害。树林中有丰富的食物资源,为动物提供丰富的植物性和动物性食料,如树林中的种子、果实、枝叶、花等,此外还有大量的无脊椎动物和脊椎动物,它们是含高能量的食料,多为哺乳类和鸟类食用。

在城市中,由于人口众多、交通拥挤、污染严重,很少有动物栖息的场所和食物来源,所以城里野生动物很少甚至不少绝迹。因此城市中应栽植丛林、片林,创造一定规模的树林环境,以丰富动物的种类。

2) 动物对植物的作用

动物对植物的作用多种多样。动物的直接作用主要表现为以植物为食物,帮助传授花粉,散布种子;而间接作用除了在一定程度上通过影响土壤的理化性质作用于植物外,植物群落中各种动物之间所存在的食物网关系对保持植物群落的稳定性发挥着重要的作用。

传粉在植物生活周期里是一项关键的过程,动物在这个过程中起着非常重要的作用。传粉的动物有昆虫、鸟类和蝙蝠等。在开花植物中,有65%的植物是虫媒花。植物依赖昆虫传授花粉,昆虫从植物上获得花粉和花蜜作为食物,二者形成密切的互利共生关系。动物能吃掉植物的种子,伤害或毁坏幼树,但在保存和散布植物种子维持群落的相对稳定上又有积极作用。一些浆果类或肉质果实的小乔木和灌木,如山丁子、稠李、悬钩子等种子都有厚壳,由鸟类吃食后经过消化道也不会受伤,排泄到其他地方从而得以传播。昆虫可以传播真菌和苔藓的孢子,蚯蚓能传播兰花的种子,爬行类、鸟类和哺乳类是木本植物种子的主要传播者。不过动物在传播种子和传授花粉的同时还可能传播病害,如鸟类传播板栗疫病病原体,蜜蜂等昆虫传播一些病原细菌。

在树林中存在大量的寄生型昆虫、捕食性昆虫、鸟类和兽类,能捕食大量的有害昆虫,抑制害虫的大发生,对树林起保护作用。如1头七星瓢虫在幼虫期取食蚜虫60多个,1只啄木鸟1天可以吃掉300多只害虫,多时可达500~600只。热带地区蚂蚁种类很多,它们与某些植物进行专性的互利共生。一些附生植物,如萝藦科、猪笼草科、水龙骨科和茜草科的一些种类,能吸引蚂蚁并为它们提供栖息场所,蚂蚁反过来又为这些植物带来有机物质。蚂蚁也可为植物提供保护,如拟切叶蚁属种类在金合欢上获得食物和栖息场所的同时,为金合欢除去与其竞争空间和阳光的临近植物。蚂蚁可以保护蚜虫不受寄生物和捕食者的侵害,而蚜虫可以给蚂蚁一些甜汁,这是蚜虫的液态排泄物。

5.1.5　生物多样性和有害生物的控制

1）生物多样性

生物多样性一词出现于20世纪80年代初期,是指各种活的生物体中的变异性,包括陆地、海洋和其他水生生态系统及其所构成的生态综合体,具体包括种内、种间和生态系统的多样性。简言之,生物多样性是生物及其构成系统的总体变异性和多样性,可分为遗传多样性、物种多样性和生态系统多样性3个层级。早在1992年,180个国家在联合国召开的环境与发展大会上通过了《生物多样性公约》。中国政府也于1993年批准了《中国生物多样性保护行动计划》,目前该计划已成为我国生物多样性保护行动的纲领性文件。我国随后于2002年出台的《关于加强城市生物多样性保护工作的通知》,正式将城市生物多样性保护提上了城市建设日程。

遗传多样性是指同种内遗传构成上的差异或变异。无论在自然选择条件下还是在人工选择条件下,物种在长期的复杂生命过程中形成具有遗传差异的个体。这种变异可能发生在居群之间,也可能发生在居群之内,并有发生基因突变的可能性。遗传多样性对任何物种维持繁衍生命、适应环境、抵抗不良环境与灾害都是十分必要的。

物种多样性是指多种多样的生物类型和种类,是物种富集的程度。通常指一定面积内物种的数量,是最容易被人们认识的多样性层次。物种是生物分类系统中的基本单元,其本身也是遗传多样性的一个集结水平。物种多样性强调物种的变异性,代表着物种进化的空间范围和对特定环境的适应性,是进化机制的主要产物,所以,物种被认为是最适合研究生物多样性的生命层次,也是相对研究最多的层次。

生态系统多样性是指生态系统中生境类型、生物群落和生态过程的丰富程度,是生态系统本身的多样性和生物系统之间的差异性。生物在跃期的进化过程中,不同物种在不同地理条件下,形成相封稳定的群落结构,进而形成了不同的生态系统。同一生态系统内,在种类、结构、功能等各个水平上存在着差异性。

生物多样性的3个层级是互相依赖的。没有生态系统的多样性,许多物种可能灭绝,更谈不上遗传多样性;反之,如果没有遗传多样性,生物便失去了进化的动力,物种的生命力将变得十分脆弱;没有物种多样性,就无从形成多样的生态系统。

生物多样性是生态园林组成及其发挥生态功能的主体。

2）有害生物的控制

植物群落对病虫害的抵抗能力是靠个体、种群和生态系统3种水平的机制来维持的。个体水平是化学防御,这要消耗大量的能量。种群和生态系统水平的防御,则主要靠物种的多样性。物种多样性影响病虫害自然控制力的假设主要有3个,即联合抗性假设、天敌假设和资源集中假设。联合抗性假设认为,与单一植物构成的群落相比,多种植物构成的群落对有害生物的侵害有更强的抵抗力,病虫害暴发的概率较小;天敌假设认为,不论是广谱性的还是专一性的天敌,在多种植物构成的群落中会更加丰富,天敌对有害生物的压制能力更强,从而降低病虫害的发生;资源集中假设认为,多数病虫尤其是食性窄的种类容易在单一寄主植物构成的群落中发生,而在多种植物构成的群落中,由于寄主植物分散而降低害虫的发生。这几种假设都强调植物种类多样性对群落生物多样性的直接影响,认为群落生物多样性对病虫害的自然控制力作用是通过调节有害生物与其天敌类群的种类和数量来实现的,并认为多样化的植物群落能降低病虫害的暴发。

病虫害并不是在任何植物群落内都能大量发生的,只有在环境条件有利于病虫种群发生时才会暴发成灾。树林的组成、生物多样性与林木病虫害自然控制力之间有着非常密切的关系。一般来说,纯林比混交林更容易暴发病虫害,纯林植物种类单一,植物与其他生物类群组成简单,生物多样性低,天敌种类少,对病虫害控制力弱,一旦病虫增殖,极易暴发成灾。混交林内植物与其他生物类群比较复杂,各种生物间形成复杂的生物网,相互制约,增强了对有害生物种群的自控力。天敌普查发现,马尾松毛虫的天敌超过110种,其中混交林中有几十种之多,而纯林中只有10余种,这就是混交林中天敌对马尾松毛虫的自然控制力比纯林高数倍之多的主要原因。在马尾松与阔叶树种组成的混交林内,害虫的天敌,如益虫、蜘蛛和鸟类的种群数量比马尾松纯林高出2.2倍,其中马尾松混交林中的卵寄生蜂种群密度为2 282头,而纯林中只有308头;蛹期寄生率混交林中为54.2%,而纯林只有17.9%。

病虫害大量发生时,化学防治是一种有效方法,但也存在不足,在控制病虫害的同时,会杀死天敌及其他益虫、益鸟和益兽,破坏食物链。因此,我们一方面要通过栽培养护措施来提高植物个体对有害生物的抵抗能力,使有害生物处于很低水平;另一方面,要保护天敌,增加生物多样性,利用生物防治方法来控制病虫害的发生。如应用赤眼蜂和白僵菌防治松毛虫,在树林内设置招引木、人工鸟巢,为鸟类提供栖息地,都是有效的生物防治方法。

森林的稳定性与许多因素有关,但最主要的是历史上形成的多物种共存的结果。因此,天然林的稳定性强,抗干扰能力强,对立地条件的适应性也强。天然林被采伐利用后,用人工方法培育的大面积速生林常常导致病虫害的频繁发生和立地质量的下降。因此,在城市地区进行园林绿化时,应多采用乡土树种,乔木、灌木、草合理配植,通过增加植物种的多样性,招来动物类群,以丰富整个群落的物种多样性,这对减少城市植物病虫害的危害,维护群落稳定性有着极其重要的意义。

生物可以借助气流、风暴和海流等自然因素或人为作用,将一些植物种子、昆虫、微小生物及多种动物引入新的生态系统。在适宜气候、丰富食物营养供应和缺乏天敌抑制的条件下,外来生物迅速增殖,在新的生境下一代代繁衍,形成对本地种的生存威胁,称为生物入侵。当前城市园林植物的有害生物入侵呈明显上升趋势,生物入侵对城市园林乃至整个国家的生态安全都构成了严重的威胁和破坏。

生物入侵关系到生态的安全和保护,园林工作者一定要坚持"保护第一"的理念。生态安全有两层意义:一是生态系统自身是否安全,生态系统自身结构是否受到破坏;二是生态系统对于人类是否安全,即生态功能是否受到损害。生物入侵与生态安全的相关性,就是自然界经过千百万年优胜劣汰形成的生物链,是不可随意更改的,凡是造成当地生物多样性丧失和削弱的,都要坚决予以阻止和防治,直至彻底消灭。对于生物入侵必须贯彻"预防为主,综合防治"的方针,积极合理地利用园林植物生产技术、化学、生物、物理等一切有效的方法控制其扩大和蔓延。引种是生物入侵的主渠道,因此要杜绝盲目引种和违法引种,加强植物检疫,禁止或限制危险性害虫、病菌、杂草和带病的苗木、种子等传入或传出,或者在传入后限制传播、防止向其他地区蔓延,应尽可能并酌情防止引进、控制或清除那些威胁到生态系统、生境或物种安全的外来物种。有必要从每一个地域和城市查起,查清我国现有的外来有害物种的种类和危害状况,对于已经入境的有害生物,必须采取措施尽量予以根除。对新入侵尚未大面积扩散的物种则要尽早采取根除措施。

5.2 生态系统

5.2.1 生态系统的概念及组成

1)生态系统的概念

生态系统是指在一定的空间范围内,生物群落及其所在的环境之间通过能量流动和物质循环而相互作用、相互依存所形成的一个相对稳定的整体。在生态系统中,生物成分和非生物环境(光、温、水分、空气、土壤等)之间是一个相互作用又相互联系的统一体,构成一个生态学的基本功能单位。任何一个生物群落与其周围环境的组合都可称为生态系统。例如一个池塘、一片森林、一座城市、一块农田、一个公园等都可看作一个生态系统。生物圈是最大的生态系统,它包括陆地、海洋和淡水 3 大生态系统。

2)生态系统的组成

生态系统的组成非常复杂,主要包括生物和非生物两大部分,其中生物部分包括生产者、消费者和分解者 3 大功能类群。

(1)生产者　指绿色植物和某些能进行光合作用或化能合成作用的细菌即自养生物,它们能利用太阳能进行光合作用,把从周围环境中摄取的无机物合成有机化合物,并把能量贮存起来,以供本身需要或作为其他生物的营养。

(2)消费者　指直接或间接以生产者为食的各种动物。消费者包括植食性动物和肉食性动物,前者为初级消费者,后者为次级消费者或更高级的消费者。

(3)分解者　主要指细菌、真菌、某些原生动物及其腐食性动物(如蚯蚓、白蚁等),它们靠分解有机化合物为生(腐生),从生态系统中的废物产品和死亡的有机体中取得能量,把动植物复杂的有机残体分解为较简单的化合物和元素,释放归还到环境中去,供植物再利用,故又称为还原者。

(4)非生物成分　包括光能、热量、水、二氧化碳、氧气、氮气、矿物盐类、酸、碱以及其他元素或化合物,它们既是构成物质代谢的材料,同时也构成生物的无机环境。

在通常情况下,起主导作用的是生产者,靠它把太阳能转变为化学能,并引入到生态系统中,然后使其他各个组成部分行使各自机能,彼此一环紧扣一环,形成一个统一的、不可分割的生态系统整体。

5.2.2　生态系统的结构及基本特征

1) 生态系统的结构

生态系统的结构包括两个方面：一是组成成分及其营养关系；二是各种生物的空间配置（分布）状态。具体地说，生态系统的结构包括物种结构、营养结构和空间结构。

（1）物种结构　各生态系统之间的物种结构差异很大，如水域生态系统的生产者主要是借助显微镜才能分辨的浮游藻类，而森林生态系统中的生产者却是一些高达几米，甚至几十米的乔木和各种灌木。

（2）营养结构　生态系统的营养结构是以营养为纽带，把生物、非生物结合起来，使生产者、消费者、还原者和环境之间构成一定的密切关系。营养结构可分为以物质循环为基础的营养结构和以能量流动为基础的营养结构。

（3）空间结构　生态系统的空间结构实际上是生物群落的空间格局状况，包括群落的垂直结构和水平结构。

2) 生态系统的基本特征

任何系统都具有一定结构，各组成成分之间发生着一定的联系，是执行一定功能的有序整体。生态系统的特征主要表现在下列几方面：

（1）生态系统是动态功能系统　生态系统是有生命存在并与外界环境不断进行物质交换和能量传递的特定空间。所以，生态系统具有有机体的一系列生物学特性，如发育、代谢、繁殖、生长与衰老等。这就意味着生态系统具有内在的动态变化的能力。任何一个生态系统总是处于不断发展、进化和演变之中，根据发育的状况将其分为幼年期、成长期、成熟期等不同发育阶段。每个发育阶段所需的进化时间在各类生态系统中是不同的。发育阶段不同的生态系统在结构和功能上都具有各自的特点。

（2）生态系统具有一定的区域特征　生态系统都与特定的空间相联系，包含一定地区和范围的空间概念。这些空间具有不同的生态条件，栖息着与之相适应的生物类群。生命系统与环境系统的相互作用以及生物对环境的长期适应，使得生态系统的结构和功能反映了一定的地区特性。同是森林生态系统，寒温带长白山区的针阔混交林与海南岛的热带雨林生态系统相比，无论是物种结构、物种丰富度或系统的功能等均有明显的差别。这种差异是区域自然环境不同的反映，也是生命成分在长期进化过程中对各自空间环境适应和相互作用的结果。

（3）生态系统是开放的自持系统　自然生态系统所需要的能源是生产者对光能的转化，消费者取食植物，分解者分解动植物残体以及其代谢排泄物，使结合在复杂有机物中的矿质元素又归还到环境（土壤）中，重新供植物利用。这个过程往复循环，从而不断地进行着能量和物质的交换、转移，保证生态系统发挥功能，并输出系统内生物过程所制造的产品或剩余的物质和能量。生态系统功能连续的自我维持基础就是它所具有的代谢机能，这种代谢机能是通过系统内的生产者、消费者、分解者3个不同营养水平的生物类群完成的，它们是生态系统"自维持"的结构基础。

（4）生态系统具有自动调节的功能　自然生态系统若未受到人类或者其他外来因素的严

重干扰和破坏,其结构和功能是非常和谐的,这是因为生态系统具有自动调节的功能。所谓自动调节功能是指生态系统受到外来干扰而使稳定状态改变时,系统靠自身的内部机制再返回稳定、平衡状态的能力。生态系统自我调节功能表现在 3 个方面,即同种生物种群密度调节;异种生物种群间的数量调节;生物与环境之间相互适应的调节,主要表现在两者之间发生的输入、输出的供需调节。

5.2.3　生态系统的功能

生态系统的结构和特征决定了它的基本功能,这就是能量流动、物质循环和信息传递。生态系统的这些基本功能是相互联系、紧密结合的,而且是由生态系统中的生物群落来实现的。

1) 生态系统的生物生产

(1) 初级生产　生态系统中的能量流动开始于绿色植物通过光合作用对太阳能的固定,因为这是生态系统中第一次能量固定,所以植物所固定的太阳能或所制造的有机物质称为初级生产量或第一性生产量。在初级生产过程中,植物固定的能量有一部分被植物自己的呼吸消耗掉,剩下的可用于植物的生长和繁殖,这部分生产量称为净初级生产量,包括呼吸消耗在内的全部生产量,为总初级生产量,三者之间的关系是:

$$GP = NP + R$$

式中　GP——总初级生产量;

NP——净初级生产量;

R——呼吸所消耗的能量。

净初级生产量是可供生态系统中其他生物利用的能量。森林生态系统的净初级生产量除草食动物消耗一部分外,损失量最大的是凋落物量,森林植物每年有相当一部分活生物量转变为死地被物。在凋落量中叶子占主要成分,其他有花、果、小枝和树皮等。

(2) 次级生产　生态系统的次级生产是指消费者和分解者利用初级生产物质进行同化作用,建造自身和繁殖后代的过程。一般净初级生产量只有一小部分被食草动物所利用,即使是被动物吃进体内的植物,也有一部分通过动物的消化道排出体外,例如,蝗虫只能消化吃进食物的 30%,其余 70% 以粪便形式排出体外。被异养生物同化的能量称为净次级生产量,其中一部分用于动物的呼吸代谢和生命的维持,并最终以热的形式消耗掉,其余部分用于动物的生长和繁殖。在森林生态系统中,腐生食物网占据了能量流的主要部分。腐食生物最主要的是真菌和细菌。它们体积小,寿命短,数量大,在腐食食物网的能量流动中起着主导作用。

2) 生态系统的能量流动和贮存

地球上一切生命都离不开能量的利用,生物要活下去或者生长与繁殖,均需要有能量的补充。没有能量的不断供应,生物的生命就会停止。生物所利用的能源,基本上都来自太阳的辐射,其途径是绿色植物通过光合作用将太阳能转化成化学能,动物再把植物体内的化学能转化为机械能和热能。这种能量转化、储存和联系的依赖性是生态系统能量流动的基本概念和基础。

(1) 能量的概念　能量是生态系统的驱动力,生态系统中各种生物的生理状况、生长发育

行为、分布和生态作用,主要由能量需求状况的满足程度所决定。生态系统中的能量关系主要表现在 3 个方面:

①有机物质的合成过程,即生产者(绿色植物)吸收太阳能合成初级生产量。

②活的有机物质被各级消费者消费的过程。

③死的有机物质腐烂和被生物分解的过程。

能量在上述 3 个过程的转化称作能量流。能量输入生态系统而得以储存,通过消费者的消耗和腐生生物分解等一系列能量转化的代谢活动,能量不断消耗并转化为热能输出系统,所以,生态系统必须不断地有能量的补充,否则就会瓦解。

(2)生态系统的能量流　生态系统中各类生物存在着复杂的营养关系,不同的生态系统均有其特定的营养结构。营养结构可由食物链、生态金字塔来描述。

①食物链与食物网:在生态系统中,各物种间存在着高度有序的能量和营养依赖关系。各种生物以其独特的方式来获得生存、生长、繁殖所需要的能量,生产者所固定的能量和物质,通过一系列取食和被食的关系在生物间进行传递,如食草动物取食植物,食肉动物捕食食草动物,这种不同生物之间通过食物关系而形成的链索式单向联系称为食物链。如豹捕食狐狸,狐狸捕食兔子,兔子以草为食,这就构成了一条食物链:草—兔—狐狸—豹。食物链构成了生态系统中能量流动的渠道。食物链彼此交错连接,形成网状结构,称为食物网。

生态系统中的各生物之间正是通过食物网发生直接和间接的联系,保持生态系统结构和功能的稳定性。在一个生态系统中,生产者所固定的能量和物质,通过一系列取食和被食的关系在生物间进行传递,每一生物获取能量均有特定的来源,前一种生物又依次成为其他生物的能源。生态系统中各种成分之间最本质的联系是通过营养来实现的,即通过食物链把生物与非生物、生产者与消费者、消费者与分解者连成一个整体。

②营养级和生态金字塔:为了便于进行能量流和物质循环的研究,生态学家提出了营养级的概念。一个营养级是只处于食物链某一环节上的所有食物种的总和。如生产者称为第一营养级,它们都是自养生物,位于食物链的起点;食草动物为第二营养级,它们是异养生物,以生产者(主要是绿色植物)为食;食肉动物为第三营养级,它们的营养方式也属于异养型,而且都以食草动物为食。此外,二级或三级肉食动物可以构成第四营养级和第五营养级。在生态系统中,食物链上的营养级一般不会超过五级,多数为三、四级。生态系统的能量流动是单向的,植物将接受的小部分太阳能固定为化学能,能量沿着食物链流动,最后以热能的形式返回到环境中或贮存在生态系统中,通过食物链的各个营养级的能量是逐渐减少的。正由于能量通过营养级时逐级减少,所以把通过各营养级的能量流由高到低进行排列,就成为金字塔形,塔基为第一营养级,塔顶为最后营养级,称为能量金字塔或能量锥形体。同样,如果用生物量或个体数目来表示各营养级,则可得到生物量金字塔和数量金字塔,三类金字塔合称为生态金字塔。

3)生态系统的物质循环

生态系统中生命成分的生存和繁衍除需要能量外,还必须从环境中得到生命活动所需要的各种营养物质。没有外界物质的输入,生命就会停止,生态系统也将随之解体。物质还是能量的载体,没有物质,能量就会自由散失,也就不可能沿着食物链传递。所以,物质既是维持生命活动的结构基础,也是贮存化学能的运载工具。生态系统的能量流和物质流紧密联系,共同进行,维持着生态系统的生长发育和进化演替。能量流进入并通过生态系统,最终从生态系统中消失,属于单向流动;但物质不同,它们一旦从与能量的结合中解脱,就会返回生态系统的非生物环境,重新被植物吸收利用。此外,物质还可以迁入别的生态系统或长期贮存。

（1）物质循环的概念　生态系统中的物质主要指维持生命活动正常进行所必需的各种营养元素。生态系统从大气、水体和土壤等环境中获得营养物质,通过绿色植物吸收,进入生命系统,被其他生物重复利用,最后归还于环境中,这个过程称为物质循环。在生态系统中能量不断流动,而物质不断循环,能量流动和物质循环是生态系统的两个基本过程。正是这两个过程,使得生态系统各个营养级之间和各种成分之间组成了一个完整的功能单位。

（2）物质循环的种类　生态系统养分循环十分复杂,有些元素的循环主要是在生物和大气之间进行,有些元素是在生物和土壤之间循环,而另一些元素则包括了这两个途径。此外,还存在植物体内部的循环。因此,生态系统营养成分的循环有 3 个主要类型:地球化学循环、生物地球化学循环和生物化学循环。

①地球化学循环:是指不同生态系统之间化学元素的交换,如风可把尘埃或雨水中的养分从一个生态系统输送到另一生态系统中。这种循环的范围变化很大,从几公里到全球范围。它主要研究的是与人类生存密切相关的各种元素的全球性循环。

②生物地球化学循环:是指生态系统内化学物质的交换,主要特征是参与循环的大部分养分常常限于某一特定生态系统内部,养分被充分地保持和累积,只有很少养分向地球化学循环迁移,是生态系统内部生物组分与物理环境之间连续的、循环的养分交换。如植物的养分吸收、养分在植物体内的再分布和养分的损失 3 个过程。

③生物化学循环:是指养分在生物体内的再分配。养分在短命组织（如叶片）死亡之前被转移到植物体内而被保存起来,然后,再被转移到幼嫩组织或贮存组织中,如养分从叶子转向幼嫩的生长点,或将其储存在树皮和体内某处。假如植物没有能力把即将脱落的老龄叶的养分转移到体内,就会有大量氮、磷、钾在凋落物内损失掉。这种植物体内养分的再分配,也是植物保存养分的重要途径。

4）生态系统中的信息传递

生态系统功能的整体还包括在系统中各生命成分之间存在着信息传递,即信息流。信息传递是生态系统的基本功能之一,在传递过程中伴随着一定的物质和能量消耗,但信息传递不像物质流那样是循环的,也不像能量流那样是单向的,而往往是双向的,有从输入到输出的信息传递,也有从输出到输入的信息反馈。正是这种信息流使生态系统产生了自动调节机制。生态系统的信息,主要分为物理信息、化学信息两大类。

（1）物理信息　生态系统中以物理过程为传递形式的信息称为物理信息,如光信息、声信息、电信息、磁信息等。植物生态系统中,射入的阳光给植物带来了能量,同时也带来了信息,而这种光照时间长短与强度的变化,如一年四季变化及昼夜变化,对一些植物的开花、休眠发挥着调控作用,甚至对植物叶片的运动有影响,如合欢树在白天叶片张开,在黑夜闭合。

（2）化学信息　生态系统的各个层次都有生物代谢产生的化学物质参与传递信息、协调各种功能,这种传递信息的化学物质通称为信息素。化学信息是生态系统中信息流的重要组成部分。如植物群落中,一种植物通过某些化学物质的分泌和排泄而影响另一种植物的生长甚至生存的现象是很普遍的。一些植物通过挥发、淋溶、根系分泌或残株腐烂等途径,把次生代谢物释放到环境中,促进或抑制其他植物的生长和萌发,影响其竞争力,从而对群落的种类结构和空间结构产生影响。有些植物分泌化学亲和物质,起到相互促进的作用,有些植物分泌植物毒素或防御素,对临近的植物产生毒害,或抵御临近植物的侵害,如榆树和栎树,白桦和松树之间的相互拮抗作用。物种在进化过程中,逐渐形成释放化学信号于体外的特性,这些信号或对释放者本身有利,或有益于信号接受者,从而影响着生物的生长、健康或物种的生物特征。有些金丝桃属的植物,能分泌一种能引起光敏性和刺激皮肤的化学物质——海棠素,使误食的动物变盲或致死,故多数动物避开这种植物,但某些叶甲却能利用这种海棠素作为引诱剂来找到食物。

5.2.4　生态平衡

生态平衡是指在一定时间和相对稳定的条件下,生态系统各组成部分的结构与功能处于相互适应与协调的动态平衡之中。

生态平衡是非常复杂的生态现象。由于受生态系统最基本特征(生命成分的存在)所决定,生态系统始终处于动态变化之中(基本成分都在不断变化)。即使群落发育到顶极阶段,演替仍在继续进行,只是持续时间更久,形式更加复杂。由于生物群落的特殊性,在不同阶段和不同水平上的表现具有差异,因而,生态平衡反映出不同层次及不同发育期的区别。不同生态系统或同一生态系统的不同发育阶段,在无人为严重破坏的条件下,只要与其存在空间条件要素相适应,系统内各组成成分能够正常发展,各种功能能够正常进行,系统发育过程和趋势正常,这样的生态系统就可称为生态平衡的系统。

生态系统对外界干扰具有的调节能力,使之保持了相对的稳定,但是这种自我调节的能力不是无限的,当外来干扰因素(如地震、泥石流、火灾、修建大型工程、排放有毒物质、喷洒大量农药、人为引入或消灭某些生物等)超过一定限度时,生态系统的调节功能本身就会受到损害,从而导致生态平衡失调。显然,生态平衡失调就是外来干扰大于生态系统自身调节能力的结果。

生态系统具有自我调节机制,所以在通常情况下,生态系统会保持自身的平衡状态。生态平衡是一种动态平衡,因为能量流动和物质循环总是在不间断地进行着,生物个体也在不断地进行更新。自然条件下,生态系统总是朝着种类多样化、结构复杂化和功能完善化的方向发展,直到使生态系统达到成熟的最稳定状态为止。

当生态系统达到动态平衡的最稳定状态时,它能够自我调节和维持自身的正常功能,并能在很大程度上消除外来的干扰,保持自身的稳定性。它能忍受一定限度的外部压力,压力一旦解除就又恢复到原初的稳定状态,这实质上就是生态系统的反馈调节。为了正确处理人和自然的关系,必须认识到人类赖以生存的整个自然界和生物圈就是一个高度复杂的具有自我调节功能的生态系统,保持这个生态系统结构和功能的稳定是人类生存和发展的基础。一旦生态平衡受到破坏,必将引起生态系统各种功能的失调,从而导致生态危机。生态危机是指由于人类盲目活动而导致局部地区甚至整个生物圈结构和功能的失衡,从而威胁到人类生存的现象。生态平衡失调的初期往往不容易被人们觉察,一旦发展到出现生态危机就很难在短期内恢复平衡。因此,人类的活动除了要讲究经济效益和社会效益外,还必须特别注意生态效益和生态后果,以便在改造自然的同时能基本保持生物圈的稳定与平衡。

5.3　生物因素调控在园林绿化中的作用

调节好园林植物的生物因素,加强对有益生物的保护,建立合理的种群关系,可以为园林植物的生长发育创造良好的生态因素,达到生态环境的和谐统一。

5.3.1　根据种间关系合理配置植物

在园林绿化建设中,应合理选配植物种类,避免种间直接竞争,形成结构合理、功能健全、种群稳定的群落结构,以利种间互相补充,既能充分利用环境资源,又能形成优美的景观。城市园林绿化环境中,应将抗污吸污、抗旱耐寒、耐贫瘠、抗病虫害、耐粗放管理等作为植物选择的标准。如上海地区的园林绿化植物中,槭树、马尾松等生长状况不良,不宜大面积种植;而水杉、池杉、落羽杉、广玉兰、女贞、棕榈等适应性好、长势优良,可以作为绿化的主要树种。

在园林植物配置方面应遵从"互惠共生"的原理,充分利用植物之间的相互促进关系,避免不利关系,这样才能保证植物配置成功,并达到协调互惠的效果。如黑接骨木对云杉根的分布有利,皂荚、白蜡与七里香等生长在一起,互相都有促进作用;而胡桃和苹果、松树和云杉、白桦与松树是相互拮抗、相互抑制,不能栽植在一起。

5.3.2　保持适宜的栽植密度

园林树木栽培的株行距一般要大些,以避免植物种内和种间的各种不利关系对园林树木产生不良的影响,如对营养与空间的激烈竞争会造成树木老化及死亡的现象;也可以使栽培的园林树木迅速生长并保持良好的树形;还可以在园林树木的下面栽种灌木与花草,形成层次分明,色相多样的人工绿化景观,达到绿化、美化环境的目的。

5.3.3　加强城市中有益生物的保护

城市的人造环境不适于鸟类、益虫等有益生物的生存,再加上人为捕杀,在城市里已很少见到大量的鸟类,蜂类、蜻蜓、螳螂、草蛉、蝴蝶等昆虫的数量也少之又少。因此,保护好鸟类和昆虫(特别是保护好益虫),不仅有利于园林植物的开花授粉,防止病虫害的发生,同时也有利于改善城市的环境质量。此外,鸟儿在树上歌唱,蜂、蝶在花间起舞,可增添园林景观的自然性与观赏价值。强力保护有益生物是体现"保护生物多样性"的有力举措,而"保护生物多样性"本质上就是保护人类自己。

5.3.4　园林植物病虫害综合治理

城市里由于缺少病虫害的自然天敌,一些能适应城市环境的病虫害得到了繁殖蔓延的机会,给城市的园林植物造成了严重的危害。由于园林绿化在生态中的特殊功能和园林植物保护工作"前瞻性"的特点,园林植物病虫害治理应强调"预防"为主,"治疗"为辅的原则。在制定园林植物病虫害治理对策时,应从生态学观点出发,养护管理上要创造不利于病虫害发生的条件,减少或不用化学农药,保护天敌,提高自然控制力,保持园林生态的稳定。园林植物保护工作必须以搞好植物检疫为前提,养护管理为基础,积极开展生物防治、物理防治,合理使用化学防治,有机协调利用各种防治措施。

在此还必须指出,在园林植物综合治理体系中应该突出促进植物体内、体表及周围环境中有益生物增长、调整生态和微生态环境这样一种生态防治手段。

1)把好植物检疫关

在调入苗木和花卉时,实行严格的植物检疫,发现有害生物立即进行除害处理,严重者予以销毁,防止危险性病虫草传入,避免给园林绿化带来巨大的损失。

2)抓好城市园林植物的种植规划

从尊重生态系统的自我调节出发进行园林规划设计,遵行生物共生、循环、竞争的原则合理配置植物种类及品种,注意长远解决病虫害问题。植物的选择应以植物区系分布规律为理论基础,以乡土树种为重点,以适应城市生态环境为标准。针对发生严重的害虫种类,尽量少种植其喜食植物的种类及数量,多规划和栽植抗病虫的或耐性强的植物,以减少有害生物的适生寄主。

3)加强养护管理,提高植物的抗逆能力

加强养护管理就是人为地调整适合园林植物的生长、而不适合有害生物繁殖蔓延的环境条件,提高园林植物自身的抗性能力,减少有害生物的侵染危害。如对生长势差的植物及时施肥、浇水、松土锄草,促其健康、苗壮地生长,并结合秋冬季修剪,除去有病虫枝条。这样不但可以加强通风透光,调节植物养分,增强植物的生长势;还可以减少病虫来源,营造不利于病虫害越冬、繁衍和危害的环境条件。

4)推广应用无公害防治技术

(1)保护利用天敌,开展生物防治　生物防治的核心是天敌资源的利用,即有害生物的"克星"——相克生物的利用。天敌资源是多样、专一、长效的活体自然资源,目前国际上生物防治主要表现为三大体系,七大技术。

三大体系:

①传统的生物防治——引进天敌控制外来有害生物,天敌的增助与散放。

②本地天敌资源保护和利用。

③微生物农药研制、开发和商品化。

七大技术:

①天敌生物和有害靶标生物的直接竞争。

②天敌的抗生作用(天敌毒素或抗生素击毙作用)。

③天敌生物捕食或寄主靶标生物。

④提高寄主植物抗性(如转移基因、利用植物对病原物侵染的应激反应内化为抗病反应)。

⑤基因应用(利用遗传技术导入抗虫基因,利用基因工程技术修饰天敌基因,增强抗病力,利用基因工程技术导入显性不育基因,"自毁"有害生物种群,降低其密度等)。

⑥扩繁密源植物,鸟嗜植物,营建天敌繁衍基地。

⑦规避生防风险(生态风险)。

(2)选择使用生物农药　生物农药在病虫害防治过程中能有效地保护天敌,控制病虫害,对人畜安全,对环境污染小,相对化学农药来讲对病虫害的控制作用更具有持久性。生物农药是指直接利用生物活体或生物代谢过程中产生的具有生物活性的物质,或从生物体中提取的物质作为防治病虫草害的农药。生物农药有微生物源农药、动物源农药和植物源农药3类。

(3)合理使用化学农药　只有在必需、应急时,才使用化学农药进行靶标防治,尽可能地选用具有选择性、低毒、低残留、对环境污染小的药剂,少用或不用广谱性化学农药,经常变化农药品种,合理混用配方,以免病虫产生抗药性。目前,植物病虫害化学防治多使用喷雾方法。据测算,常规使用的喷雾方法从施药器械喷洒出去的药液只有25%～50%能沉积在植物叶片上,不到1%的药液能沉积在靶标害虫上,而其中仅有0.03%的药剂能起到杀虫作用。这种施药方法不仅效率低造成农药污染,而且还会时大量的农药流失到非靶标环境中,造成人畜中毒、环境污染问题。改进化学农药的使用技术,采取涂茎、根施和注射等方法,提高农药的利用率,以减少农药对环境的污染。

(4)合理应用物理防治　物理防治方法既包括古老、简单的人工捕杀,又包括近代物理新成就的应用,主要有5种方法。

①捕杀法:利用人工或各种简单的器械捕捉或直接消灭害虫。

②阻隔法:根据害虫的活动习性,人为地设置各种障碍,切断害虫的侵害途径。

③诱杀法:利用黑光灯诱杀、食物诱杀害虫等措施。

④高温处理法又称热处理:在一定的时间内用一定温度的热风或温水处理苗木,进行消毒;也可用一定温度的蒸汽热处理温室土壤,利用太阳能热处理土壤也是有效的措施。

⑤微波、高频和辐射处理:微波和高频都是电磁波,在植物检疫中适合于旅检与邮检工作的需要;辐射处理可以直接杀死害虫,多应用于仓库杀虫、预测预报和检验检疫等。

5.3.5　防止有害生物入侵

在城市园林建设过程中,引进外来园林植物,能丰富城市的生物多样性,同时可能引起外来有害生物的入侵,园林植物引种中发生有害生物入侵的原因主要有:一是缺乏专门的法律规范;二是检疫制度不健全;三是公众生态知识缺乏;四是社会生态安全意识淡薄;也有对生物入侵问题认识不足和不可控的人为因素等原因。有害生物入侵有可能导致生物多样性的丧失和破坏,使园林业甚至农林牧渔业生产受到严重损失,而且有的会损害人类的身体健康。

因此,在大规模引种的情况下,应该冷静分析、正确对待,确保引种园林植物的健康发展,降低和避免引种可能导致的潜在危害性。园林植物引种工作防范有害生物的入侵,应纳入国家生态安全的范畴,制定综合的防范对策:一要加强被入侵生态系统的恢复研究;二要完善防范生物入侵的法律制度;三要强化社会生态安全意识,实行引进物种的环境影响评价与风险评估制度;四要加强防范有害生物入侵对策的技术性研究;五要充分利用网络技术,建立园林植物引种的信息流通渠道。当然,对于有害生物的入侵问题,应教育公众增强防范意识,号召全民参与治理也是十分重要的方面。

5.3.6　乡土植物与生物多样性

乡土植物又称本土植物,被定义为经过长期的自然选择及物种演替后,在某一特定地区有高度生态适应性的自然植物区系成分的总称。乡土植物的概念是针对外来入侵种提出的。外来入侵种是指已在自然或半自然生态系统中建立了种群,成为改变和威胁本地生物多样性的外来物种。

在园林绿化初级发展时期,外来植物由于见效快、成本低等优势,在园林绿化中被广泛应用。在数量众多的外来植物中,一部分作为有用植物为人们的生活做出了贡献,另一部分则成为可怕的植物杀手,严重破坏当地生态平衡,改变生物多样性。这类植物被称为外来入侵种。这些外来入侵种虽然种类数量相对较少,但是大部分成功入侵后即大面积爆发,生长难以控制,对生态系统造成了不可逆转的破坏。原产日本的葛藤被美国引进用于斜坡绿化,由于它顽强的生命力而在美国东南部已经野生化,并泛滥成灾,当地人称之为"绿色之蛇"与"第一有害草"。有些海岛或者小国家,由于外来植物的肆虐已几乎见不到乡土植物。如位于印度洋西部的世界第四大岛马达加斯加岛,过去因生物种类丰富被誉为"生物的宝库",但现在到处是外来的松属与桉属树种,自然环境被严重破坏,难以见到乡土植物。南非的维多利亚瀑布被誉为"世界第三大瀑布",周围却长满了原产墨西哥的藿香蓟。在纳米比亚海岸的纳米比沙漠,到旱季,观赏车道的河床两侧长满了原产印度的白曼陀罗。

我国目前已知的入侵植物至少有 380 种。原产美国东南海岸的互花米草,在浙江、福建、广东的海岸泛滥成灾,影响滩涂养殖,堵塞航道,威胁海岸生态系统,危及红树林。紫茎泽兰与凤眼莲更是危害广泛,五爪金龙等在粤东地区危害相当严重,是粤东地区危害最严重的 5 种入侵植物之一。2003 年 3 月,国家环保总局公布了包括紫茎泽兰、薇甘菊、飞机草、凤眼莲等首批入侵我国的 16 种生物的外来入侵生物名单。根据近年来在我国城市发生的生物入侵的案例和我国动植物检疫条例的检疫对象,初步认定我国城市园林入侵植物还有:美洲蟛蜞菊、马缨丹、银胶菊、紫茉莉、珊瑚藤、北美一枝黄花、落葵薯、含羞草、红花酢浆草、五爪金龙等。在地被植物方面,我国外来杂草共 75 属 107 种,其中有 62 种是作为观赏植物引进的。世界 100 种危害最大的外来入侵物种约有一半侵入我国,超过 50% 的物种是人为引种的结果。

乡土植物对植物多样性的保护主要体现在平衡外来物种对当地植物的威胁作用。由于在引种之前缺乏科学管理和防范措施,缺乏综合性的利益与风险评估体系,导致外来物种入侵的现象从国外到国内一直都有发生。Godefroid 研究发现布鲁塞尔市在 1940—1971 年间本地植物为 643 种,外来植物 88 种,而到了 1991—1994 年间,本地植物减致 585 种,外来植物增致 145 种,由于没有采用乡土植物导致了 147 个物种消失。在夏威夷,人们发现有 4 600 个外来植物种,为该岛本地种的 3 倍。在波兰和柏桥等城市园林中,也存在当地植物种类减少、外来植物种类增加的现象。我国北京地区外来植物约有 687 种。杭州市植物园在 1956—1995 年间引入的

园林观赏植物2 246种,占该植物园植物种数的64.2%。外来植物种除了与当地物种争夺资源外,还为其他生物提供了不同的生境条件,甚至形成生态入侵,对园林生物多样性具有较大的不利影响。因此,在加强大力发展乡土植物作为园林景观应用外,还需要加强对外来植物种类的研究与保护,以便了解一个物种在怎样的情况下是有害的,了解它们的生态需求及生长规律,并通过记录城市园林植物种类,提供物种数量改变的信息,找到本地植物种下降的原因,为城市规划和生物多样性保护提供依据。

习　题

1. 名词解释
(1)环境　　　(2)环境因子　(3)生态因子　(4)植物群落　(5)他感作用
(6)寄生位　(7)密度效应　(8)互利共生　(9)生态系统　(10)生态平衡

2. 填空题
(1)了解(　　)之间的相互关系,对园林植物的配置、保护生物多样性,提高生态系统的稳定性有着非常重要的意义。只有调节好各(　　)因素之间的关系,才能使园林植物更好地生长发育,并发挥出最佳生态效益。

(2)各类生物种群在正常的生长发育条件下所具有的共同特征,即种群的共性,包含(　　)特征(是指种群占有一定的分布区域)、(　　)特征(是指种群数量随时间变化的规律)和(　　)特征(是指种群具有一定的遗传调节机制)。这些特性同时受遗传基因和环境因素的综合影响。种群的基本特征包括(　　)、(　　)和(　　)。

(3)人造园林群落也和森林一样具有垂直结构,只是没有森林那么高大,层次也较少,也可分为(　　)、(　　)和(　　)。一般来说,群落的(　　)越明显,(　　)越多,群落中的(　　)也越多。

(4)演替是指群落随(　　)和(　　)而发生的变化。每一个群落在发生、发展过程中,不断改变自身的生态环境,新的(　　)逐渐不适于原有群落物种的生存,却为其他物种的侵入和定居创造了条件。于是,各种群落的(　　)相继发生,并形成(　　)系列,最后进入与环境相适应的、相对稳定的(　　)。

(5)生物多样性是生物及其构成系统的总体变异性和(　　),可分为(　　)多样性、(　　)多样性和(　　)多样性3个层级。生物多样性的3个层级是互相依赖的。没有生态系统的(　　),许多物种可能灭绝,更谈不上(　　)多样性;反之,如果没有遗传多样性,生物便失去了进化的动力,物种的生命力将变得十分脆弱;没有(　　)多样性,就无从形成多样的生态系统。生物多样性是生态园林组成及其发挥生态功能的主体。

(6)植物群落对病虫害的抵抗能力是靠(　　)、(　　)和(　　)3种水平的机制来维持的。个体水平是(　　),这要消耗大量的能量。种群和生态系统水平的防御,则主要靠(　　)的多样性。

(7)生物防治的核心是(　　)的利用,即有害生物的"克星"——(　　)生物的利用。天敌资源是(　　)、(　　)、(　　)的活体自然资源,目前国际上生物防治主要表现为三大体系、七大技术。

（8）乡土植物又称本土植物，被定义为经过长期的（　　　）及（　　　）演替后，在某一特定地区有（　　　）适应性的自然植物区系成分的总称。乡土植物的概念是针对外来入侵种提出的。外来入侵种是指已在（　　　）或（　　　）生态系统中建立了种群，成为（　　　）和（　　　）本地生物多样性的外来物种。

3. 简答题

（1）种群的年龄结构分为哪几种类型？

（2）如何理解物种的种内关系、种间关系？

（3）生物防治上的三大体系、七大技术分别指什么？

（4）作为国家的公民，你对园林植物病虫害无公害防治有哪些看法？

（5）生态系统的基本特征是什么？

（6）简述生态系统的功能。

（7）生态系统的组成成分有哪些？

思考题

1. 谈谈生物多样性对生态平衡的重要意义。

2. 收集关于"园林植物与生物要素"的有关信息，综合信息资料，写出"谈谈生物多样性对生态平衡重要意义"的小论文。进行班级交流或演讲比赛。

园林植物设施环境与管理

[本章导读]

本章主要介绍园林植物设施内环境的特点及其设施内光、温、湿、气、土 5 个环境因子的综合管理措施。使读者掌握设施内光、温、湿、气、土的特点,调节方法及其综合管理方式。

6.1 园林植物设施特点

目前,我国使用的园林植物设施大体分为 3 类。第一类是大型设施,如塑料薄膜大棚、单栋和连栋温室等;第二类是中小型设施,如中小棚、改良阳畦等;第三类是简易设施,如风障、阳畦、冷床、温床、简易覆盖和地膜覆盖等。

园林植物设施栽培是在一定的封闭空间内进行的,因此,生产者对环境的干预、调节、控制与影响,比露地栽培要大得多。设施栽培管理的重点,是根据园林植物的遗传特性及生物学特性对环境的要求,通过人为地调节控制,尽可能使园林植物与环境之间协调、统一、平衡,人工创造出园林植物生长发育所需的最佳综合环境条件。

6.1.1 园林植物设施内环境特点

1)园林植物设施内光照环境特点

园林植物设施内的光照环境不同于露地。由于是人工建造的保护设施,其设施内的光照条件受到建筑方位、设施结构、透光屋面大小和形状、覆盖材料特性、干洁程度等多种因素的影响。设施内的光照环境从光照强度、光照时数、光的组成(即光质)等方面影响着园林植物的生长发育,另外光的分布对植物也有影响。

(1)光照强度 园林植物设施内的光照强度,一般要比自然光弱,原因是自然光需透过透明屋面覆盖材料才能进入设施,此过程中由于覆盖材料吸收、反射、覆盖材料内面结露的水珠折射、吸收等而降低了透光率。尤其是在寒冷的冬春季或阴雨天,透光率只有自然光的

50%～70%,如果透明覆盖材料不清洁,使用时间长而染尘或老化,其透光率甚至达不到自然光的50%。

(2)光照时数　园林植物设施内的光照时数是指受光时间的长短,光照时数因设施类型而不同。塑料大棚和大型连栋温室因全面透光,无外覆盖,设施内的光照时数与露地基本相同。但单屋面温室内的光照时数一般比露地要短,因为在寒冷的季节为了防寒保温,覆盖的草席、草苫的揭盖时间直接影响着设施内受光时数。在寒冷的冬季或早春,一般在日出后才揭苫,而在日落前或刚刚日落就要盖上,1 d内植物受光的时间只有7～8 h,在高纬度地区冬季甚至不足6 h,远远不能满足植物对日照时数的需求。北方冬季生产用的塑料小拱棚或改良阳畦,夜间也有防寒覆盖物保温,但同样存在着光照时数不足的问题。

(3)光质　园林植物设施内光的组成也与自然光不同,主要与透明覆盖材料的性质有关。我国的主要园林植物设施多以塑料薄膜为覆盖材料,透过的光质与薄膜的成分、颜色等有直接关系。玻璃温室与硬质塑料板材的特性也影响了设施内的光质。而露地栽培时,太阳光直接照在植物上,光的成分一致,不存在光质差异。

(4)光的分布　露地栽培园林植物在自然光下光分布是均匀的,而设施内则不一样。如单屋面温室的后屋面及东、西、北三面有墙,都是不透光部分,在其附近或下部往往会有遮阴。朝南的透明屋面下,光照明显优于北部。单屋面温室后屋面的仰角大小不同,也会影响透光率。设施内不同部位的地面距屋面的远近不同,光照条件也不同。设施内光分布的不均匀性,使得园林植物的生长发育也不一致。

2)园林植物设施内温度环境特点

园林植物设施内热量的来源主要是太阳辐射,除加温温室外,所有保护设施白天都依靠太阳辐射增温。即使是加温温室,一般也主要是在夜间或阴(雪)天太阳辐射热量不足时进行补充加温。由于薄膜或玻璃能阻止部分的长波辐射,使热能保留在设施内,而提高了设施内的气温。这种透明覆盖物的增温作用,称为"温室效应"。

(1)设施内的温度日较差　设施内的温度日较差是指1 d内最高温度与最低温度之差。其最高温与最低温的出现时间大致与露地相似,最高温出现在午后(14:00左右),最低温出现在日出前,所不同的是设施内的温度日较差要比露地大得多。容积小的设施(如小拱棚)尤其显著,例如,外界气温为10℃,大棚内的温度日较差约为30℃,而小拱棚的温度日较差可达40℃左右。加温温室由于可以补充加温,温差较小,适宜的日温差对植物生长发育是有利的。设施内日温差的形成,是由于白天设施内的空气和地面受太阳辐射而温度逐渐升高,到14时左右达到最高点,之后随着太阳辐射量的逐渐减少,气温逐渐下降。夜间气温低于地温时,土壤中贮存的热向空间释放,并在夜间通过覆盖物向周围放热,直到日出之前。所以,设施内的温度在日出前最低,日出后因太阳辐射温度逐渐提高,从而形成了保护设施内的热温差。

设施内还会产生"逆温"现象。一般出现在阴天后、晴朗微风的夜间,温室大棚表面辐射散热很强,有时温室内气温反而比外界气温还低,这种现象叫作"逆温"。其原因是白天被加热了的地表面和植物体在夜间通过覆盖物向外辐射放热,而晴朗无云有微风的夜晚放热更剧烈。另外,在微风的作用下,室外空气可以从大气逆辐射补充热量,而温室大棚由于覆盖物的阻挡,室内空气却得不到这部分补充热量,因而造成室温比室外温度还低。10月份至次年3月容易发生逆温现象。逆温一般出现在凌晨,日出后棚室迅速升温,逆温消除。

(2)设施内的温度分布　设施内气温的分布是不均匀的,不论在垂直方向还是在水平方向都存在着温差。在寒冷的冬季或早春,边行地带气温和地温均比内部低得多。保护设施面积越小,边行低温地带占的比例越大,温度分布越不均匀。例如宽 15 m、长 50 m 的大棚,低温地带占 30%,如将其加宽一倍,则低温地带约占 20%。

设施内温度的空间分布比较复杂。在保温条件下,垂直方向的温差上下可达 4～6 ℃以上,水平方向的温差则较小。温度分布不均匀的主要原因,主要是受阳光入射量分布不均匀、加温和降温设备的种类及安装位置、通风换气的方式、外界风向、内外气温差及设施结构等多种因素的影响。

3)园林植物设施内湿度环境特点

园林植物设施内的湿度环境包含空气湿度和土壤湿度两个方面:

(1)设施内空气湿度的特点　设施内空气中的水汽来源主要是土壤蒸发和植物蒸腾。设施内植物由于生长势强,代谢旺盛,植物叶面积指数高,通过蒸腾作用释放大量的水汽,在密闭条件下会使设施内水汽很快达到饱和,空气相对湿度比露地栽培要高得多。因此,高湿成为设施湿度环境的突出特点。

设施内绝对湿度的日变化与温度的日变化趋势一致。设施内部的绝对湿度基本相同,相对湿度随温度变化也发生变化,即与温度的日变化趋势相反。夜间,设施内随着气温下降,相对湿度逐渐增大,往往能达到饱和状态;日出后随着温度的升高,相对湿度开始下降,如果进行通风,绝对湿度也急剧下降。所以,设施内的空气湿度日变化较大。

设施内空气湿度变化还与设施大小有关,一般情况下高大的保护设施空气湿度小,但局部湿差大;矮小设施内空气湿度大,但局部湿差小;空气湿度的日变化是矮小设施比高大设施变化大。空气湿度的急剧变化对园林植物的生长发育是不利的,容易引起凋萎或土壤干燥。

(2)设施内土壤湿度的特点　由于设施的空间或地面有比较严密的覆盖材料,土壤耕作层不能依靠降雨来补充水分,土壤湿度只能由灌水量、土壤毛细管上升水量、土壤蒸发量以及植物蒸腾量的大小来决定。在中小棚中,土壤蒸发和植物蒸腾的水汽在塑料薄膜内面上结露,不断地顺着薄膜流向棚的两侧,逐渐使棚内中部的土壤干燥而两侧的土壤湿润,引起土壤局部湿差和温差,所以在中部一带需多灌水。

温室大棚的宽度较大,因而干燥部分更大一些。温室大棚与露地相比,由于温室内土壤蒸发和植物蒸腾量小,其土壤湿度比露地大。另外,施肥量多、无大量的雨水冲刷,土壤中盐类容易随着毛细管水向上移动而在地表积累,使土壤溶液浓度提高,对植物吸水极为不利。

4)园林植物设施内气体环境的特点

设施内的气体条件不如光照和温度条件那样直观地影响着植物的生长发育,因而往往被人们所忽视。通风不但对设施内温、湿度有调节作用,并且能够及时排出有害气体,同时补充 CO_2,增强植物光合作用,促进其生长发育。

(1)设施内 CO_2 含量的特点

①设施内 CO_2 含量变化:设施中的 CO_2 来源除了空气中的 CO_2 之外,还有植物呼吸作用、土壤微生物活动以及有机物分解发酵、煤炭柴草燃烧等放出的 CO_2,所以设施内夜间 CO_2 的含量比外界高。但从清晨天亮之后,植物立即开始旺盛地进行光合作用,吸收了大量的 CO_2,造成设施内白天 CO_2 的含量比外界低。由于设施的类型、面积、空间大小、通风换气窗开关状况以

及所栽培的植物种类、生长发育阶段和栽培床等条件不同,设施内 CO_2 含量日变化有很大的差异。

②CO_2 含量的分布:设施内各部位的 CO_2 含量分布不均匀。如晴天将温室内天窗和一侧侧窗打开,植物生育层内部 CO_2 含量降低到 $135 \sim 150$ μL/L,比生育层的上层低 $50 \sim 65$ μL/L,仅为大气 CO_2 标准浓度的 50% 左右。但在傍晚阴雨天则相反,生育层内 CO_2 含量高,上层含量低。设施内 CO_2 含量分布不均匀,使植株各部位的产量和质量也不一致。塑料大棚横断面的中部与边区的 CO_2 含量分布也不均匀,造成大棚中部光合强度比边区大。

(2)有害气体　在比较密闭的环境中出现有害气体,其危害作用比露地栽培的影响要大得多。常见的有害气体有氨(NH_3)、二氧化氮(NO_2)、乙烯(C_2H_4)、氟化氢(HF)、臭氧(O_3)等。若用煤火补充加温时,还常产生一氧化碳(CO)、二氧化硫(SO_2)的毒害。当前普遍推广的日光温室一般不进行加温,有毒气体主要不是来自于煤的燃烧,而往往是来自有机肥腐熟发酵过程中产生的氨气。若尿素施用过多又未及时盖土,在高温强光条件下分解同样会释放出氨气。当设施内通风不良时,氨气不断积累,其含量 1 h 超过 40 μL/L 左右,就会对植物产生危害。有毒的塑料薄膜与管道在高温条件下也会挥发出有害气体(如乙烯等),对植物产生毒害作用。

(3)设施内土壤气体环境　植物根系支持植株、吸收水分和无机养分并将其输送到地上部分以及贮藏有机物质等多种功能,与根的呼吸作用有着密切的关系。所以,应当保持根的正常呼吸作用,提高植物根系的活力。一般情况下土壤空气内 CO_2 的含量比大气中的高,而 O_2 的含量则比大气中低,当土壤间隙小、水分多时,能使 CO_2 含量剧增、O_2 含量大量减少。因此,要求土壤有良好的通气性,土壤气体中的 CO_2 含量不可过高。必须强调土壤的气体环境是植物生长发育的重要条件。

5)园林植物设施内土壤环境的特点

设施内的土壤营养状况直接影响植物的生长和品质。设施土壤的肥沃主要表现在能充分供应和协调土壤中的水分、养料、空气和热能以支持植物的生长和发育。通过耕作措施使土层疏松深厚,有机质含量高,土壤结构和通透性能良好,蓄保水分、养分和吸收能力高,微生物活动旺盛等,都是促进植物生长发育的有利土壤环境。

(1)设施内土壤水分与盐分运移方向与露地不同　由于温室是一个封闭(不通风)的或半封闭(通风时)的空间,自然降水受到阻隔,土壤几乎没有受到自然降水自上而下的淋溶作用,因此土壤中积累的盐分不能被淋溶到地下水中。同时设施内温度高,植物生长旺盛,土壤水分自下而上地蒸发和植物蒸腾作用比露地强,根据"盐随水走"的规律,也使土壤表层积聚了较多的盐分,如图 6.1 所示。

(2)土壤易盐渍化　大量施肥,养分残留量高,土壤盐类浓度过高,产生次生盐渍化。设施生产多在冬、春寒冷季节进行,土壤温度比较低,施入的肥料不易分解和被植物吸收,容易造成土壤内养分的残留。生产者盲目认为施肥越多越好,往往采用加大施肥量的办法来弥补地温低、植物吸收能力弱的不足,结果适得其反,尤其当氨态氮浓度过高时危害更大。由于设施土壤的培肥反应比露地明显,养分累积进程快,因此容易发生土壤次生盐渍化,土壤养分也不平衡。

(3)土壤有机质含量高　设施内土壤有机质总量和易氧化的有机质含量高,土壤腐殖质含量高,说明有机质的质量提高,对园林植物生长发育是有利的。

(4)设施土壤 N、P、K 浓度变化与露地不同　由于设施内土壤有机质矿化率高,氮肥用量大,淋溶又少,所以残留量高。据调查,使用 $3 \sim 5$ 年的温室表土,氮肥可达 200 mg/kg 以上,严

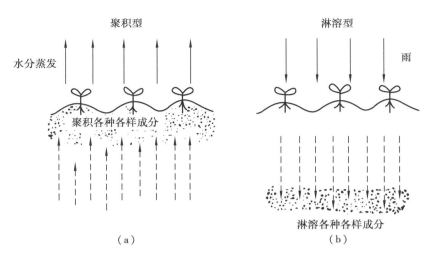

图6.1　自然土壤与设施土壤的差别
（a）设施内土壤水分与盐分运移方向为盐分积聚型
（b）露地土壤水分与盐分运移方向为盐分淋溶型

重的达1~2 g/kg,达到盐分危害浓度低限(2~3 g/kg)。设施内土壤全磷的转化率比露地高2倍,对P的吸附和解吸量也明显高于露地,P大量富集(可达1 000 mg/kg以上),最后导致K的含量相对不足,N/K失衡,对园林植物的生长发育极为不利。

（5）土壤酸化　造成设施土壤酸化的主要原因是氮肥施用量过多、残留量大而引起的。土壤酸化除因pH值过低直接危害植物外,还抑制P、Ca、Mg等元素的吸收,P在pH值小于6时溶解度降低。日本的实验表明,连续施用硫铵或氯化铵时pH值下降最明显。

（6）土壤生态环境特点　由于设施内的环境比较温暖湿润,为一些土壤中的病虫害提供了越冬场所,土传病虫害严重,使得一些在露地栽培可以控制的病虫害在设施内难以绝迹。例如根结线虫在温室土壤内一旦发生就很难控制。

6.1.2　园林植物设施常见问题及解决方法

1）设施内常见问题

（1）多年连作,土传病害严重,土壤消毒难度大　设施内植物栽培种类单一,很少实行轮作,连作现象严重,造成土壤营养元素平衡被破坏,土壤生物条件恶化,土壤害虫与土壤病原菌大量繁殖,土传病虫害一年比一年严重。因而需要对土壤进行消毒,但由于设施内土层较厚,要对整个土层进行彻底消毒则有一定的困难。

（2）土壤缺少雨淋冲洗,经常发生板结,造成营养障害　由于设施栽培的施肥量很大,再加上不能得到雨水冲洗,因而大量盐分在土壤表层聚集,造成土壤板结,理化性质变差。特别是硝酸盐在土壤中的积累,使土壤酸化,抑制土壤硝化细菌的活动,易发生亚硝酸气体的毒害。

（3）设施栽培技术缺乏量化指标,经验色彩浓厚,科技含量不足,只能被动地保温、降温、遮阳、防雨,而不能主动地调节温、光、水、肥、气,这是限制设施栽培植物高产优质的主要障碍。

2）解决方法

（1）研究开发设施栽培专用品种，因地制宜做好优良品种的引进筛选，同时应积极选育适合当地地理环境、温室栽培条件的品种。选育特性主要为耐弱光、耐低温、耐湿、耐病虫、耐热、单性结实良好、适于长季节栽培的设施专用品种。

（2）平衡施肥，减少土壤中的盐分积累；合理灌溉，降低土壤水分蒸发量，防止土壤表层盐分积聚；增施有机肥，降低土壤盐分含量。

（3）采用无土栽培技术　不用土壤而用加有养分溶液的物料（如珍珠岩、蛭石、无毒泡沫塑料等）作为植物生长介质或完全用营养液栽培植物的技术方法。无土栽培不仅生长快、产量高、质量好，而且把人类的种植活动从土壤的束缚中解放出来，为实现农业生产的工厂化、自动化打开了广阔的前景。

（4）消毒处理　在保护地设施中通过太阳能消毒、水旱轮作消毒、施用碳酸氢氨闷棚灭虫消毒、高温闷棚消毒，及时清除已积累的病虫基数和盐渍化，提供符合健康栽培的土壤环境，是设施生产中最常规且经济有效、可操作性强的控害技术措施。

（5）发展高科技的设施环境调控技术及适宜的配套资材。在覆盖材料问题上，尽可能选用防老化、无滴多功能膜。大棚和日光温室的建设，至少要研究开发简易的环控技术，如夏季设施内防止热蓄积、高湿度，改善通风排气设施的研制；设施内合理的排灌水装置和地面覆盖的调控；覆盖材料的揭盖机械，逐步从低级向高级发展，开发环境调控设施工程。

6.2　园林植物地上部分环境管理

6.2.1　光的管理

设施内对光照条件的要求是光照充足和光照分布均匀。从我国国情出发，主要还是依靠增强或减弱设施内的自然光照，适当进行人工补光。

1）改进设施结构提高透光率

（1）选择适宜的建筑场地及合理的建筑方位　确定的原则是根据设施生产的季节和当地的自然环境，如地理纬度、海拔高度、主导风向、周边环境（如是否有建筑物、是否有水面、地面平整与否等）。

（2）设计合理的屋面坡度　单屋面温室主要设计合理的后屋面角、前屋面与地面交角及后坡长度，这样既保证透光率高也兼顾保温好。连接屋面温室屋面角要保证尽量多透光，还要防风、防雨雪，使排雨雪水顺畅。

（3）合理的透明屋面形状　从生产实践来看，拱圆形屋面采光效果好。

（4）骨架材料　在保证温室结构强度的前提下尽量用细材，以减少骨架遮阴，梁柱等材料也应尽可能少用，如果是钢材骨架，可取消立柱，有利于改善光环境。

（5）选用透光率高，且透光保持率高的透明覆盖材料　塑料薄膜大棚应选用防雾滴且持效期长、耐候性强、耐老化性强等优质多功能薄膜，或漫反射节能膜、防尘膜、光转换膜等。有条件的大型连栋温室，可选用 PC 板材。

2）改进管理措施

（1）保持透明屋面干洁　塑料薄膜屋面的外表面经常清扫以增加透光，内表面应通过放风等措施减少水珠凝结，防止光的折射，提高透光率。

（2）增加光照时间　在保温前提下，尽可能早揭晚盖外保温与内保温覆盖物。阴天或雪天同样也要在防寒保温的前提下，揭开不透明的覆盖物，时间越长越好，以增加散射光的透光率。双层膜温室，可将内层改为白天能拉开的活动膜，以利光照。

（3）合理密植，合理安排种植行向　为了减少植物间的遮阴，植株密度不可过大，否则植物在设施内会因高温、弱光发生徒长，植物行向以南北行向较好，没有死阴影。若是东西行向，则行距要加大。单屋面温室的栽培床高度要南低北高、防止前后遮阴。

（4）选用耐弱光的品种。

（5）地膜覆盖　有利地面反光，以增加植株下层光照。

（6）利用反光　在单屋面温室北墙张挂反光幕板，可使反光幕板前光照增加 40% ~ 44%，有效范围可达 3 m。

（7）采用有色薄膜　其目的在于人为创造某种光质，以满足某种植物或某个植物发育时期对该光质的需要，获得高产、优质。但有色覆盖材料其透光率偏低，只有在光照充足的前提下改变光质才能收到较好的效果。

3）遮光

遮光主要有两个目的：一是减弱设施内的光照强度；二是降低设施内的温度。

设施遮光 20% ~ 40% 能使室内温度下降 2 ~ 4 ℃。初夏中午前后，光照过强，温度过高，超过植物光饱和点，对生育有影响时应进行遮光；在育苗过程中，移栽后为了促进缓苗，通常也需要进行遮光。遮光材料要求有一定的透光率、较高的反射率和较低的吸收率。

遮光方法有以下几种：

①覆盖各种遮阴物，如遮阳网、无纺布、苇帘、竹帘等。

②玻璃面涂白，可遮光 50% ~ 55%，降低室温 3.5 ~ 5.0 ℃。

③屋面流水，可遮光 25%。

4）人工补光

人工补光的目的有 3 个：一是人工补充光照，以满足植物光合作用的需要，当自然光照不足时，进行补光使光照强度在植物光补偿点以上，生产上常采用荧光灯、高压钠灯；二是为了抑制或促进花芽分化，调节开花期，需要补充光照，这种补充光照要求的光照强度较低，称为低强度补光，常用白炽灯；三是照明。在北方冬季很需要补光，且要求光照强度大，为 1 ~ 3 klx，所以成本较高，生产上很少采用，主要用于育种、引种和育苗。

人工补光的光源是电光源。对电光源有 3 点要求：

①要求有一定的强度，使床面上光强在光补偿点以上、饱和点以下。

②要求光照强度具有一定的可调性。

③要求有一定的光谱能量分布，可以模拟自然光照，要求具有太阳光的连续光谱，也可采用类似植物生理辐射的光谱。

目前生产上补光使用的灯管种类和各单位间换算系数见表 6.1，以供参考。

表 6.1　使用灯管种类与各单位间换算系数

光　源	lx 转换 $[\mu mol/(s \cdot m^2)]$ 400～700 nm	$[\mu mol/(s \cdot m^2)]$ 转换(W/m^2) 400～700 nm	lx 转换 $[\mu mol/(s \cdot m^2)]$ 400～850 nm
一般日光灯 FL48D/38/旭光	75.13	4.42	68.46
三波长太阳灯 FL40D—EX38/旭光	73.41	4.43	66.60
红灯 FL—40SR/38/旭光	18.12	5.31	18.38
植物生长灯 FL—40SBR/38/旭光	26.97	4.84	25.35
一般日光灯 FL—38D/飞利浦	73.86	4.43	67.86
植物生长灯 F40/AGRO/飞利浦	46.15	4.89	44.88
医疗用特殊灯管 TL40W/03RS/飞利浦	12.44	3.59	8.58
三波长自然色日光灯 TLD36W/83/飞利浦	73.69	4.72	72.26
三波长自然色日光灯 TLD36W/84/飞利浦	74.71	4.60	68.64
三波长自然色日光灯 TLD36W/96/飞利浦	60.78	4.49	54.42
三波长自然色日光灯 TLD36W/965/飞利浦	60.43	4.47	56.21
植物生长灯/DURO—TEST	55.92	4.59	53.63
植物生长灯/SYLVANIA	57.31	4.35	50.21
高压钠灯	82	4.89	54
低压钠灯	106	4.92	89
暖白荧光灯管	76	4.67	74
冷白荧光灯管	74	4.59	72
植物生长灯 A	33	4.80	31
植物生长灯 B	54	4.69	47

6.2.2　温度的管理

设施内温度的调节与控制措施有保温、加温和降温 3 个方面。温度调控要求达到能维持适宜于植物生长发育的设定温度,且温度的空间分布均匀,变化平缓。

1)保温

(1)减少贯流放热和通风换气量　温室大棚的散热有 3 个途径:一是经过覆盖材料的围护

结构传热;二是通过缝隙漏风的换气传热;三是与土壤热交换的地中传热。3 种方式下的传热量分别占总散热量的 70% ~ 80%,10% ~ 20% 和 10% 以下。各种散热作用的结果,使单层不加温温室和塑料大棚的保温能力较小。即使气密性很高的设施,其夜间气温最多也只比外界气温高 2 ~ 3 ℃。在有风的晴夜,有时还会出现室内气温反而低于外界气温的逆温现象。因此为了提高温室大棚的保温能力,常采用各种保温覆盖。

(2)保温覆盖的材料与方法　保温覆盖使用的材料和方法可归纳图 6.2 所示。

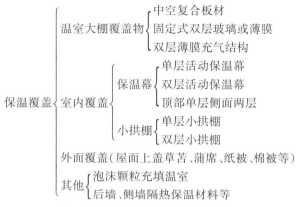

图 6.2　保温覆盖使用的材料和方法

不同覆盖方式的保温能力随保温幕材料不同而不同,具体的保温效果如表 6.2 所示。

表 6.2　保温覆盖的热节省率

保温方法	保温覆盖材料	热节省率/%	
		玻璃温室	塑料大棚
双层固定覆盖	玻璃或聚氯乙稀薄膜	40	45
	聚乙烯薄膜	35	40
室内单层保温幕	聚乙烯薄膜	30	35
	聚氯乙烯薄膜	35	40
	无纺布	40	30
	混铝薄膜	30	45
	镀铝薄膜	45	55
室内双层保温幕	两层聚乙烯薄膜	45	55
	聚乙烯薄膜 + 镀铝薄膜	65	65
外面覆盖	温室用草苫	60	65

(3)增大保温比　适当降低设施的高度,缩小夜间保护设施的散热面积,有利于提高设施内昼夜气温和地温。

(4)增大地表热流量　使用透光率高的玻璃或薄膜,正确选择保护设施的方位和屋面坡度,尽量减少建材的阴影,经常保持覆盖材料干洁,以增大保护设施的透光率。减少土壤蒸发和植物蒸腾量,增加白天土壤贮存的热量,土壤表面不宜过湿,进行地面覆盖也是有效的措施。在设施周围挖一条宽30 cm的防寒沟,深度与当地冻土层深度相当,沟中填入稻壳、蒿草等保温材料防止地中热量横向流出。

2) 加温

各种加温方式所用的装置不同,其加温效果、可控制性能、维修管理以及设备费用、运行费用等都有很大差异。另外,热源在温室大棚内的部位配热方式不同,对气温的空间分布有很大的影响。所以,应根据使用对象和采暖、配热方式的特点慎重选择。不同采暖及配热方式的特点如表6.3和表6.4所示。

表6.3 采暖方式和特点

采暖方式	方式要点	采暖效果	控制性能	维修管理	设备费用	其他	适用对象
热风采暖	由热风加热空气	停机后缺少保温性	预热时间短,升温快	因不用水作载热体,系统操作容易	需热源、空气换热器、风机和送风管道设备,设备费用比热水采暖低	燃油、燃气式加热装置安装在室内,燃煤加热装置安装在室外	各种塑料棚、中小型温室、日光温室
热水采暖	用60~85℃热水循环与空气进行热交换	加热较缓和,余热多,停机后保温性好	预热时间长,可根据负荷的变动改变温度	对锅炉的要求比蒸气的低,水质处理较容易	需热水锅炉、热水管和散热器设备,设备费用较高	在寒冷地区管道怕冻,必须充分保护	大型温室
热气采暖	用100~110℃蒸气采暖可转换成热气和热风采暖	余热少,停机后缺少保温性	预热时间短,自动控制稍难	对锅炉要求高,水质处理不严格时,输水管易被腐蚀	设备费用比热水采暖高	可作土壤消毒,散热管较难配置适当,容易产生局部高温	大型温室群,在高差大的地形上建造的温室
电热采暖	用电热温床线和电暖风加热采暖器	停机后缺少保温性	预热时间短,自动控制稍难	使用最容易	设备费用低	耗电多,生产用不经济	小型温室育苗温室中加温辅助采暖
辐射采暖	用液化石油气红外燃烧取暖炉	停机后缺少保温性,可升高植物体温	预热时间短,控制容易	使用方便容易	设备费用低	耗气多,大量用不经济,有CO_2施肥效果	临时辅助采暖
火炉采暖	用地炉或铁炉烧煤,通过烟道散热取暖	封火时仍有一定保温性,有辐射加热效果	预热时间长,烧火需较多劳力,温度不易控制	较容易维护,但操作费工	设备费用低	防止煤气中毒	土温室、大棚短期加温

表 6.4   配热方式和特点

配热方式	方式要点	采暖方式	气温分布	作业性能	其　他
上部吹出	从热风机上部吹出热风	热风采暖	水平分布均一,但垂直梯度大,上部形成高温区	良好	由于上部高温,热损失增大
下部吹出	从热风机下部吹出热风	热风采暖	垂直分布均一,但水平分布不均一	良好	
地上管道	在垄间和通风处设置塑料管道吹出热风	热风采暖(或热水蒸气热交换成热风)	可通过管道的根数、长度、位置而自由地调节温度分布	必须注意保护管道	通常用末端开放型的管道
头上管道	一般在 2 m 以上高度设塑料管吹出热风	热风采暖		良好	管道末端封闭,在下侧开小孔,向下方吹出热风较好
垄间配管	在垄间和试验台下地面上 10 ~ 30 cm 高处配管道	热水采暖蒸气采暖	若散热管配置不当,会产生固定的不均匀	较难	兼有提高地温效果
周围叠置配管	在温室四周及天沟下面集中配置几根管道	热水采暖蒸气采暖	离管道 10 m 以内距离处,水平、垂直温度分布都比较均匀	良好	由于管道层叠,散热效率下降,配管根数增加;因高温空气沿覆盖面上升,热损失变大
头顶上配管	在头顶上(一般 2 m 以上高处)配置管道	热水采暖蒸气采暖	管道上部形成高温,下部形成低温	良好	为消除上部高温,必须用周围配管和垄间配管组合,热损失最大,有辐射加温作用

3)降温

保护设施内最简单的降温途径就是通风,但在温度过高,依靠自然通风不能满足植物生育要求时,必须进行人工降温。降温方法有以下 3 种:

(1)遮光降温法　遮光 20% ~ 30% 时,室温相应可降低 4 ~ 6 ℃。在与温室大棚屋顶相距 40 cm 左右处张挂遮阳网,对温室降温很有效。遮阳网的质地以温度辐射率越小越好。考虑塑料制品的耐候性,一般选用黑色或墨绿色塑料遮阳网。室内用银灰色铝箔遮阳网或白色无纺布,可降温 2 ~ 3 ℃。室内遮阳降温效果比室外遮阳差。也可在屋顶表面及立面玻璃上喷涂白物,但遮光、降温效果略差。

(2)屋面流水降温法　屋面喷水降温是将水均匀地喷洒在玻璃温室的屋面上,来降低温室内空气的温度。流水层可吸收投射到屋面的太阳辐射 8% 左右,当水在玻璃温室屋面上流动时,水与温室屋面的玻璃换热,吸收屋面玻璃热量,进而将温室内的余热带走;当水在玻璃屋面流动时,会有部分水分蒸发,进一步降低了水的温度,强化了水与玻璃之间的换热。另外,水膜在玻璃屋面上流动,可减少进入温室的日光辐射量,当水膜厚度大于 0.2 mm 时,太阳辐射的能量全部被水膜吸收并带走,这一点相当于遮阴。

屋顶喷水系统由水泵、输水管道、喷头组成,系统简单,价格低廉。室温可降低 3 ~ 4 ℃。采用此方法时需考虑安装费和清除玻璃表面的水垢污染问题。水质硬的地区需对水质作软化处理。

(3)蒸发冷却法　蒸发降温是利用空气的不饱和性和水的蒸发潜热来降温,当空气中所含水分没有达到饱和时,水会蒸发变成水蒸气进入空气中,水蒸发的同时,吸收空气的热量,降低空气的温度,而空气相对湿度提高。常用的具体方法有 3 个。

①湿帘排风法:在温室进风口内设 10 cm 厚的纸垫窗或棕毛垫窗,不断用水将其淋湿,温室另一端用排风扇抽风,使进入室内空气先通过湿垫窗被冷却后再进入室内。一般可使室内温度降到湿球温度。但冷风通过室内距离过长时,室温常常分布不均匀,而且外界湿度大时降温效果差。

②细雾降温法:在室内高处喷以直径小于 0.05 mm 的浮游性细雾,用强制通风气流使细雾蒸发达到全室降温,喷雾适当时室内可均匀降温。

③屋顶喷雾法:在整个屋顶外面不断喷雾湿润,使屋面下冷却了的空气向下对流。降温效果不如上述通风换气与蒸发冷却相配合的好。

①和③当水质不好时,蒸发后留下的水垢会堵塞喷头和湿垫,需作水质处理,水质未处理时,纸质湿垫用几年即严重积垢而失效。

(4)强制通风　大型连栋温室因其容积大,需强制通风降温。

6.2.3　空气的管理

1)空气湿度的管理

空气湿度管理的直接目的主要是防止植物沾湿和降低空气湿度。防止植物沾湿是为了抑制病害。降低空气湿度是为了促进蒸发蒸腾、控制徒长、改善植物生长势、增大着花率、促进养分吸收、防止生理障碍和病害。

(1)除湿方法

①通风换气:设施内高湿是密闭所致。为了防止室温过高或湿度过大,在不加温的设施里进行通风,其降湿效果显著。一般采用自然通风,从调节风口大小、时间和位置,达到降低室内湿度的目的;但通风量不易掌握,且室内降湿不均匀。在有条件的情况下,可采用强制通风,可由风机功率和通风时间计算出通风量,而且便于控制。

②加温除湿:此措施效果较好。湿度的控制既要考虑植物的同化作用,又要注意病害发生和消长的临界湿度。保持叶片表面不结露,就可有效地控制病害发生和发展。

③覆盖地膜:覆膜前夜间空气湿度高达 95% ~ 100%;而覆膜后,空气湿度可下降到75% ~ 80%。

④控制灌水量:采用滴灌或地中灌溉,节水增温减少蒸发,可以降低湿度。

⑤使用除湿机:利用氯化锂等吸湿材料,通过吸湿机来降低设施内的空气湿度。

⑥使用除湿型热交换器:有条件的地方可以使用这种连接吸气与排气的通风机,进入的是高温低湿的空气,而排出的是低温高湿的空气,因此可以达到除湿的目的,同时还可以补充室内的 CO_2。另外也可以使用热泵除湿。

（2）加湿方法　大型设施进行全年生产时,到了高温季节还会遇到高温、干燥、空气湿度不够的问题,尤其是大型玻璃温室由于缝隙多,此问题更加突出。当栽培要求空气湿度高的植物时,还必须加湿以提高空气湿度。

①喷雾加湿:喷雾器种类较多,可根据设施面积选择合适的喷雾器。喷雾加湿法效果明显,常与中午高温时的降温结合使用。

②湿帘加湿:主要是用来降温的,同时也可达到增加室内湿度的目的。

③温室内顶部安装喷雾系统,降温的同时也可加湿。

2）CO_2 含量的管理

CO_2 的施用,必须在一定的光强和温度下进行。其他条件适宜,而只因 CO_2 不足,影响光合作用时,施用才能发挥其良好的作用。一般温室在上午随着光照的加强,CO_2 含量因植物的吸收而迅速下降,这时应及时进行 CO_2 施肥。冬季(11 月至次年 2 月)CO_2 施肥时间约为上午 9 时,春秋两季可适当提前。中午设施内温度过高,需要进行通风,可在通风前 0.5 h 停止,下午一般不施用。

CO_2 肥源及其生产成本,是决定在设施生产中能否推广及应用的关键问题。CO_2 来源有以下几种途径:

①有机肥发酵:肥源丰富,成本低,简单易行,但 CO_2 发生量集中,也不易掌握。

②燃烧天然气(包括液化石油气):燃烧后产生的 CO_2 气体,通过管道输入到设施内,但成本较高。

③液态 CO_2:为酒精工业的副产品,经压缩装在钢瓶内,可直接在设施内释放,容易控制用量,肥源较多。

④固态 CO_2(干冰):将干冰放在容器内任其自身的扩散,可起到施肥的效果,但成本较高,适合于小面积试验用。

⑤燃烧煤和焦炭:燃料来源容易,但产生的 CO_2 浓度不易控制,在燃烧过程中常有 CO 和 SO_2 有害气体伴随产生。

⑥化学反应法:采用碳酸盐和强酸反应产生 CO_2,我国目前应用此方法最多。

3）有害气体的预防

（1）防止农药的残毒污染　限制使用某些残留期较长的农药品种。改进施药方法,如发展低容量和超低容量喷雾法,应用颗粒剂及缓解剂等,既可提高药效,又能减少用药量,缓解剂还可以使某些高毒农药低毒化。

（2）防止农药对植物的药害　注意不能将一种农药与另一种农药任意混用,不要在高温下喷药,以免引起药害;切实按面积使用药量,浓度切勿过高和药量过大。

（3）防止地热水的污染　地热水的水质随地区不同而有差异,如有的水质中含有氟化氢、硫化氢等气体常引起设施和器材的腐蚀、磨损和积水垢等,因此,在利用地热水取暖时尽量不用金属管道而采用塑料管道。千万不能用地热水作为灌溉用水,以免造成土壤污染。

（4）通风换气　经常将通风窗、门等打开，以利排除有害气体和换入新鲜气体。越是在寒冷的季节越需注意通风换气。每天清晨温度比较低，为保温，原则上不应通风，但此时是设施内空气湿度最高、有害气体最多和 CO_2 最缺少的时刻，应当打开通风口，排除有害气体，降低湿度减轻病害，换入新鲜空气以补充 CO_2。

此外，设施应建立在远离污染源的地方，如化工厂、矿山等，避免受工业废气的污染。

6.3　园林植物地下部分环境管理

6.3.1　设施内土壤管理

1）土壤湿度管理

在设施环境管理中，土壤湿度的管理是最重要、最严格的环节之一。土壤湿度的管理应当依据植物种类及生育期的需水量、体内水分状况以及土壤湿度状况而定。目前我国设施栽培的土壤湿度管理仍然依靠传统经验，凭人的观察感觉，因此管理技术的差异很大。随着设施栽培向现代化、工厂化方向发展，要求采用机械化自动化灌溉设备，根据植物各生育期需水量和土壤水分张力进行土壤湿度管理。

设施内的灌溉既要掌握灌溉期，又要掌握灌溉量，才能达到节水和高效利用的目的。常用的灌溉方式有：

①淹灌或沟灌：省力、速度快。其控制方法只能从调节阀门或水沟入水量着手，浪费土地浪费水，不宜在设施内采用。

②喷壶洒水：传统方法，简单易行，便于掌握与控制。但只能在短时间、小面积内起到调节作用，不能根本解决植物生育需水问题，而且费时、费力，均匀性差。

③喷灌：采用全园式喷头的喷灌设备，用 3 kg/cm^2 以上的压力喷雾，5 kg/cm^2 的压力雾化效果更好，安装在温室或大棚顶部 2.0～2.5 m 高处。也有的采用地面喷灌，即在水管上钻有小孔，在小孔处安装小喷嘴，使水能平行地喷洒到植物上方。

④水龙浇水法：即采用塑料薄膜滴灌带，成本较低，可以在每个畦上固定一条，每条上面每隔 20～40 cm 有一对 0.6 mm 的小孔，用低水压也能使 20～30 m 长的畦灌水均匀，也可放在地膜下面，降低室内湿度。

⑤滴灌法：在浇水用的直径 25～40 mm 的塑料软管上，按株距钻小孔，每个孔上再接上小细塑料管，用 0.2～0.5 kg/cm^2 的低压使水滴到植物根部。可防止土壤板结，省水、省工、降低棚内湿度，抑制病害发生，但需一定设备投入。

⑥地下灌溉：用带小孔的水管埋在地下 10 cm 处，直接将水浇到根系内，一般用塑料管，耕地时再取出。或选用直径 8 cm 的瓦管埋入地中深处，靠毛细管作用经常供给水分。此方法投资较大，花费劳力，但对土壤保湿及防止板结、降低土壤及空气湿度、防止病害效果比较明显。

2）土壤气体管理

土壤气体管理一般是施用腐熟的有机肥或用植物茎秆来改进土壤的透气性，由于透气性变好，土壤的其他物理性状如保温性、保水性和透水性都会变好。施用有机物能提高土壤的保肥性和减少肥料对其 pH 值的影响。孔隙多、透气性好的土壤的 O_2 含量高,有充分 O_2 进行呼吸作用,使根系发育好,也促进了地上部的发育。

3)土壤温度管理

温室大棚冬春季节地温低,往往不能满足植物对地温的要求。提高地温有酿热物加温、电热加温和水暖加温 3 种措施:

①酿热物加温:是指将马粪、厩肥、稻草、落叶等填入栽培床内,用水分控制其发酵过程产生热量的加温方式。管理上凭经验掌握,产热持续时间短,地温不易控制均匀,所以温室大棚中用得不多。

②电热加温:使用专用的电热线,埋设和撤除都较方便,热能利用效率高,采用控温仪容易实现高精度控制等是其特点,但耗电多、电费贵,电热线耐用年限短,所以,一般多只用于育苗床。

③水暖加温:在采用水暖采暖的温室内,在地下 40 cm 左右深处埋设塑料管道,用 40 ~ 50 ℃温水循环,对提高地温有明显效果,并可节省燃料。用水暖加热提高地温,停机后温度维持时间长,效果较好。但应注意与地上部加温适当分开控制,以免地下部加温过多,地温过高。另外,地中加温管道周围土壤温度的分布,有向下方扩展比向上方扩展大的趋势,所以管道不宜埋设过深。进行地中加温时,土壤容易干燥,灌水量应适当增加。

4)土壤盐渍化管理

①平衡施肥减少土壤中的盐分积累,防止设施土壤次生盐渍化:过量施肥是设施土壤盐分的主要来源。在设施栽培上盲目施肥现象非常严重,化肥的施用量一般都超过植物需要量,大量的剩余养分和副成分积累在土壤中,使土壤溶液的盐分浓度逐年升高,土壤发生次生盐渍化,引起生理病害。要解决此问题,必须根据土壤的供肥能力和植物的需肥规律,进行平衡施肥。配方施肥是设施生产的关键技术之一,应大力发展。

②合理灌溉降低土壤水分蒸发量,有利于防止土壤表层盐分积聚:设施栽培出现次生盐渍化并不是整个土体的盐分含量高,而是土壤表层的盐分含量超出了植物生长的适宜范围。土壤水分的上升运动和通过表层蒸发是使土壤盐分积聚在土壤表层的主要原因。灌溉的方式和质量是影响土壤水分蒸发的主要因素,漫灌和沟灌都将加速土壤水分的蒸发,易使土壤盐分向表层积聚。滴灌和渗灌是最经济的灌溉方式,同时又可防止土壤下层盐分向表层积聚,是较好的灌溉措施。

③增施有机肥、施用秸秆降低土壤盐分含量:设施内宜施用有机肥,因为其肥效缓慢,腐熟的有机肥不易引起盐类浓度上升,还可改进土壤的理化性状,疏松透气,提高含氧量,对植物根系有利。设施内土壤次生盐渍化的盐分以硝态氮为主,因此,降低设施土壤硝态氮含量是改良次生盐渍化土壤的关键。施用植物秸秆是改良土壤次生盐渍化的有效措施,同时还可平衡土壤养分,增加土壤有机质含量,促进土壤微生物活动,降低病原菌的数量,减少病害。

④换土、轮作和无土栽培:换土是解决土壤次生盐渍化的有效措施之一,但是劳动强度大不易被接受,只适合小面积应用。轮作或休闲也可以减轻土壤的次生盐渍化程度,达到改良土壤的目的。

当设施内的土壤障碍发生严重,或者土传病害泛滥成灾,常规方法难以解决时,可采用营养液栽培即无土栽培技术,使得土壤栽培存在的问题得到解决。

5）土壤消毒

土壤里有病原菌等有害微生物和固氮菌、硝酸细菌、亚硝酸细菌等有益微生物,正常情况下这些微生物在土壤里保持一定的平衡,但长期连作,由于植物根系分泌物的不同或病株的残留,引起土壤中生物条件的变化而打破了平衡状态,造成了连作障碍。因设施栽培的空间范围有限可以进行土壤消毒,以杀灭土壤病原菌和害虫等有害生物。土壤的消毒方法主要有药剂消毒和蒸气消毒2种方法。

（1）药剂消毒   常用的消毒药剂有以下3种:

①福尔马林(40%甲醛):用于温室或温床土壤消毒,杀灭土壤病原菌,稀释液浓度为50～100倍。喷药前先翻松土壤,然后用喷雾器将福尔马林稀释液均匀喷洒在地面上再翻一番,使耕作层土壤都沾有药液,用塑料薄膜覆盖地面使福尔马林充分发挥杀菌作用,2 d后揭去盖膜,打开门窗,保持通风使福尔马林散去,15 d后才能进行耕作。

②硫磺粉:用于温室或温床土壤消毒,杀灭土壤病原菌,在播种前或定植前2～3 d关闭温室门窗进行熏蒸,熏蒸24 h后打开门窗散去余味即可进行耕作。

③氯化苦:主要用于防治土壤线虫,将床土堆成高30 cm、宽50～60 cm的长条,每隔30 cm^{2}向土内10 cm处注入药液3～5 mL,用塑料薄膜覆盖地面7(夏季)～10 d(冬季)后揭去盖膜,通风至没有刺激性气味后才能进行耕作。氯化苦对人有毒,用药时必须打开门窗,以免发生中毒。用药后密闭门窗保持室内高温,能提高药效,可以缩短消毒时间。

药剂消毒时提高室温,使土壤温度达到15～20 ℃以上,效果才好。大面积土壤药剂消毒可采用土壤消毒机。

（2）蒸汽消毒   土壤蒸汽消毒一般使用内燃式炉筒烟管式锅炉,是土壤热处理中效果最好的方法。大多数土壤病原菌用60 ℃蒸汽消毒30 min即可杀死。在土壤或基质消毒前,需将待消毒土壤或基质疏松好,再用帆布或耐高温塑料膜覆盖密闭后,将高温蒸汽输送管直接放置到覆盖物里输汽消毒,一般每 m^2 土壤每小时只需要45 kg的高温蒸汽就可达到预期效果。由于待消毒土壤的深度、土壤的类型、天气等条件差异很大,因此具体的土壤蒸汽消毒时间与蒸汽量的大小应根据实际情况来确定。

6.3.2 园林植物无土栽培技术

无土栽培是将植物生长发育所需要的各种矿物质营养元素配成营养液直接提供给植物根系,使之正常生长发育获得产品,又称为营养液栽培。其特点是以人工创造的根际环境或人工模拟自然环境来代替自然土壤环境,满足植物对无机养分、水分和空气条件的需要,且能人为地控制或调整、满足甚至促进植物的生长发育,获得很好的经济效益。无土栽培技术在园林方面主要用于培育花卉、苗木生产和美化环境。

无土栽培按照固定根系的方法,分为基质栽培和无基质栽培两类。基质栽培中,固体基质的主要作用是支持与固定植物根系、吸收水分、调节水分和空气的关系,使基质能达到水、气协调和缓冲作用。无土栽培的基质有沙、石砾、岩棉、蛭石、珍珠岩、陶粒、泥炭、炭化稻壳、锯末等。无基质栽培是栽培的植物没有固定根系的基质,根系直接与营养液接触。无基质栽培有雾培和营养液培养两类,以营养液培养应用广泛。雾培又称气培,是用喷雾方法将营养液直接喷到植物根系上,使营养液与空气都能充分供应,水、气矛盾得到协调。

1)营养液的配制

(1)营养液配制的原则 营养液是将含有园林植物生长发育所需要的各种营养元素的化合物溶于水中配制而成。营养液配制的原则是容易与其他化合物起作用而发生沉淀的盐类,在浓溶液时不能混合在一起,但经过稀释后就不会产生沉淀,此时可以混合在一起。

在制备营养液的许多盐类中,以硝酸钙最易和其他化合物起化合作用,如硝酸钙和硫酸盐混在一起易产生硫酸钙沉淀,硝酸钙的浓溶液与磷酸盐混在一起易产生磷酸钙沉淀。

在大面积生产时,为了配制方便,一般都是先配制浓液(母液),然后再进行稀释,配制时需要两个溶液罐,一个盛硝酸钙溶液,另一个盛其他盐类的溶液。此外,为了调整营养液的氢离子浓度(pH 值)的范围,还要有一个专门盛酸的溶液罐,酸液罐一般是稀释到 10% 的浓度,在自动循环营养液栽培中,这 3 个罐均用 pH 仪和 EC 仪自动控制。当栽培槽中的营养液浓度下降到标准浓度以下时,浓液罐会自动将营养液注入营养液槽。此外,当营养液中的氢离子浓度(pH值)超过标准时,酸液罐也会自动向营养液槽中注入酸。在非循环系统中,也需要这 3 个罐,从中取出一定数量的母液,按比例进行稀释后灌溉植物。

浓液罐里的母液浓度,大量元素一般比植物能直接吸收的稀释营养液浓度高出 100 倍,即母液与稀释液之比为 1:100,微量元素母液与稀释液之比为 1:1 000。

(2)营养液对水质的要求

①水源:自来水、井水、河水和雨水,是配制营养液的主要水源。自来水和井水使用前对水质应做化验,一般要求水质和饮用水相当。一般降雨量达到 100 mm 以上,且无污染方可作为水源。河水须经处理,达到符合卫生标准的饮用水程度才可使用。

②水质:用作营养液的水,硬度不能太高,一般以不超过 10° 为宜。

③pH 值:5.5~7.5。

④溶解氧:使用前应接近饱和。

⑤NaCl 含量:<2 mmol/L。

⑥重金属及有害元素含量:不超过饮用水标准。

(3)营养液配方的计算 进行营养液配方计算时,因为钙的需要量大,并在大多数情况下以硝酸钙为唯一钙源,所以计算时先从钙的量开始,钙的量满足后,再计算其他元素的量。一般是依次计算氮、磷、钾,最后计算镁,因为镁与其他元素互不影响。微量元素需要量少,在营养液中的浓度又非常低,所以每个元素均可单独计算,而无须考虑对其他元素的影响。无土栽培营养液配方的计算有 3 种较常用的方法。一是百万分率(10^{-6})单位配方计算法;二是 mmol/L(毫摩尔/升)计算法;三是根据 1 mg/L 元素所需肥料用量,乘以该元素所需的 mg/L 数,即可求出营养液中该元素所需的肥料用量。

计算顺序如下:

①配方中 1 L 营养液中需 Ca 的数量(mg),先求出 $Ca(NO_3)_2$ 的用量。

②计算 $Ca(NO_3)_2$ 中同时提供的 N 的浓度数。

③计算所需 NH_4NO_3 的用量。

④计算 KNO_3 的用量。

⑤计算所需 KH_2PO_4 和 K_2SO_4 的用量。

⑥计算所需 $MgSO_4$ 的用量。

⑦计算所需微量元素用量。

(4)营养液所使用的肥料　考虑到无土栽培的成本,配制营养液的大量元素时通常使用价格便宜的农用化肥。微量元素由于用量较少,则可使用化学试剂配制。配制营养液所用的肥料及其使用浓度如表6.5所示。这些肥料的一个共同特点是在水中溶解度高而且价格便宜。Fe,Cu,Zn,B,Mn,Mo等微量元素,虽然植物对其需要量不大,但必不可少,Fe尤为重要,是微量元素中需要量最大的,无土栽培中常因缺Fe而发生生理病害。

表6.5　营养液用肥及其使用浓度

元　素	使用浓度/$(\mu L \cdot L^{-1})$	肥　料
NO_3—N	$70 \sim 210$	KNO_3,$Ca(NO_3)_2 \cdot 4H_2O$,NH_4NO_3,HNO_3
NH_4—N	$0 \sim 40$	$NH_4H_2PO_4$,$(NH_4)_2HPO_4$,NH_4NO_3,$(NH_4)_2SO_4$
P	$15 \sim 50$	$NH_4H_2PO_4$,$(NH_4)_2HPO_4$,KH_2PO_4,K_2HPO_4,H_3PO_4
K	$80 \sim 400$	KNO_3,KH_2PO_4,K_2HPO_4,K_2SO_4,KCl
Ca	$40 \sim 160$	$Ca(NO_3)_2 \cdot 4H_2O$,$CaCl_2 \cdot 6H_2O$
Mg	$10 \sim 50$	$MgSO_4 \cdot 7H_2O$
Fe	$1.0 \sim 5.0$	FeEDTA
B	$0.1 \sim 1.0$	H_3BO_3
Mn	$0.1 \sim 1.0$	MnEDTA,$MnSO_4 \cdot 4H_2O$,$MnCl_2 \cdot 4H_2O$
Zn	$0.02 \sim 0.2$	ZnEDTA,$ZnSO_4 \cdot 7H_2O$
Cu	$0.01 \sim 0.1$	CuEDTA,$CuSO_4 \cdot 5H_2O$
Mo	$0.01 \sim 0.1$	$(NH_4)_6Mo_7O_{24}$,$Na_2MoO_4 \cdot 2H_2O$

(5)经典配方示例　目前世界上已发表了很多营养液配方,现列出最常用的霍革兰氏和园试配方以供参考(见表6.6)。

2)营养液的管理

营养液的管理是整个无土栽培过程中的关键技术。如果管理不当,就会直接影响植物的生长发育。

(1)营养液的配方管理　植物对无机元素的吸收量因植物种类和生育阶段不同而不同,应根据植物的种类、品种、生育阶段、栽培季节进行营养液配方的管理。

(2)营养液的浓度管理　无土栽培中的营养液使用一个阶段后,因溶液里的养分被植物吸收与水分蒸发等原因,营养液的浓度在不断发生变化。随着使用时间的延长,营养元素含量不断减少,必须及时检查和补充。

(3)营养液温度的管理　营养液的温度直接影响植物的生长和根系对水分与养分的吸收,因此营养液的温度应当控制在根系所需要的适宜温度。

(4)营养液的加养管理　营养液必须用加氧泵适时补充氧气,不断增加溶液中溶解氧的含量,以满足植物根系呼吸的需要。

表6.6 营养液配方实例

化合物名称	霍格兰配方（Hoagland 和 Arnon，1938）				日本园试配方（堀，1966）			
	化合物用量 mg·L⁻¹	mmol·L⁻¹	元素含量 /(mg·L⁻¹)	大量元素总计 /(mg·L⁻¹)	化合物用量 mg·L⁻¹	mmol·L⁻¹	元素含量 /(mg·L⁻¹)	大量元素总计 /(mg·L⁻¹)
大量元素								
$Ca(NO_3)_2 \cdot 4H_2O$	945	4	N 112 Ca 160	N 210	945	4	N 112 Ca 160	N 243
KNO_3	607	6	N 84 K 234	P 31	809	8	N 112 K 312	P 41
$NH_4H_2PO_4$	115	1	N 14 P 31	K 234	153	4/3	N 18.7 P 41	K 312
$MgSO_4 \cdot 7H_2O$	493	2	Mg 48 S 64	Ca 160 Mg 48 S 64	493	2	Mg 48 S 64	Ca 160 Mg 48 S 64
微量元素								
$0.5\%FeSO_4$ 溶液 / $0.4\%H_2C_4H_4O_2$	0.6 mL×3 /(L·周)		Fe 3.3 /(L·周)					
Na_2Fe—EDTA					20		Fe 2.8	
H_3BO_3	2.86		B 0.5		2.86		B 0.5	
$MnSO_4 \cdot 4H_2O$					2.13		Mn 0.5	
$MnCl_2 \cdot 4H_2O$	1.81		Mn 0.5					
$ZnSO_4 \cdot 7H_2O$	0.22		Zn 0.05		0.22		Zn 0.05	
$CuSO_4 \cdot 5H_2O$	0.08		Cu 0.02		0.08		Cu 0.02	
$(NH_4)_6Mo_7O_{24} \cdot 4H_2O$	0.02		Mo 0.01		0.02		Mo 0.01	

（5）营养液 pH 值的管理　营养液的 pH 值随盐类的生理反应而发生变化，当营养液 pH 值上升时可用 H_2SO_4 或 HNO_3 中和，当营养液酸度增加时可用 NaOH 或 KOH 中和。

（6）营养液的消毒　虽然无土栽培根部病害比土壤栽培的要少，但是地上部的一些病菌会通过空气、水及使用器具、装置等传染，特别是营养液循环使用的过程中，如果栽培床上带有病菌，就会通过营养液传染到整个栽培床的危险，因此需要对使用过的营养液进行消毒。营养液消毒常用的方法是高温热处理，处理温度为 90 ℃，高温热处理需要一定的消毒设备。此外，也有用紫外线、臭氧、超声波进行营养液消毒处理的报道。

6.4　设施生产综合管理

6.4.1　设施生产综合管理

1）综合管理的目的和意义

设施内的光、温、湿、气、土 5 个环境因子同时存在，综合影响着植物的生长发育，它们具有同等的重要性和不可代替性，缺一不可而又相辅相成。当其中某一个因子起变化时，其他因子也会受到影响随之发生变化。例如，温室内光照充足时，温度也会升高，土壤水分蒸发和植物蒸腾加速，使得空气湿度也加大，此时若开窗通风，各个环境因子则会出现一系列的改变。生产者在进行管理时必须有全局观念，而不能只偏重于某一个方面。

设施内环境要素与植物体、外界气象条件以及人为的环境调节措施之间，相互产生着密切的作用。环境要素的时间、空间变化都很复杂。有时为了使室内气温维持在适温范围，人们或是采取通风，或是采取保温或加温等环境调节措施时，常常会连带着把其他环境要素（如湿度、CO_2 浓度等要素）变到一个不适宜的水平。结果从植物的生长来看，这种环境调节措施未必是有效的。例如，春天为了维持夜间适温，常常提前关闭大棚保温，造成终夜高湿、结露严重，引发霜霉病等病害。清晨，为消除叶片上的露水而大量通风时，又会使室内温度不足，影响了植物的光合作用等。总之设施环境与植物间的关系是复杂的。

人们早就注意到要将几个环境要素综合起来考虑，根据它们之间的相互关系进行环境的调节。所谓综合环境调节，就是把关系到植物生长的多种环境要素（如室温、湿度、CO_2 浓度、气流速度、光照等）都维持在适于植物生长的水平，而且要求使用最少量的环境调节装置（通风、保温、加温、灌水、施用 CO_2、遮光、利用太阳能等各种装置），做到既省工又节能，便于生产人员管理的一种环境控制方法。这种环境控制方法的前提条件是：对于各种环境要素的控制目标，必须依据植物的生育状态、外界的气象条件以及环境调节措施的成本等情况综合考虑。如对温室进行综合环境调节时，不仅考虑室内外各种环境因素和植物的生长状况，而且要从温室经营的总体出发，考虑各种生产资料的投入成本、产出产品的市场价格变化、劳力和栽培管理作业、资金等的相互关系，根据效益分析进行环境控制，并对各种装置的运行状况进行监测、记录和分析，以及对异常情况进行检查处理等，这些管理称为综合环境管理。

2）综合环境管理的方式

综合环境管理初级阶段可以靠人的分析判断与操作，高级阶段则要使用计算机实行自动化管理。

（1）依靠人进行的综合环境管理　单纯依靠生产者的经验和头脑进行的综合管理,是其初级阶段,也是采用计算机进行综合环境管理的基础。

许多生产能手早就善于把多种环境要素综合起来考虑,进行温室大棚的环境调节,并根据生产资料成本、产品市场价格、劳力、资金等情况统筹计划、安排茬口、调节上市期和上市量,为争取高产、优质和高效进行综合环境管理,并积累了丰富的经验。

依靠人实行的综合环境管理,对管理人员的要求是:

①要具备丰富的知识。

②要善于并勤于观察情况,随时掌握情况变化。

③要善于分析思考,能根据情况做出正确的决断,集思广益。

④能让作业人员准确无误地完成所应采取的措施。

（2）采用计算机的综合环境管理　现代化温室生产过程中是一个十分复杂的系统,除了受到包括生物和环境等众多因子的制约外,也与市场状况和生产决策紧密相关。各个子系统间的运行与协调,环境的控制与管理,依赖人工操作或是传统机械控制,几乎难以完成,只有通过计算机系统才能达到复杂控制和优化管理的目标。在温室生产过程中,计算机通常在以下几方面可发挥巨大作用:

①实时监测生物和环境特征。

②模拟生物发育过程。

③自动利用知识与推理系统进行决策分析。

④对环境要素和温室辅助设备的自动控制,如通风与加温等操作。

⑤制定环境控制策略,如制订以市场时效为目标的控制方案,以节能为目标的控制方案等。

⑥实现灵活多样的控制方案,如机器人和智能机械的果实采收与分类应用。

⑦制定面向市场的长期性生产目标等。

6.4.2　设施生产计算机管理

使用计算机进行综合环境管理,首先必须对管理项目进行分类:

①有计算机信息处理装置就能进行合理的判断和管理的项目。

②只能靠人的经验作综合判断和管理的项目。

③需要人和计算机合作共同管理的项目。

只有区分出项目的类别,才能合理地进行管理。

采用计算机的综合环境管理系统一般具有综合环境调节、异常情况紧急处理和数据采集处理3种功能（见表6.7）。由于系统配置所用的观测仪器及控制机械的数量不同,管理程序的编制水平和用户要求不同,不同机种所能管理的项目有不少差异。现以北京蔬菜研究中心引进的,日本现代化温室的计算机管理系统为例加以介绍。

（1）综合环境调节计算机系统　一般都采用通用型的程序结构,能适用多种使用情况。程序中一般只规定控制的方法（如比例控制、差值控制、时间控制等）,即根据几个环境要素的相互关系规定一些计算的关系式,以及根据计算结果对各种机器进行控制的逻辑。各种具体环境要素的设定值,由用户根据要求事先输入计算机中,并根据现场情况及时变更。例如,该系统对室温的调节是通过天窗和两层保温幕的开关,以及水暖供热管道的开关来实现的。

(2)紧急处理　当室温超出用户设定的最高温度和最低温度时,系统自动报警在现场亮指示灯,并在中心管理室的主机监视器屏幕上提示故障内容或显示红色符号,停电时对数据的保护等。

表 6.7　计算机综合环境管理系统的主要功能

功能类别	控制内容	控制对象
综合环境调节	①维持环境要素的设定值水平 ②按不同时间变更设定值 ③按不同日射量水平修正设定值	①室温　②CO_2 含量　③空气流动 ①室温 ①通风窗　②加热室温　③CO_2 含量
紧急处理	①强风 ②异常室温 ③机器故障 ④计算机故障、停电 ⑤输入了异常设定值	①天窗 ②警报 ③打印机 ④后备模拟量控制 ⑤后备电池组
数据采集处理	①瞬时值 ②日平均值、最高最低值、日积分 ③紧急处理记录 ④机器运行记录	①室温和外气温 ②风向风速 ③日射量日积算值 ④加温机器动作时间 ⑤保温幕开关状态 ⑥天窗机器动作状态 ⑦输入的设定值

(3)数据采集处理　该系统能随时以图表方式,用彩色打印机输出温室内外环境要素值及环境控制设备的运行状态、输入的设定值等。计算机综合环境管理系统的作用发挥的好坏,取决于栽培者对数据分析处理的能力。

(4)软件开发　该系统中,下位机的程序是用汇编语言编写,固化在一个只读存储器芯片中,上位机的管理程序则用 BASIC 语言编写。在积累了一定的经验后,用户自己也可以修改管理程序,提高管理的成效。

(5)硬件的结构　该系统是一个两层结构,下层是温室现场,每栋温室设置一台下位计算机综合环境控制器。控制器有单板机、数据通信板、程序芯片、模拟量和数字量输出、输入装置,各种手动、自动开关和面板组成。面板上有图像化的各种设定值按键、指示灯及数据显示窗。外围设备由各种传感器,包括室外日射量和温度、室内干湿球温度和 CO_2 浓度传感器,以及天窗开关装置、保温幕开关装置、水暖管道电磁阀开关及 CO_2 发生器等机器组成。上层是中心管理室,上位机采用 NEC9801 型 16 位通用计算机,外围有通信接口、彩色监视器和彩色打印机,上下层之间用同轴电缆串行连接。

图 6.3 是上海孙桥现代农业联合发展有限公司于 1996 年引进的荷兰连栋温室计算机测量和控制系统,供参考。

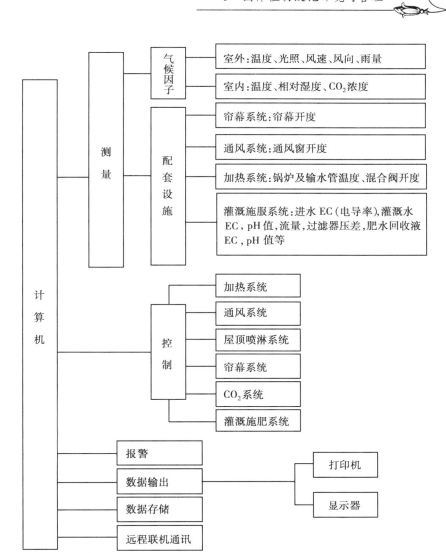

图 6.3　计算机测量和控制系统

习　题

1. 简述设施内温湿度的特点。
2. 简述设施内空气环境的特点。
3. 如何防止土壤盐渍化？
4. 如何调节设施内的光照环境？
5. 如何调节设施内的温度环境？
6. 如何调节设施内的湿度环境？
7. 如何调节设施内 CO_2 的浓度？
8. 简述营养液配制的原则。

9. 如何配制营养液？

思考题

1. 如何综合调节温室大棚内的环境条件？

2. 在人工智能技术加速发展的形势下，你对设施生产信息化管理有哪些设想？

3. 根据本章内容绘制"园林植物地上环境管理"的思维导图、"设施内土壤环境"的思维导图和"设施生产综合管理"的思维导图。

7 实训指导

实训1　种子生活力的快速测定（TTC法）

1. 目的要求

学习了解种子生活力的快速测定技术。

2. 方法原理

种子活力是指种子能够萌发的潜在能力或种胚具有的生命力，是决定种子品质和实用价值大小的主要依据，与播种时的用种量直接有关。测定种子活力常采用发芽实验，即在适宜条件下，让种子吸水萌发，在规定天数内统计发芽的种子占供试种子的百分数。但是常规方法（直接发芽）测定种子活力所需时间较长，特别是有时为了应急需要，没有足够的时间来测定发芽率，遇到休眠种子也无法知道。实际应用中往往采用以下的几种方法，可在较短时间内获得结果。

1）氯化三苯基四氮唑法（TTC法）

生活种胚在呼吸作用过程中都有氧化还原反应，而无生命活力的种胚则无此反应。当氯化三苯基四氮唑（TTC）溶液渗入种胚的活细胞内，并作为氢受体被脱氢辅酶（$NADH_2$ 或 $NADPH_2$）上的氢还原时，便由无色的 TTC 变为红色的三苯基甲臜（TTF），从而使种胚染成红色。当种胚生活力下降时，呼吸作用明显减弱，脱氢酶的活性亦大大下降，胚的颜色变化不明显，故可从染色的程度来判断种子生活力的强弱。

2）红墨水染色法

有生活力的种子其胚细胞的原生质具有半透性，有选择吸收外界物质的能力，某些染料不能进入细胞内，胚部不着色。而丧失活力的种子其胚部细胞原生质膜丧失了选择吸收的能力，染料进入细胞内使胚部染色，所以可根据种子胚部是否染色来判断种子的活力。

3. 材料与器具

培养皿两套、镊子 1 把、单面刀片 1 片、切种子用垫板 1 块、烧杯 1 只、棕色试剂瓶 1 只、解剖针 1 把、搪瓷盘 1 个及 pH 试纸若干,1% TTC 溶液,5% 红墨水。

三叶草种子。

4. 操作步骤

1)氯化三苯基四氮唑法(TTC 法)

①TTC 溶液配制:取 10 g TTC 溶于 1 L 蒸馏水或冷开水中,配制成 1% 的 TTC 溶液。药液 pH 值为 6.5 ~ 7.5,以 pH 试纸测定。TTC 如不易溶解,可先加少量酒精,使其溶解后再加水。

②浸种:将待测种子在 30 ~ 40 ℃温水中浸泡 6 h,以增强种胚的呼吸强度,使显色迅速。

③显色:取吸胀的种子 200 粒,分置于两只培养皿中,每皿 100 粒,其中一只培养皿加适量 TTC 溶液,以浸没种子为度,然后放入 35 ℃的恒温箱中保温 3 ~ 4 h。倾出药液,用自来水冲洗多次,至冲洗液无色为止。立即观察种胚着色情况,判断种子有无生活力,凡被染成红色的为活种子,将判断结果记入表 7.1。将另一半在沸水中煮 5 min 杀死种胚,做同样染色处理,做对照观察。

表 7.1　TTC 染色法测定种子生活力记载表

方　　法	种子名称	供试粒数	有生活力种子粒数	无生活力种子粒数	有生活力种子占供试种子的比例/%

2)红墨水染色法

①浸种:同 TTC 法。

②染色:取已吸胀的种子 200 粒,沿胚的中线切为两半,将一半置于培养皿中,加入 5% 红墨水(以淹没种子为度),染色 10 ~ 15 min(温度高,时间可短些)。

③观察:染色后倒去红墨水,用水冲洗多次,至冲洗液无色为止。检查种子活力。凡种胚不着色或着色很浅的为活种子;凡种胚与胚乳着色程度相同的为死种子。可用沸水杀死的种子做对照观察。

5. 计算

计算活种子的比例,如果可能的话与实际发芽率做一比较,看结果是否相符。

附:TTC 法注意

①TTC 溶液最好现配现用,如需贮藏则应贮于棕色瓶中,放在阴凉黑暗处,如溶液变红则不可再用。

②染色温度一般以 25～35 ℃为宜。

③判断种子生活力的标准:有生活力的种子应具备胚发育良好、完整,整个胚染成鲜红色;子叶有一小部分坏死,其部位不是胚中轴和子叶连接处;胚根尖虽有小部分坏死,但其他部位完好。无生活力的种子应具备胚发育不良,未成熟,全部或大部分不染色或胚染成很淡的紫红色或淡灰红色;子叶不染色或丧失机能的组织超过 1/2,子叶与胚中轴的连接处或在胚根上有坏死的部分;胚根受伤,胚根不染色部分不限于根尖。

实训 2　植物光合强度的测定（改良半叶法）

1. 目的要求

通过实训,掌握改良半叶测定植物光合强度的原理与方法。

2. 方法原理

光合强度是指单位时间内单位叶面积所积累干物质的量或所吸收 CO_2 的量或所释放的 O_2 量。改良半叶法是将植物对称叶片的一部分遮光或取下置于暗处,另一部分则留在光下进行光合作用,过一定时间后,在这两部分的对应部位取同等面积,分别烘干称重。对称叶片的两对应部位的等面积的干重,开始时被视为相等,照光的叶重超过暗中的叶重,超过部分即为光合作用的产物的产量,通过一定的计算即可得到光合作用强度。

3. 材料、器具与试剂

菊花、月季等有代表性的植物叶片,分析天平、烘箱、剪刀、称量皿、刀片、金属模板、纱布及锡纸等,三氯乙酸。

4. 操作步骤

1) 选择测定样品

选定有代表性植株的叶片(如叶片在植株上的部位、叶龄、受光条件等应尽量一致)20 张,用小纸牌编号(注明班级、组别、叶样序号)。

2) 叶子基部处理

根据材料形态解剖特点的不同,可任意选用下列方法进行处理:

(1)环割处理　对于叶柄木质化较好且韧皮部和木质部容易分开的双子叶植物,可用刀片将叶片基部叶柄的外皮环割约 0.5 cm 宽。

(2)开水烫伤　对于韧皮部和木质部难以分开处理的单子叶植物,可用刚在开水(水温一般在 90 ℃ 以上)中浸过的纱布或棉花包裹试管夹,夹住叶和其中的茎秆烫 20 min 左右,以伤害韧皮部。

(3)化学处理　对叶柄较细且维管束散生,叶柄易被折断,用环剥法或开水烫不易掌握适宜程度的植物叶片可用毛笔蘸三氯乙酸点涂叶柄,以阻止光合产物的输出。三氯乙酸是一种强烈的蛋白质沉淀剂,渗入叶柄后可将筛管生活细胞杀死,而起到阻止有机养料运输的作用。三氯乙酸的浓度视叶柄的幼嫩程度而异,以能明显灼伤叶柄,而又不影响水分供应,不改变叶片角度为宜。一般使用 5% 三氯乙酸。

为了使经过以上处理的叶片不致下垂,可用锡纸、橡皮管或塑料布缠绕,使叶片保持原来的着生角度。

3) 剪取样品

叶基部处理完毕后即可剪取样品,一般按编号次序分别剪下对称叶片的一半(中脉不剪下),剪取第一叶时开始计时,按编号顺序将叶片夹于湿润的纱布中,储于室内暗处,另一半在植株上继续进行光合作用。过 4~5 h 后,再依次剪下另外半叶,剪取第一片叶片时计时终止,同样按编号夹于湿润纱布中带回,两次剪叶的速率应尽量保持一致,使各叶片经历相等的照光时间。

4) 称重比较

将各同号叶片之两半按对应部位叠在一起,在无粗叶脉处用已知面积的金属模板或打孔器,在对应部位切(打)等面积的叶块或叶圆片,分别置于照光及暗中的两个称量皿中。先在 105 ℃ 下杀青 10 min,然后在 80~90 ℃ 下烘至恒重(约 5 h),在分析天平上称重比较。将测定的数据填入表 7.2 中,并计算结果。

表 7.2　改良半叶法测定光合强度的记载

测定日期：　　　年　　月　　日		地点：	
植物材料：		生育期：	
平均光强/klx：		平均温度/℃：	
第一次取样时间：		第二次取样时间：	
取样面积/cm²：		光合作用时间/h：	
暗处理叶的干重/mg		光照叶的干重/mg	
（光-暗）干重增量/mg			
光合速率/($mg \cdot dm^{-2} \cdot h^{-1}$)（以干物质计） 光合速率（以 CO_2 同化量计）/($mg \cdot dm^{-2} \cdot h^{-1}$)			

5. 计算结果

光合作用强度以干物质表示，计算公式如下：

光合作用强度($mg \cdot dm^{-2} \cdot h^{-1}$) = 干重增加总量(mg)/切取叶面积总和($dm^2$) × 光照时数(h)

由于叶内储藏的光合产物一般为蔗糖和淀粉等，可将干物质质量乘系数 1.5，得 CO_2 同化量，单位为($mg\ CO_2 \cdot dm^{-2} \cdot h^{-1}$)。

6. 注意事项

叶柄的环割或伤害处理状况对实验成败影响很大。烫伤如不彻底，部分有机物仍可外运，测定结果会偏低。凡具有明显水浸渍状者，表明烫伤完全。禾本科植物烫伤部位以选在叶鞘上部靠近叶枕 5 mm 处为好，既可避免光合产物向叶鞘中运输，又可避免叶枕处烫伤而使叶片下垂。

7. 实训作业

（1）根据实验数据计算出植物的光合作用强度。

（2）使用改良半叶法测定光合强度，产生误差的因素有哪些？如何避免这些因素？

（3）比较环割、TCA（三氯乙酸）化学抑制剂和开水（或石蜡）烫伤植物叶柄对改良半叶法测定光合强度的影响。

实训 3　植物呼吸速率广口瓶测定法

1. 目的要求

通过实训,掌握广口瓶法测定植物呼吸速率的原理与方法,学会运用呼吸速率测定比较植物材料间呼吸作用相对强弱的方法。

2. 方法原理

呼吸速率是植物生命活动强弱的重要指标之一,常用于植物生理研究及植物生产实践等方面。测定呼吸速率的方法主要是测定 CO_2 的释放量或 O_2 的呼吸量两类方法。本实验用广口瓶法测定植物的呼吸速率。

在密闭容器中加入一定量碱液[一般用 $Ba(OH)_2$],上面悬挂植物材料,植物材料呼吸放出的 CO_2 可为容器中 $Ba(OH)_2$ 吸收,然后用草酸滴定剩余的碱,从空白和样品两者消耗草酸溶液之差,可计算出呼吸释放出的 CO_2 量,其反应如下:

$$Ba(OH)_2 + CO_2 \rightarrow BaCO_3 \downarrow + H_2O$$
$$Ba(OH)_2(剩余) + H_2C_2O_4 \rightarrow BaC_2O_4 \downarrow + H_2O$$

3. 材料与用品

发芽的植物种子或其他植物材料,广口瓶测呼吸装置 1 套、电子天平、酸式和碱式滴定管各 1 支及滴定管架 1 套等。

4. 试剂

1)1/44 mol·L^{-1} 草酸溶液

准确称取结晶 $H_2C_2O_4 \cdot 2H_2O$ 2.865 1 g 溶于蒸馏水中,定容至 1 000 mL,每 mL 相当于 1 mg CO_2。

2)0.05 mL·L^{-1} 氢氧化钡溶液

准确称取 $Ba(OH)_2$ 8.6 g 或 $Ba(OH)_2 \cdot 8H_2O$ 15.78 g 溶于 1 000 mL 蒸馏水中,如有浑浊,待溶液澄清后使用。

3)酚酞指示剂

称取 1 g 酚酞,溶于 100 mL95% 乙醇中,贮于滴瓶中。

5. 操作步骤

1) 呼吸装置的制备

取 500 mL 广口瓶 1 个,加一个三孔橡皮塞。一孔插入一装有碱石灰的干燥管,使其吸收空气中的 CO_2,保证在测定呼吸时进入呼吸瓶的空气中无 CO_2;一孔插入温度计;另一孔直径约为 1 cm,供滴定用,平时用一小橡皮塞塞紧。在瓶塞下面装一小钩,以便悬挂用尼龙窗纱制作的小篮,供装植物材料用。

2) 空白滴定

拔出滴定孔上的小橡皮塞,用碱滴定管向瓶内准确加入 0.05 mol·L^{-1} Ba(OH)$_2$ 溶液 20 mL,再把滴定孔塞紧,充分摇动广口瓶几分钟。待瓶内 CO_2 全部被吸收后,拔出小橡皮塞加入酚酞 3 滴,把酸滴定管插入孔中,用 1/44 mol·L^{-1} 草酸溶液空白滴定,至红色刚刚消失为止,记下草酸溶液用量(mL),即为空白滴定值(V_0)。

3) 溶液样品滴定值测定

倒出废液,先用自来水,再用新煮沸(为驱赶水中 CO_2)并冷却的蒸馏水洗净广口瓶,重加 20 mL Ba(OH)$_2$ 溶液于瓶内,取待测样品 3~5 g,同时准确称其质量(m),装入小篮中,打开橡皮塞,迅速挂于橡皮塞的小钩上,塞好塞子,加样操作时,应设法防止室内空气和口中呼出的气体进入瓶内,开始记录时间。经 20~30 min,期间轻轻摇动数次,使溶液表面的 $BaCO_3$ 薄膜破碎,有利于 CO_2 的充分吸收。到预定时间后,轻轻打开瓶塞,迅速取出小篮,立即重新塞紧。充分摇动 2 min,使瓶中 CO_2 完全被吸收,拔出小橡皮塞,加入酚酞 3 滴,用草酸滴定如前。记下草酸用量(mL),即为样品滴定值(V_1)。

4) 计算呼吸速率

$$呼吸速率 = \frac{[空白滴定值 - 样品滴定值] \times CO_2 毫克数/草酸的毫升数}{植物组织鲜重(或干重) \times 时间}$$

式中:滴定值以 mL 计算,植物组织质量以 g 计算,时间以 h 计算。

6. 注意事项

实训课中由于人数多,室内空气中的 CO_2 浓度不断升高,是本实训最大的误差源。如果先做样本测定,后做空白滴定,测定结果甚至会出现负值。克服的办法可将广口瓶装满水,在室外迎风处将水倒净,换上室外空气,若用自来水,还须应用无 CO_2 蒸馏水或煮沸过的冷开水洗涤广口瓶,塞好橡皮塞,带回室内进行加液、滴定操作。进行样本测定时也可在室外将装有萌发种子的小篮挂入瓶中瓶塞下的小钩上,并开始计时。操作要注意不要让口中呼出的气体进入瓶中。

7. 实训作业

(1)影响植物呼吸速率的因素有哪些?

(2)在呼吸速率测定中哪些步骤容易出现误差?应当怎样避免?

(3)根据实训要求,计算呼吸速率,填写呼吸速率测定记载表(见表7.3),并对不同状态植物种子的呼吸速率进行比较。

表7.3　呼吸速率测定记载表

温度:＿＿＿＿＿＿　　测定人:＿＿＿＿＿＿　　测定日期:＿＿＿年＿＿月＿＿日

材料名称	处理方式	材料质量/g	反应时间/min	草酸用量/mL		呼吸速率/$(mgCO_2 \cdot g^{-1} \cdot h^{-1})$
				空白滴定值	样品滴定	

实训 4　呼吸商的测定

1. 目的要求

通过实训,掌握呼吸商的测定原理与方法。

2. 方法原理

呼吸作用释放的 CO_2 和吸收的 O_2 的体积之比称为呼吸商(称为 RQ)。呼吸商的大小因呼吸作用消耗的基质而异,若以糖类为基质,则呼吸商等于1,以有机酸为基质则大于1,以油类为基质则小于1。研究呼吸商对于了解呼吸底物的性质有很大的帮助。

这里介绍测定呼吸商的方法,是利用丹尼管装置,在加碱除去 CO_2 时,测得 O_2 的体积,而不加碱时测得 CO_2 及 O_2 两者体积改变之差,然后进行计算,求得呼吸商。

3. 材料器具与试剂

丹尼管、广口瓶、大型玻璃缸、尼龙小篮、橡皮管及橡皮塞玻璃活塞开关等,20% NaOH。

4. 内容与方法

1)仪器装置

丹尼管是一底部相连通的内外套管,外管上有刻度,上面分两支管,一支管上有玻璃活塞开关,另一支管与呼吸瓶 B 相连,B 为一个 500 mL 的广口瓶作为呼吸瓶,其中吊挂有一个尼龙网小篮,篮中放有待测定样品,如发芽的种子。整个装置放在一恒温大型玻璃缸中。

2)操作步骤

先将全部活塞打开,使得外界的水面与丹尼管的上口相齐,待温度恒定后,关闭所有活塞,使内外不通气,立即记下时间。此时在密闭系统内,如果种子呼吸作用吸收的 O_2 比放出的 CO_2 多,则密闭系统内体积减小,水便由丹尼管内管上口流入外管,流入外管水的体积,即表示密闭系统中体积减小的数值。经 40 min 后,打开活塞,就可以直接从丹尼管上的刻度,知道所吸收 O_2 比放出的 CO_2 体积之差,以 V_A 表示之。

把呼吸瓶的塞子打开,加入 20% NaOH 溶液 30 mL,按上述方法与未加 NaOH 时一样再测定一次。注意时间长短和温度高低都要相同。加入 NaOH 的目的是测定呼吸时放出的 O_2 的体积,以 V_B 表示之。操作中必须注意呼吸瓶不能漏气。可用石蜡或凡士林封口。

3)计算呼吸商

$$RQ = V_{CO_2}/V_{O_2} = V_B - V_A/V_B$$

5. 实训作业

比较不同发芽的植物种子呼吸商的大小。

实训 5　植物春化现象的观察

1. 目的要求

学习掌握植物春化作用的观察方法,进一步加深对植物春化作用知识及其调控技术的理解和应用。本实训以冬小麦春化作用的观察为例。

2. 方法原理

冬性植物(如冬小麦、百合、牡丹等)在其生长发育过程中,必须经过一段时间的低温,生长锥才能开始分化。因此可以通过检查生长锥分化情况(以及对植株拔节、抽穗的观察)来确定是否已通过春化。这在生产和科研中有一定的应用价值。

3. 材料与用品

冰箱、解剖镜 1 台、镊子 1 把、解剖针 1 支、载玻片 2 片及培养皿 5 套等。

4. 操作步骤

1) 春化处理

选取一定数量的冬小麦种子(最好用强冬性品种),分别于播种前 50 d,40 d,20 d 和 10 d 吸水萌动,置于培养皿内,放在 0~5 ℃的冰箱中进行春化处理。

2) 播种

于春季(约在 3 月下旬或 4 月上旬)从冰箱中取出经不同处理时间的小麦种子和未经低温处理但使其萌动的种子,同时播种于花盆或实验地中。

3) 观察记录

麦苗生长期间,各处理进行同样肥水管理,随时观察植株生长情况。当春化处理时间最长的麦苗出现拔节时,在各处理中分别取一株麦苗,用解剖针剥出生长锥,并将其切下,放在载玻片上,加 1 滴水,然后在解剖镜下观察,并绘简图。比较不同处理的生长锥有何区别。

继续观察植株生长情况,直到处理时间最长的麦株开花时,将观察情况记入表 7.4。

表 7.4　植株春化处理生长情况记载表

观察日期	春化时间及植株生育情况记载					
	50 d	40 d	30 d	20 d	10 d	未春化

5. 实训作业

(1)春化处理天数的多少与冬小麦抽穗时间的早晚有无差别? 为什么?
(2)研究春化现象在农业生产中有何意义? 举例说明。

实训 6　生长调节剂调节菊花株高的实验

1. 目的要求

在学习掌握植物营养生长特点及植物生长调节剂应用的基础上,学习掌握用植物生长调节剂调节植物株高的原理与技术。

2. 方法原理

菊花是我国传统的名花,但由于需要不同,人们对其植株高度的要求也不同。作为切花时希望植株较高,作为盆栽时又希望植株矮小紧凑。促进茎的伸长是赤霉素生理作用之一,而比久(B_9)能够抑制植物体内赤霉素的生物合成。合理地利用这两种生长调节剂,就能够有效地控制株高,满足需要。

3. 材料与用品

菊花苗或将要现蕾的盆栽菊花,$6\ mg\cdot L^{-1}$或$150\ mg\cdot L^{-1}$的赤霉素溶液、$150\ mg\cdot L^{-1}$的比久溶液及洗洁精等,花盆、喷壶、烧杯及容量瓶等。

4. 操作步骤

1)材料处理

上盆后的菊花苗,分成三组,第1组在上盆后的$1\sim3\ d$及3周后各喷施$6\ mg\cdot L^{-1}$的赤霉素溶液1次;第2组于上盆后第$10\ d$起,每$10\ d$喷1次$150\ mg\cdot L^{-1}$的比久,一共喷4次;第3组喷清水做对照。

2)观测记录

在菊花开花后,测量株高,记录数据于表7.5。

表7.5　植物生长调节剂调节菊花株高观测记录表

组别	处理		株高/cm		观测时间	观测人
	方法	时间	单株高度	平均		
1						
2						
3						

5. 实训作业

比较两种处理效果的不同,解释赤霉素促进株高及比久抑制株高的原因。

实训 7　植物生长调节剂诱导植物插条发生不定根的实验

1. 目的要求

通过实训,掌握植物生长调节剂诱导植物不定根的基本原理和方法。

2. 方法原理

用植物生长调节剂(生长素类、生长延缓剂等)处理插条,可以促进细胞恢复分裂能力,诱导根原基发生,促进不定根发生。容易生根的植物经处理后,发根提早,成活率提高;对木本植物进行插条处理,可提高生根率;移栽的幼苗被生长调节剂处理后,移栽后的成活率提高,根深苗壮。本实验通过测定植物生长的重要生理指标——根的活力,来了解生长调节剂促进不定根发生的作用。

3. 材料与器具

供试植物材料、电子天平、烘箱、分光光度计等。

4. 试剂

(1)1 000 mg·L^{-1}吲哚丁酸(IPA)溶液　称取 100 mg IPA,加 90% 酒精 0.2 mL 溶解,用蒸馏水定容至 100 mL。

(2)1 000 mg·L^{-1}多效唑溶液　称取 2 g 5% 多效唑原粉,加水定容至 100 mL。

(3)脱落酸、细胞分裂素类、乙烯、油菜内酯及水杨酸等其他植物生长调节剂。

5. 实训内容

（1）考虑选用生长素类、多效唑（或脱落酸、细胞分裂素类、乙烯、油菜内酯及水杨酸）等植物生长调节剂,通过改变各施用药浓度的大小、处理插条的时间与处理方法,证实不同种类的植物生长调节剂对植物插条不定根发生的影响。

（2）选用各种植物材料,考虑材料的年龄与取材部位,用植物生长调节剂处理,以了解其促进插条生根的作用与插条的种类及生理的关系。

（3）用生长调节剂处理的植物插条,在不同培养条件下（光照、温度、湿度及培养基质等）,观察其不定根发生的情况。

（4）在上述条件下,研究分析不定根发生过程中根系活力的变化,以认识生长调节剂的作用原因。

6. 方法步骤

（1）按照实训内容,配制植物生长调节剂溶液（一般为 $500\ mg \cdot L^{-1}$ 或 $1\ 000\ mg \cdot L^{-1}$ ）,然后稀释成 $3 \sim 5$ 个浓度,如 $100\ mg \cdot L^{-1}$, $200\ mg \cdot L^{-1}$, $300\ mg \cdot L^{-1}$ 。

（2）从室外取菊花或其他植物材料,注意插枝的生理状态（如果植物材料是灌木,需注意取材的枝条部位）。从茎顶端或枝条上端向下 $10 \sim 15\ cm$ 处剪去植株地下部分,去除花,保留 $1 \sim 2$ 片叶片（如果叶片面积较大,可以保留半片叶）。

（3）将插枝基部 $2 \sim 3\ cm$ 浸泡在植物生长调节剂溶液中,另外用相同体积水浸泡插条为对照,记录浸泡时间,然后换水。

（4）将插条放置在阳台或走廊的弱光通风处培养（室温为 $20 \sim 35\ ℃$ ）,培养期间注意加水至原来的高度。

（5）插条用水培养 $10 \sim 20\ d$ 后,统计其基部不定根发生的数目、每个插条的生根数目、生根的范围。然后用刀片切下不定根,每个处理取一部分枝条的根进行根系活力测定,其余枝条的根在电子天平上称其鲜重,放置培养皿内,于烘箱 $60 \sim 80\ ℃$ 烘 $2\ h$,取出,冷却后称重;继续烘干,直至重量不发生变化。

7. 实训作业

（1）调查记载插条下端切口明显膨大所需时间。

（2）调查记载长出幼根所需时间,幼根数量、状态（粗壮、细、弱）,发根部位。

（3）用烘干称重法测定根系重量和相对含水量。

（4）用 TTC 法测定根系的活力。

实训 8　生长素类物质对根、芽生长的调控

1. 目的要求

通过实训,掌握生长素类物质对植物根、芽生长的调控原理和方法,进一步理解生长素类物质的作用特点和性质。

2. 方法原理

生长素及人工合成的类似物质,如萘乙酸等一般在低浓度下对植物有促进作用,高浓度则起抑制作用。根对生长素较敏感,促进和抑制其生长的浓度均比芽低些。根据此原理可观测不同浓度的萘乙酸对不同部位生长的促进和抑制作用。

3. 材料与用品

大颗粒植物种子(如小麦、豆类等),恒温培养箱、直径 7 cm 培养皿 7 套、10 mL 吸量管 2 支、1 mL 吸量管 1 支、圆形滤纸(直径与培养皿底内径相同)7 张、尖头镊子 1 把及记号笔 1 支。

4. 试剂

1)10 mg·L^{-1}萘乙酸(NAA)溶液

称取萘乙酸 10 mg,先溶于少量乙醇中,再用蒸馏水定容至 100 mL,配成 100 mg·L^{-1}萘乙酸溶液,将此液贮于冰箱中,用时稀释 10 倍。

2)漂白粉适量

5. 操作步骤

1)NAA 浓度梯度液的配制

将培养皿洗净烘干,编号,在①号培养皿中加入已配好的 10 mg·L^{-1}NAA 溶液 10 mL,在②~⑥号培养皿中各加入 9 mL 蒸馏水,然后用吸管从①号皿中吸取 10 mg·L^{-1}NAA 1 mL 注入②号皿中,充分混匀后即成 1 mg·L^{-1}NAA。再从②号皿吸 1 mL 注入③号皿中,混匀即成 0.1 mg·L^{-1},如此继续稀释至⑥号皿,结果从①号到⑥号培养皿 NAA 浓度依次为10 mg·L^{-1},

$1.0\ mg \cdot L^{-1}$,$0.1\ mg \cdot L^{-1}$,$0.01\ mg \cdot L^{-1}$,$0.001\ mg \cdot L^{-1}$,$0.000\ 1\ mg \cdot L^{-1}$。最后从⑥号皿中吸出 1 mL 弃去,各皿均为 9 mL 溶液,第⑦号皿加蒸馏水 9 mL 作为对照。

2) 种子培养

精选供试验种子约 200 粒,用饱和漂白粉上清液表面灭菌 20 min,取出用自来水冲净,再用蒸馏水冲洗 3 次,用滤纸吸干种子表面水分。在①—⑦号每个培养皿中放一张滤纸,每皿沿培养皿周缘整齐地摆放 20 粒种子,使胚朝向培养皿中心,加盖后置 20 ~ 25 ℃ 温箱中,24 ~ 36 h 后,观察种子萌发情况,留下发芽整齐的种子 10 粒,继续培养 3 d。

3) 测定

取出各号皿中的种子,量取各处理种子的根数、根长及芽长,记入表 7.6,求平均值。

表 7.6　NAA 浓度对根、芽生长的影响记载表

植物材料:＿＿＿＿＿＿　实训小组:＿＿＿＿＿＿　培养时间:＿＿＿＿＿＿＿＿　测定时间:＿＿＿＿＿＿＿＿

培养皿号	NAA 质量浓度 /(mg·L^{-1})	根条数		根长/cm		芽长/cm	
		单粒种子	平均	单粒种子	平均	单粒种子	平均
①	10						
⋮							
⑦	0						

6. 实训作业

绘根数、根长、芽长在 NAA 各浓度下的柱形图,分析生长素对根数、根长、芽长的不同影响,确定 NAA 对根、芽生长具有促进或抑制作用的浓度。

实训 9　植物组织细胞水势小液流测定法

1. 目的要求

学会用小液流法测定植物组织水势的方法,了解水势高低是水分移动方向的决定因素。

2. 方法原理

水势梯度是植物组织中水分移动的动力,水分总是顺水势梯度移动。当植物组织与外液接触时,如果植物组织的水势低于外液的渗透势(溶质势),组织吸水,重量增大而使外液浓度变大;反之,则组织失水,重量减少而使外液浓度变小;如果两者相等,则水分交换保持动态平衡,组织重量及外液浓度保持不变。根据组织重量或外液浓度的变化情况即可确定与植物组织相同水势的溶液浓度,然后根据公式计算出溶液的渗透式,即为植物组织的水势。溶液渗透势的计算:

$$\phi_s = -iRTC$$

式中　ϕ_s——溶液的渗透势,MPa;

　　　R——普适气体常量,$0.008\ 314\ L \cdot MPa \cdot mol^{-1} \cdot K^{-1}$;

　　　T——热力学温度,K(即 $273 + t$,t 为实验温度℃);

　　　C——溶液的浓度,$mol \cdot L^{-1}$;

　　　i——溶液的等渗系数(见表 7.7)。

表 7.7　不同物质的量浓度下各种盐的等渗系数(i 值)

电解质	0.02	0.05	0.1	0.2	0.5
$MgCl_2$	2.708★	2.667	2.658	2.679	2.896
$MgSO_4$	1.393★	1.302	1.212	1.125	—
$CaCl_2$	2.673★	2.630	2.601	2.573	2.680
LiCl	1.928	1.912	1.895	1.884	1.927
NaCl	1.921	—	1.872	1.843	—
KCl	1.919	1.885	1.857	1.827	1.784
KNO_3	1.904	1.847	1.784	1.698	1.551

注:★为 $0.025\ mol \cdot L^{-1} H_2O$ 电解质。

3. 材料与用品

新鲜植物叶片,10 mL 试管(附有软木塞)8 支、指形试管(附有中间插橡皮头弯嘴毛细管的软木塞)8 支、特制试管架 1 个、面积 0.5 cm^2 的打孔器 1 个、镊子 1 把、解剖针 1 支、移液管 8 支、1 mL 移液管 8 支及特制木箱 1 个(可将上述用具箱带到现场应用)等。

甲烯蓝粉末装于青霉素小瓶中,1 mol·L^{-1}CaCl$_2$ 溶液(也可用蔗糖溶液)。

4. 操作步骤

1)浓度梯度液的配制

(1)取 8 支干洁试管,编号(为甲组),按表 7.8 配制 0.05 ~ 0.40 mol·L^{-1} 的等差浓度的 CaCl$_2$ 溶液,必须振荡均匀。

表 7.8　CaCl$_2$ 浓度梯度液的配置

试管号	1	2	3	4	5	6	7	8
溶液浓度/(mol·L^{-1})	0.05	0.10	0.15	0.20	0.25	0.30	0.35	0.40
1 mol·L^{-1}的 CaCl$_2$ 溶液/mL	0.5	1.0	1.5	2.0	2.5	3.0	3.5	4.0
蒸馏水体积/mL	9.5	9.0	8.5	8.0	7.5	7.0	6.5	6.0

(2)另取 8 支干洁的指形试管,编号(为乙组),与甲组各试管对应排列,分别从甲组试管中准确用相应序号的移液管吸取 1 mL 溶液放入相应的乙组指形试管中。

2)样品水分平衡

选取数片叶子,洗净,擦干,用同一打孔器切取圆片若干,混匀,每个指形管中放 8 ~ 10 片,浸入 CaCl$_2$ 溶液内,塞紧软木塞,保持 20 ~ 30 min。在此期间多次摇动试管,以加速水分平衡。到预定时间后,取出叶圆片,用解剖针蘸取少许甲烯蓝粉末,加入各指形管中,摇匀,溶液变为蓝色。

3)检测

取干洁的毛细管 8 支,编号,分别吸取少量蓝色溶液,插入相应序号的甲组试管中。将滴管先端插入至溶液中间,轻轻压出一滴蓝色乙液,然后小心抽出滴管,观察蓝色液滴移动方向,将结果记录在表 7.9 中,找出等渗浓度(如果相邻两浓度小液流方向相反,则取平均值),并计算被测试组织水势。

表 7.9 实验现象观察与分析

试管号	1	2	3	4	5	6	7	8
液流方向(↑↓)								
原　因								

4) 计算

计算被测植物组织水势。

5. 注意事项

(1) 加入指形管的甲烯蓝粉末不宜过多,以免影响溶液的相对浓度。

(2) 移液管、胶头毛细吸管要各溶液专用。

(3) 指形管、试管要干洁,不能沾有水滴。

(4) 释放蓝色液滴速率要缓慢,防止冲击力过大影响液滴移动方向。

(5) 所取材料在植株上的部位要一致,打取叶圆片要避开主脉和伤口。

(6) 取材以及打取叶圆片的过程操作要迅速,以免失水。

6. 实训作业

(1) 记录实验结果,分析各现象发生的原因,计算植物组织的水势。

(2) 为何要求试管、移液管、滴管及毛细血管均洁净干燥且各有专用,不许串用?

实训 10　植物蒸腾强度快速称重测定法

1. 目的要求

学会用快速称重法测定植物蒸腾强度的操作技术。

2. 方法原理

蒸腾速率是指单位时间、单位面积(单位鲜重)所散失的水量。离体的植物叶片,由于蒸腾失水而减轻质量,快速称重法可准确地测出单位时间内单位叶片的质量变化,根据公式算出该植物叶片的蒸腾速率。

3. 材料与用品

不同植物(或同一植物不同部位)的新鲜叶片、分析天平、剪刀、秒表、白纸及扭力天平等。

4. 操作步骤

(1)在测定植株上选一枝条(重约20 g),剪下后立即放在扭力天平上称重,记录质量及起始时间,并把枝条放回原来的环境中。

(2)过3~5 min后,取枝条进行第二次称重,准确记录3 min或5 min内的蒸腾失水量和蒸腾时间。

注意:称重要快,要求两次称的质量变化不超过1 g,失水量不超过10%。

(3)用叶面积仪(或透明方格纸、质量法)测定枝条上的总叶面积(cm^2),按下式计算蒸腾率:

$$蒸腾速率(g \cdot m^{-2} \cdot h^{-1}) = \frac{蒸腾失水量(g)}{叶面积(cm^2) \times 测定时间(h)}$$

(4)不便计算叶面积的针叶树类等植物,可以鲜重为基础计算蒸腾速率。即于第二次称重后摘下针叶,再称枝条重,用第一次称得的质量减去摘叶后的枝条重,即为针叶(蒸腾组织)的原始鲜重,可用下式计算蒸腾速率(每克叶片每小时蒸腾水分的质量):

$$蒸腾速率(mg \cdot g^{-1} \cdot h^{-1}) = \frac{蒸腾失水量(mg)}{组织鲜重(g) \times 测定时间(h)}$$

5. 实训作业

(1)测定蒸腾速率为何要考虑到天气情况?

(2)记录实训结果,计算植物的蒸腾速率(见表7.10)。

表7.10 蒸腾速率测定记载

植物名称	取材部位	重复	开始时间	叶面积/cm²	测定时间/min	蒸腾水量/g	蒸腾速率	当时天气	备注

实训 11　植物组织抗逆性的测定（电导率仪法）

1. 目的要求

学习并掌握电导率仪法鉴定植物组织抗逆性的原理与技术,进一步加强对植物逆境伤害机制的理解和认识。

2. 方法原理

植物组织受到逆境伤害时,由于膜的功能受损或结构破坏,使其透性增大,细胞内各种不溶性物质包括电解质将有不同程度的外渗。将植物组织浸入无离子水中,水的电导将因电解质的外渗而加大,伤害越重,外渗越多,电导率的增加也越大,故可用电导率仪测定外液的电导率增加值而得知伤害程度。

3. 材料与用品

植物整体或某一部分器官(视实验目的而定)、实验试剂、去离子水、电导仪、真空泵(附真空干燥器)、恒温水浴锅、打孔器 1 套(或双面刀片 1 片)、小烧杯、玻璃片、10 mL 移液管(或定量加液器)1 支、镊子 1 把、剪刀 1 把、搪瓷盘 1 个、记号笔 1 支及滤纸适量等。

4. 操作步骤

1)容器洗涤

电导法对水和容器要求严格洁净,水的电导值要求为 1～2 S(西门子);所用容器必须彻底清洗,再用去离子水冲洗,倒置于洗净而垫有洁净滤纸的搪瓷盘中备用。为了检查容器是否洁净,可向容器中加入电导值为 1～2 S 的新制去离子水,用电导率仪测定是否仍维持原电导值。

2)取材

选取生长环境和生长势一致的植物材料或发育一致的器官,先用自来水冲洗去除表面的污物,再用去离子水冲洗 2 次,用吸水纸吸取多余的水。将材料平均分为 3 份,分别作低温处理、高温处理和室温处理 3 种处理。

(1)低温处理　置 0～4 ℃冰箱中 1 h,或 -20 ℃左右的温度下冷冻 20 min。

(2)高温处理　置 50 ℃左右的恒温冰箱中处理 30～60 min。

(3)室温处理　裹入潮湿的纱布中放置在室温下作对照。

注意:不论是室内还是室外取材,都要注意取材一致,有代表性,不要让材料失水萎缩,最好包在湿纱布中保存。为保证结果的可靠性,每个处理各设 2~3 个重复。

3) 测定

(1)取样抽气　处理完毕取出叶片,用去离子水冲洗两次,再用洁净滤纸吸净表面水分。用 6~8 mm 的打孔器避开主脉打取叶圆片(或切割成大小一致的叶块),每种处理叶片打取 30 个叶圆片,放入相应编号的小烧杯中,各加 20 mL 去离子水,放入真空干燥箱中用真空泵抽气以抽出细胞间隙的空气,当缓缓放入空气时,水即渗入细胞间隙,叶片变成透明状,沉入水下。

(2)初电导率测定　抽气完毕将以上小烧杯盖上玻璃片置于室温下平衡 30~60 min,其间要多次摇动烧杯,或者将小烧杯放在振荡器上振荡 30~60 min。平衡完毕将各烧杯充分摇匀,用电导仪测其初电导率(S_1)。

(3)终电导率测定　测毕,将各烧杯盖上玻璃片,置沸水浴中 10 min,以杀死植物组织。取出烧杯后用自来水冷却至室温,并在室温下平衡 10 min,摇匀,测其终电导率(S_2)。

4) 计算

(1)相对电导度　按下式计算相对电导度:

$$相对电导度(L) = \frac{S_1}{S_2}$$

相对电导度的大小表示细胞膜受伤害的程度。

(2)伤害度　由于对照(在室温下)也有少量电解质外渗,故可按下式计算由于低温或高温胁迫而产生的外渗,称为伤害度(或伤害性外渗)。

$$伤害度 = \frac{L_t - L_{ck}}{1 - L_{ck}} \times 100\%$$

式中:L_t 为处理叶片的相对电导度;L_{ck} 为对照叶片的相对电导度。

(3)校正值　在电导度测定中一般应用去离子水,若制备困难可用普通蒸馏水代替,但需要设一空白对照(蒸馏水作空白),测定样品同时测定空白电导率(S_0),按下式计算相对电导度:

$$相对电导度(L) = \frac{S_1 - S_0}{S_2 - S_0}$$

5) 注意事项

CO_2 在水中的溶解度较高,测定电导率时要防止高 CO_2 气源或口中呼出的进入容器,以免影响结果的准确性。温度对溶液的电导率影响很大,故 S_1 和 S_2 必须在相同温度下测定。

5. 实训作业

(1)测定电解质外渗量时,为何要对材料进行真空渗入?测定过程中为何进行振荡?植物抗逆性与细胞膜的透性有何关系?

(2)以电导率或相对电导度、伤害度作为抗寒性指标,哪个更好些?为什么?

(3)填写表 7.11,试计算说明温度对植物抗逆性的影响。

表 7.11　植物抗逆性测定结果记载表

植物材料:＿＿＿＿＿＿＿　测定小组:＿＿＿＿＿＿＿　测定日期:＿＿＿＿＿＿＿

处　理	重　复	电导率/(S·cm^{-1})			相对电导度	伤害度/%
		S_0	S_1	S_2		
对照	1					
	2					
	3					
	平均					
低温	1					
	2					
	3					
	平均					
高温	1					
	2					
	3					
	平均					

实训 12　日照时数的观测

1. 目的要求

了解日照仪器的构造和原理,学会日照计的安装和使用,掌握日照时数的观测方法。

2. 仪器、材料、药品

乔唐式日照计、日照纸、深色玻璃瓶、脱脂棉、15 W 红色灯泡、红布、铁氰化钾、柠檬酸铁铵。

3. 方法步骤

测定日照时数多用乔唐式日照计(又称暗筒日照计),它是利用太阳光能过仪器上的小孔射入筒内,使涂有感光药剂的日照纸上留下感光迹线长度来判定日照时数。

1)乔唐式日照计的构造与安装

乔唐式日照计由金属圆柱筒和支架底座等组成。圆筒的筒口带盖,两侧各有一个进光孔,两孔前后位置错开,以免上、下午的日影重合。圆筒的上方有一隔光板,把上、下午日光分开。筒口边缘有白色标记线,用来确定筒内日照纸的位置。圆筒下部有固定螺丝,松开可调节暗筒的仰角。支架下部有纬度刻度盘和纬度记号线。圆筒内装一金属弹性压纸夹,用以固定日照纸。仪器底座上有 3 个等距离的孔,用以固定仪器。

乔唐式日照计应安置在终年从日出到日落都能受到阳光照射的地方。若安装在观测场内,要先稳固地埋好一根柱子,柱顶安装一块水平而又牢固的台座,把仪器安装在台座上,要求底座水平,筒口对准正北,将底座固定,然后转动筒身使纬度刻度线指向当地纬度值。

2)日照纸涂药

日照记录纸是涂有感光药的日照纸,配制涂药时,按 1:10 配制显影剂铁氰化钾(又称赤血盐 $[K_3Fe(CN)_6]$)水溶液;按3:10配制感光剂柠檬酸铁铵(又称枸橼酸铁铵 $[Fe_2(NH_4)(C_6H_5O_7)_3]$)。把两种水溶液分别装入暗色瓶中。应注意柠檬酸铁铵是感光吸水性较强的药品,要防潮;铁氰化钾为毒药,应注意安全,宜放在暗处妥善保管。

日照纸涂药应在暗处或夜间弱光下(最好是红光下)进行。涂药前,先用脱脂棉把日照纸表面逐张擦净,使纸吸收均匀;再用蘸有上述两种等量混合药水的脱脂棉均匀涂在日照纸上。涂药的日照纸应严防感光,可置于暗处阴干后暗藏备用。涂药后应洗净用具,用过的脱脂棉不可再次使用。

3)换纸和整理记录

每天在日落后换纸,即使全天阴雨,无日照记录,也应照样换下,以备日后查考。上纸时,注意使纸上 10:00 时线对准筒口的白线,14:00 时线对准筒底的白线;纸上两个圆孔对准两个进光孔,压纸夹交叉处向上,将纸压紧,盖好筒盖。换下的日照纸,应依感光迹线的长短,在其下描画铅笔线。然后,将日照纸放入足量的清水中浸漂 3 ~ 5 min 拿出(全天无日照的纸,也应浸漂);待阴干后,再复验感光迹线与铅笔线是否一致。如感光迹线比铅笔长,则应补上这一段铅笔线,然后按铅笔线计算各时日照时数(每一小格为 0.1 h),将各时的日照时数相加,即得全日的日照时数。如果全天无日照,日照时数应记 0.0。

4)检查与维护

首先,每月检查一次仪器的水平、方位、纬度的安置情况,发现问题,及时纠正。其次,日出前应检查日照计的小孔,有无给小虫、尘土等堵塞或被露、霜等遮住。

4. 实训作业

(1)熟悉日照计的结构、性能、安装及作用方法。

(2)统计某日的日照时数(实照时数)和计算该日的日照百分率。

(3)进行日照观测并将观测结果记入表 7.12。

表 7.12　日照时数观测表

时　间	日照时数	时　间	日照时数	时　间	日照时数
4：00—5：00		10：00—11：00		16：00—17：00	
5：00—6：00		11：00—12：00		17：00—18：00	
6：00—7：00		12：00—13：00		18：00—19：00	
7：00—8：00		13：00—14：00		19：00—20：00	
8：00—9：00		14：00—15：00			
9：00—10：00		15：00—16：00			

实训 13　光照度的观测

1. 目的要求

掌握照度计的使用方法,明确光对园林植物生长发育和形态结构的影响。

2. 仪器与用具

照度计、测高器、围尺、皮尺、铅笔、记录板等。

3. 照度计及其使用

光照度用照度计测定。照度计由硒光电池和微电表组成。硒光电池装在圆形有柄的胶木盒内,观测时将光电池放在所要观测的部位,受光后就产生电流,电流的强弱决定于光强的大小。光电池用电线连接到微电表,微电表的指针示度就是光照强度的读数。光电池附有相应的滤光器,当光照很强时,必须将滤光器放在光电池上,并将开关调至相应的倍数挡上,再进行读数。在观测时,光电池要水平放置,并要在应测高度有代表性的部位。每次测光时,光电池的放置位置不要变动,否则会影响观测结果。

4. 实训内容

(1)观测园林植物在不同光照条件下的生长发育情况。
①比较强光和弱光条件下园林植物的形态特征和开花结实状况。
②比较园林植物不同部位的开花结实状况和叶片的形态结构。
③观测受单向光照射条件下园林植物的形态及生长发育状况。

(2)观测喜光植物和耐阴植物在叶片形态、构造、着生状况等方面的区别。

(3)用照度计测定不同光环境条件下的光照度,并进行比较。

5. 实训作业

(1)对观察的作业资料进行整理,分别用表格形式将其区别列出比较。

(2)应用已学的知识,说明光环境对园林植物生长发育的影响。

(3)根据上述结果写实习报告。

实训 14 温湿度环境及其生态作用的观测

1. 目的要求

掌握地表温度和空气温度、空气湿度的观测方法,明确温度对园林植物生长发育和形态结构的影响。

2. 材料与用品

普通温度表、地面温度表、干湿球表、最高温度表、最低温度表、曲管地温表、直管地温表。

3. 方法步骤

1)绿地内、外的温度、湿度观测

学生在教师指导下,学会普通温度表、地面温度表和干湿球表的使用。最高温度表、最低温度表、曲管地温表、直管地温表的结构和使用可根据实际情况选择。

干湿球温度表可用于观测空气温度,若将感应部分包上纱布,并使之湿润,就成为湿球温度表。湿球温度表与干球温度表配合,用于空气湿度的观测。

观测时间安排在夏季晴天上午进行,就近选择森林公园或是一定面积的绿地,并在附近找一空旷地对比。用干湿球温度表分别在两地的地表(0 cm)和距地表 1 m 处测定,正确观察并记载读数,求算结果,从而比较分析绿地与空旷地的温度、湿度差,并分析原因。

2)温度和植物的形态观测

温度对植物形态的影响是同其他因子(如日照、水分)的影响交织在一起的。单就温度的影响来说,一般温度过高或过低,都会使叶面积发生变化,特别是在生育期的影响尤为显著,树皮、根颈木栓化,某些植物具厚薄不一的木栓层及叶被蜡质、白粉、茸毛、芽具鳞片等是植物抵御、适应低温或高温的表现。

4. 实训作业

（1）绿地内、外温差的比较，并分析原因。

（2）运用已学的理论知识分析观察到的现象。

（3）根据上述结果写出实训报告。

实训 15 降水和蒸发的观测

1. 目的要求

了解测定降水和水面蒸发的仪器结构和使用方法；学会进行降水量和蒸发量的观测。

2. 仪器、用具、材料

雨量器、虹吸式雨量计、专用量杯。自记纸、自记墨水。小型蒸发皿、蒸发罩。

3. 雨量器、雨量计及蒸发器的使用

测定降水量的仪器有雨量器和雨量计，测定蒸发量的仪器有小型蒸发器。

1）雨量器

（1）构造 雨量器是用来测定一定时段内的液体和固体降水量的仪器，它的构造由口径为 20 cm 承水器、漏斗、储水筒（外筒）、储水瓶组成，并配有与其口径成比例的专门雨量杯，雨量杯刻度每一小格表示 0.1 mm，每一大格表示 1.0 mm。

（2）安装 雨量器安置在观测场内固定架子上，器口保持水平，口沿距地面高度 70 cm。冬季积雪较深地区，应在其附近装一能使雨量器口距地高度达到 1.0～1.2 m 的备用架子。当雪深超过 30 cm 时，应把仪器移至备用架子上进行观测。

冬季降雪时，须将漏斗和储水瓶取走，直接用承雪口和储水筒承接降雪。

（3）观测和记录 有降水时每天 8:00 和 20:00 进行观测，观测时要换取储水瓶，将储水瓶内的水缓缓倒入专门量杯中量取，量取时量杯要保持水平，精确至 0.1 mm。在很大的阵性降水后，或在气温较高的季节，降水停止后，应及时进行补充观测。冬季下雪时，改用承雪口和储水筒直接测定。观测时用备用储水筒去换取已盛有雪的储水筒，盖上盖子带回室内，待雪化后用量杯量取；也可加一定的温水，使雪融化后再用量杯量取，但应记住从量得数值中扣除加入的温水水量。

无降水时,降水量不做记录。不足 0.05 mm 降水量记 0.0。

(4)维护　每次巡视仪器时,注意清除承水器、储水器内的昆虫、树叶等杂物;定期检查雨量器的高度、水平,发现不符合要求的应及时纠正;承水器的刀刃要保持正圆,避免碰撞变形。

2)虹吸式雨量计

(1)构造　虹吸式雨量计是用来连续记录液体降水量和降水时间的仪器。它的构造由承水器、浮子室、自计钟、虹吸管等组成。当雨水由承水器进入浮子室后,室内水面就升高,浮子和笔杆也随着上升。笔尖在自记纸上划出相应的曲线就表示降水量、降水时间和降水强度。当笔尖达到自记纸上限时(一般相当于 10 mm 或 20 mm 的降水量)浮子室内的水就从虹吸管排出,流入管下的盛水器中,笔尖就回到 0 线上。若仍有降水,笔尖又随之上升画线。自计曲线的坡度表示降水强度的大小。

(2)安装　将仪器安装在观测场水泥或木底座上,承水器口距地高度以仪器自身高度为准。器口保持水平,用三根纤绳拉紧。

(3)观测与记录:从自记纸上读取降水量,每一小格 0.1 mm。一日内有降水时(自记迹线上升≥0.1 mm),必须换自记纸,一般于每日 8:00 进行换纸。无降水时,自记纸也可用 8 ~ 10 d,但应在每日换自记纸时加注 1 mm 水量,使笔尖抬高位置,避免迹线每日重叠。

(4)维护　初结冰前应把浮子室内的水排尽,冰冻期长的地区应将内部机件拆回室内。其他维护同上述雨量器。

3)小型蒸发器

(1)构造　小型蒸发器是用来测定水面蒸发的仪器。它是一只口径为 20 cm,高约 10 cm 的金属圆盆,器旁有一倒水小嘴,口缘镶有内直外斜的刀刃形铜圈,为防鸟兽饮水,器口上附有上端向外张开成喇叭状的金属网圈。

(2)安置　蒸发器应安置在观测场内终日受日光照射的地方,安置地点竖一圆柱,柱顶安一圆架,将蒸发器安放在其中。蒸发器口缘保持水平,距地面高度为 70 cm。冬季积雪较深地区的安置同雨量器。

(3)观测与记录　每天 20:00 观测一次,用专门量杯先测量前一天 20:00 注入的 20 mm 清水(即今日原量),经过 24 h 蒸发后剩余的水量,记入观测簿余量栏。然后倒掉余量,重新量取 20 mm 清水注入蒸发器内,并记入次日原量栏。蒸发量计算公式如下:

$$蒸发量 = 原量 + 降水量 - 余量$$

冬季结冰时可改用称量法测量。将蒸发器内注入 20 mm 清水后称其质量(即今日原量),经过 24 h 蒸发后再称其质量,称为余量,二次质量之差即为蒸发量。其计算公式:

$$蒸发量 = [原量(g) - 余量(g)]/3.14$$

(4)维护　每天观测后均应清洗蒸发器(洗后要倒净余水)并换用干净水,其他维护同雨量器。

4. 实训内容

(1)对照仪器熟悉其结构、性能及使用方法。

（2）进行降水量、蒸发量的测定。

（3）降水自记记录的整理。

5. 实训作业

（1）将降水量和蒸发量的观测结果记录于表7.13和表7.14。

表7.13　降水量（定时）记录

年　月　日	8:00	20:00	合　计

表7.14　蒸发量（小型）记录

年　月　日	原　量	余　量	降水量	蒸发量

（2）固态降水和液态降水的降水量观测方法有何不同？

（3）结冰与不结冰时蒸发量观测方法有何不同？

（4）根据上述结果写实习报告。

实训16　不同水环境条件下园林植物形态结构特征的观察

1. 目的要求

明确水环境对园林植物根系、叶形态构造的影响以及园林植物对水环境的适应。

2. 仪器、用具、材料

显微镜、放大镜、镊子、刀片、载玻片、蒸馏水、土壤锹、方格计算纸等。水生、湿生、旱生植物叶切片，或新采集的水生、湿生、旱生植物叶切片和根系等。

3. 实训内容

（1）采集不同水环境条件下园林植物的叶片，进行观察，比较叶片大小、厚薄、颜色深浅，有无角质层、蜡质或茸毛等。

（2）在显微镜下观察旱生、湿生、水生植物叶的切片内部组织，如气孔形态、数量和位置、栅栏组织发达程度等。

如无现成切片,可以选用当地新鲜材料制作徒手切片。

（3）观察比较旱生植物、湿生植物水生植物根系形态及其分布特点。

4. 实训作业

（1）绘制旱生、湿生和水生植物叶片形态及构造图。

（2）绘制旱生、湿生和水生植物根系形态及分布状况图。

（3）列表比较旱生、湿生和水生植物形态特征（表 7.15）。

表 7.15 旱生、湿生和水生植物叶及根系形态特征比较

形态构造特征		旱生植物	湿生植物	水生植物
叶	大小			
	厚薄			
	颜色			
	角质层			
	蜡质			
	茸毛			
叶切片	气孔大小			
	气孔数目			
	下陷情况			
	栅栏组织			
根系	根系类型			
	发达程度			
	根毛多少			
	分布状况			

（4）根据上述结果写实训报告。

实训 17 风的观测

1. 目的要求

了解测风仪器的构造,掌握仪器的正确使用方法。

2. 仪器

EL 型电接风向风速计、轻便风向风速表。

3. 方法步骤

气象台站一般都用 EL 型电接风向风速计,野外流动观测多用轻便风向风速表,若没有测定风向风速的仪器或仪器发生故障时,可用目测法观测。

1)EL 型电接风向风速计

(1)仪器的结构　EL 型电接风向风速计由感应部分、指示器、记录器组成。

(2)仪器的安装　仪器安装前需进行运转试验,只有运转正常才可以进行安装。感应器应安装在牢固的高杆或塔架上,附设避雷装置。风速感应器(风杯中心)距地 10 ~ 12 m 高。将三角铁底座固定在杆顶,感应器中心轴垂直,指南杆指向正南,指示器、记录器平稳地安放在室内桌面上,用电缆与感应器相连接,使用的电源可以是交流电(220 V)或干电池(12 V)。

(3)观测和记录　打开指示器风向、风速开关,观测 2 min 风速指针摆动的平均位置,读取整数记录。风速小时把风速开关拨在"20"挡上,读 0 ~ 20 m/s 标尺刻度;风速大时开关拨到"40"挡上,读 0 ~ 40 m/s 标尺刻度。观测风向指示灯,读取 2 min 的最多风向,用十六方位记录。静风时,风速记为"0",风向记为"C";平均风速超过 40 m/s,则记为 >40。

从记录器部分的自记纸上可知各时风速、各时风向及日最大风速。

2)轻便风向风速表

(1)仪器的结构　轻便风向风速表由风向部分(风向标、方位盘、制动小套)和风速部分(十字护架、风杯、风速表主机体)和手柄 3 部分组成。

(2)安装　按如图 7.1 所示进行安装。

(3)观测和记录　观测时,观测者手持仪器,高出头部并保持垂直,风速表刻度盘与当时风向平行,观测者应站在仪器的下风方。将方位盘的制动小套管向下拉并向右转一角度,启动方位盘,注视风向指针约 2 min,记录其最多风向。

在观测风向时,待风杯旋转约 0.5 min 后,随即按下风速按钮,启动仪器。待 1 min 后指针自动停止,读出指针所指刻度,将此值从风速检定曲线图中查出实际风速,取一位小数,即为所测的平均风速。观测完毕,将方位盘制动小套向左转一角度,小套管借助弹力自动弹回上方,固定好方位盘。

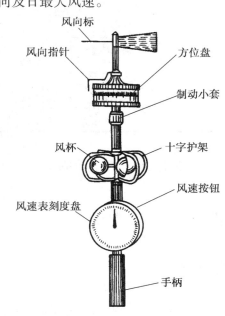

风向标
风向指针
方位盘
制动小套
风杯
十字护架
风速按钮
风速表刻度盘
手柄

图 7.1　轻便风向风速表

（4）维护

①保持仪器清洁、干燥，若被雨雪打湿，使用后必须用软布擦拭干净。

②避免碰撞和震动，非观察时间，仪器要放在盒内，不能用手摸风杯。

③平时不要随便按风速按钮，计时机构开始工作后，不得再按该按钮。

④各轴承和紧固螺母不得随意松动。

⑤仪器使用120 h后必须重新检定。

3）目测法

根据炊烟、旗帜、布条展开的方向及人的感觉，按八方位法估计风向；根据风对地面或海面物体的影响而引起的各种现象，按风力等级表（表7.16）估计风力，并记录其相应风速的中数值。目测风向风力时，观测者应站在空旷处，多选几个物体，认真地观测，以尽量减少主观的估计误差。

表7.16　风力等级表

风力等级	名称	海面和渔船征象	陆上地面物征象	相当风速/($m \cdot s^{-1}$)	
				范　围	中　数
0	无风	静	静，烟直上	0.0～0.2	0.1
1	软风	有微波，寻常渔船略觉摇动	烟能表示风向，树叶略有摇动	0.3～1.5	0.9
2	轻风	有小波纹，渔船摇动	人面感觉有风，树叶有微响，旌旗开始飘动，高草开始摇动	1.6～3.3	2.5
3	微风	有小波，渔船渐觉簸动	树叶及小枝摇动不息，旌旗展开	3.4～5.4	4.4
4	和风	浪顶有些白色泡沫，渔船满帆时，可使船身倾于一侧	能吹起地面灰尘和纸张，树枝摇动	5.5～7.9	6.7
5	清风	浪顶白色泡沫较多，渔船缩帆	有叶的小树摇摆，内陆的水面有小波	8.0～10.7	9.4
6	强风	白色泡沫开始被风吹离浪顶，渔船加倍缩帆	大树枝摇动，电线呼呼有声，撑伞困难	10.8～13.8	12.3
7	劲风	白色泡沫离开浪顶被吹成条纹状，渔船停泊港中	整树摇动，大树枝弯下来，迎风步行感觉不便	13.9～17.1	15.5
8	大风	白色泡沫被吹成明显的条纹状，进港的渔船停留不出	可折毁小树枝，人迎风前行感觉阻力甚大	17.2～20.7	19.0
9	烈风	被风吹起的浪花使水平能见度减小，机帆船航行困难	瓦屋屋顶被掀起，大树枝可折断	20.8～24.4	22.6
10	狂风	被风吹起的浪花使水平能见度明显减小，机帆船航行颇危险	陆上少见，树木可被风吹倒，一般建筑物遭破坏	24.5～28.4	26.5
11	暴风	吹起的浪花使水平能见度显著减小，机帆船遇之极危险	陆上少见，大树可被吹倒，一般建筑物遭严重破坏	28.5～32.6	30.6
12	台风	海浪滔天	陆上绝少，其摧毁力极大	＞32.6	＞30.6

4. 实训作业

独立完成风的测定并记录当地当时风的等级、风向与风速等。

实训 18　园林植物对大气污染净化效应的观察

1. 目的要求

了解园林植物对大气污染的净化效应。

2. 用具和材料

钢卷尺、记录表格等。

3. 内容和方法

选择不同性质的工厂区(如化工厂、水泥厂、纺织厂等)观察各种厂区园林植物对大气污染的反应,同时观察不同园林植物的抗污染能力。抗性强弱按强、中、弱分三级,填表 7.17。

表 7.17　园林植物对大气污染的净化效应的调查

厂区类型:＿＿＿＿＿＿＿＿＿　　主要污染物:＿＿＿＿＿＿＿＿＿　　时间:＿＿＿＿＿＿＿＿＿

植物种类名称	受害症状	抗性强弱

4. 实训作业

(1)整理观察记录,写实习报告。
(2)分析不同性质厂区的污染状况。
(3)分析比较园林植物对污染物的抗性见表7.17。

实训 19　土壤剖面的观察

1. 目的要求

通过实训,掌握观察土壤剖面的方法,了解当地土壤类型的剖面形态及其与成土因素的关系,找出限制植物生长的障碍因子,提出合理利用及改良的建议。

2. 方法步骤

1)土壤剖面地点的选择和土壤剖面的挖掘

(1)土壤剖面地点的选择

剖面位置的选择要有代表性。为了准确地反映出某类土壤的特征,选择地点应在地形、植被、母质等成土因素较为一致的地段设置剖面观察点,避免在田边、路旁、沟旁、肥堆或土壤翻动过的地块挖掘。

(2)土壤剖面的挖掘

选好剖面点后,先画出剖面的挖掘轮廓,然后挖土。挖掘的土坑一般宽 0.8 m、长 1.5 ~ 2 m、深 1 ~ 2 m(或到母质层止)。观察面要垂直朝阳,其上方禁止堆土和踩踏,观察面的对面要挖成阶梯状,以便于观察时上下和减少挖土量。所挖出的土,要将表土和底土分别堆放在土坑的两侧,以便回填时先填底土,再填表土,尽可能恢复原状,使熟化的表土回填到表层。在作物生长季节,要尽量保护作物。在剖面观察时,将观察的剖面纵向划一道线,分成两半,一半用土壤剖面刀自上而下地整理成毛面,另一半削成光面,以便观察时相互进行比较。

2)土壤剖面发育层次的划分

剖面修好后,根据土壤的颜色、结构、质地、松紧度、新生体等形态特征观察土壤剖面,由上而下划分土层。

3)剖面发生层次形态的观察记载

(1)土层厚度　记载每个发育层次的厚度。例如,耕作土壤剖面层次一般可以划分为:A(耕作层)、P(犁底层)、B(心土层)、C 或 D(底土层或母岩层);水稻土剖面层次一般分为 A(耕作层)、P(犁底层)、W(潴育层)、G(潜育层或青泥层)。

由于自然条件和发育时间、程度的不同,土壤剖面构型差异很大,一般不具有以上所有层次,其组合情况也各不相同。

(2)土壤颜色　土壤颜色有黑、白、红、黄四种基本色,但实际出现的往往是复色。观察时先确定主色,后确定次色,次色记在前面,主色在后。例如:某土层以棕色为主、黄色为次,即为黄棕色。

(3)土壤质地　在野外用手测法简单地测定土壤质地。土壤质地分为沙土、沙壤土、中壤土、重壤土和黏土。

(4)土壤结构　在各层分别掘出较大土块,于 1 m 高处落下,然后观察其结构体的外形、大小、硬度、内外颜色及有无胶膜、锈纹、锈斑等,并确定其结构名称。可分为粒状、团粒状、核状、块状、柱状、片状等。

(5)土壤松紧度　野外鉴定土壤松紧的方法是根据小刀插入土体的难易和阻力大小来判断。可分为松散、较松、较紧、紧实、坚实。

松散:稍用力,就可将小刀插入土层很深。

较松:用力不大,就可将小刀插入土层很深。

较紧:用力不大,就可将小刀插入土层 2~3 cm。

紧实:用力较大,小刀才能插入土层 1~2 cm。

坚实:用力很大,小刀也难进入土层。

(6)土壤干湿度　在野外用手感测定。可分为干、润、湿润、湿及极湿 5 级。

干:土体碎后不能捏成块,用嘴可吹尘土。

润:用手能捏成团,吹不起灰尘。

湿润:手捏土样,手上有湿的印痕,土样放在纸上,有湿斑。

湿:手握土块能使手湿润,但无水流出。

极湿:手握土块有水流出。

(7)新生体和侵入体　新生体是土壤形成过程中产生的物体,如:铁斑结核、铁锰胶核等。侵入体是外界混入土壤中的物体,与土壤形成过程无关,如:石块、砖头、瓷片、塑料等。

(8)植物根系　需查明根的数量、种类、大小、活根或死根。可分为多量、中量、少量和无。

多量:根系交织,有 10 条/cm² 以上。

中量:土层中根系适中,有 5 条/cm² 以上。

少量:土层中根系稀少,只有 1~2 条/cm²。

无:无根系或极少根系。

(9)石灰反应　用 10% 盐酸滴到土上,观察泡沫反应的有无和强弱。

(10)土壤酸碱度　用混合指示剂法测定。

(11)层次过渡情况　层次过渡指上、下土层颜色或质地,结构等变化的过渡情况。一般用"较明显""明显""不明显"表示。

3. 实训作业

根据观察结果,填写实训报告(表 7.18)。

表 7.18　土壤剖面形态描述记录表

剖面号:＿＿＿＿＿　剖面地点:＿＿＿＿＿＿＿　天气:＿＿＿＿＿＿＿

母　岩:＿＿＿＿＿　植被:＿＿＿＿＿＿＿

土壤剖面层次		颜色	质地	结构	湿度	松紧度	pH 值	侵入体	新生体	植物根系
符号	厚度/cm									

观测员:＿＿＿＿＿　暂定土壤名称:＿＿＿＿＿＿＿　日期:＿＿＿＿＿＿＿

实训 20　土壤样品的采集与处理

1. 目的要求

土壤样品的采集与处理是土壤分析工作中的一个重要环节,它是关系到分析结果是否正确、可靠的先决条件。通过实训,使学生初步掌握耕作层土壤混合样品的采集与处理方法。

2. 仪器用具

小铁铲或土钻、塑料袋、标签、铅笔、钢卷尺(1.5 m)、木棒、镊子、18 目(1 mm)土壤筛、60 目(0.25 mm)土壤筛、广口瓶、木板或盛土盘、晾土架等。

3. 方法步骤

1) 耕作层土壤混合样品的采集

(1)选点与布点　根据不同的土壤类型、地形、前茬及肥力情况,分别选择典型地块,提高样品代表性。非代表性地点,如田边、路旁、沟边、挖方、填方、肥料堆积过的地方及特殊地形部位,都不能采集。耕作层混合土样的采集必须按照一定的路线和"随机、多点、均匀"的原则进行。布点形式以蛇形较好,只有在地块面积小、地形平坦、肥力均匀的情况下,才用对角线或棋盘式采样。采样数目一般可根据采样区域大小和土壤肥力差异情况,采集 5~20 个点(见图 7.2)。

(2)采土　在确定采样点后,首先除去地面落叶杂物并将表土 2~3 mm 刮去,每一点采取的土样,深度要一致,上下土体要一致,一般为 20 cm 左右。而对于株型比较大、根系分布比较深的果树和林木,采样的深度可分两层,即 0~20 cm 和 20~40 cm,也可根据特殊要求再增加层次和深度,但一般不要超过 1 m。

采样的部位也因分析目的的不同而不同,要了解果木、林地土壤的基本肥力情况可以在株、行间取土;为了研究施肥,应在树冠垂直向下的地方采样。

在每个采样点采土时用土钻或小土铲,打土钻时要垂直插入土内,如用小土铲取样,可用小土铲切取上下厚薄一致的薄片。然后将采集的各点样品集中起来,混合均匀。每个混合样品的质量,一般在 1 kg 左右。土样过多时,可将全部土样放在干净的盘子或塑料布上,用手捏碎混匀后,再用四分法将对角上多余的土弃去,直至达到所需的数量为止(见图 7.3)。

采好的土样可装入塑料袋中,并立即书写标签,一式两份,一份放入袋内,一份贴在袋外。标签上用铅笔写明采样地点、深度、样品编号、日期、采样人、土壤名称等。

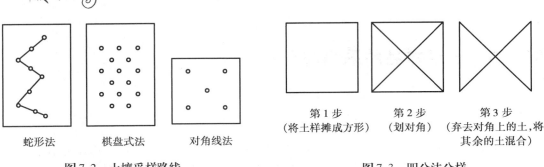

图7.2　土壤采样路线　　　　　　　　　　图7.3　四分法分样

2）土壤样品的处理

从野外采回的土壤样品,首先应剔除土壤中的侵入物体,除速测养分、还原性物质测定外,一般应及时将土样进行处理。

（1）风干　采回的土壤样品应立即捏成碎块,剔除侵入物体后,铺在晾土架、木板或盛土盘中,摊成2～3 cm厚的薄层,进行晾干。风干应在阴凉、通风、干燥的室内进行,严禁曝晒或受酸、碱等气体及灰尘的污染。如果捡出的石子、结核物较多,应称重,并折算出含量百分率。风干过程要注意翻动。

（2）磨细、过筛与装瓶　将风干后的土样平铺在木板或塑料板上,用木棍碾碎,边磨边筛,直到全部通过18目筛为止;过筛后的土样经充分混匀后,四分法分成两份:一份装入具有磨口塞的广口瓶中,供质地、pH值、速效养分等测定用;另一份继续磨细全部通过60目筛,同样装入广口瓶中供测定有机质、全氮含量用。

（3）贮存　广口瓶内外各具一张标签。标签上写明土样编号、采样地点、采样深度、筛号、采样人、采样日期等。在保存期间应避免阳光、高温、潮湿或酸、碱气体的影响与污染。一般土样应保存至少1年,以备测定结果的核查之需。

4. 实训作业

（1）土样的采集和制备过程中应注意哪些问题?

（2）为什么不能直接在磨细通过1 mm筛孔的土样中筛出一部分作为60目土样呢?

（3）一般耕作层养分测定土样,取土深度应为多少?

实训 21　土壤水分的测定

1. 目的要求

掌握烘干法和酒精燃烧法测定土壤水分含量的原理和方法。

2. 仪器用具

分析天平、铝盒、烘箱、干燥器、天平(0.01 g)、蒸发皿、95%酒精、量筒或量杯、小刀或铁丝、火柴、土壤含水量测定记录表。

3. 试样的选取和制备

(1)风干土样 选取有代表性的风干土样,压碎,通过1 mm筛,混合均匀后备用。

(2)新鲜土样 在田间用土钻取有代表性的新鲜土样,刮去土钻中的上部浮土,将土钻中部所需深度处的土壤约20 g,捏碎后迅速装入已知准确质量的大型铝盒中,盖紧,带回室内,将铝盒外表擦拭干净,立即称重,尽早测定水分。

4. 测定方法

1) 风干土样吸湿水的测定(烘干法)

(1)方法原理 在(105±2)℃温度下,风干土样的吸湿水从土粒表面蒸发,结构不会破坏。土壤中有机质含量一般不多,除极少部分受烘烤引起变化外而不致分解,故用烤箱测得的水分已能达到土壤分析的准确性和精确度。将土样置于(105±2)℃下烘干至恒重。由烘干前后质量之差计算出土壤水分的百分数。

(2)操作步骤

①取有编号带盖的铝盒,洗净,烘干,放入干燥器中冷却至室温,然后在分析天平上称重,记为W_1。注意盖号、底号必须相同,切勿调乱。

②称取风干土样5 g左右,均匀平铺在铝盒中,称重记为W_2。

③打开铝盒盖子,放入恒温烘箱中,在(105±2)℃的温度下烘6~8 h。

④取出铝盒,加盖,放入干燥器中冷却至室温,称重记为W_3。

(3)计算结果

$$土壤水分 = (风干土重 - 烘干土重)/烘干土重 \times 100\%$$
$$即\ W = (W_2 - W_3)/(W_2 - W_1) \times 100\%$$
$$水分系数(x) = 烘干土重/风干土重 = (W_3 - W_1)/(W_2 - W_1)$$

在土壤分析工作中,风干土、烘干土、水分系数和水分含量间的换算公式如下:

$$风干土 = 烘干土重/x = 烘干土重 \times [(100 + W)/100]$$
$$烘干土重 = 风干土重 \times x$$

2) 自然含水量的测定(酒精燃烧法)

(1)酒精燃烧法原理 利用酒精在土壤中燃烧放出的热量,使土壤中水分迅速蒸发干燥。

由燃烧前后质量之差计算出土壤含水量。比法通常只适用于含水量较高的新鲜土样。

（2）测定步骤

①取干净且干燥的蒸发皿，称重记为 W_1。

②称取自然湿土 10 g 左右，置于蒸发皿中，称重记为 W_2。

③加入酒精约 10 mL，使土壤为酒精饱和，点燃酒精，将燃尽时用小刀或铁丝搅动，使受热均匀燃尽。

④至室温后，再加入 3～5 mL 酒精，点燃，进行第二次燃烧，重复 2～3 次可达恒重，冷却，取下称重记为 W_3。

（3）计算结果（同烘干法） 填入表 7.19。

$$土壤水分 = （湿土重 - 烘干土重）/烘干土重 \times 100\%$$

表 7.19　土壤含水量测定记录表

土壤编号：＿＿＿＿＿＿＿　　测定方法：＿＿＿＿＿＿＿　　测定结果：＿＿＿＿＿＿＿

铝盒号	铝盒重/g	（铝盒 + 湿土重）/g	（铝盒 + 干土重）/g	土壤水分/%
1				
2				
3				
平均值				

5. 实训作业

（1）土壤常规分析时为什么先测定吸湿水？

（2）根据测定结果写实训报告。

实训 22　土壤质地的测定

1. 目的要求

了解简易比重计法测定土壤质地的原理和方法，掌握简易比重计法和手测法，分别测定土壤质地的技能。

2. 测定方法

1）简易比重计测定法

（1）方法原理　一定量的土粒经物理、化学处理后由复粒分散成单粒，将其制成一定容积的悬液，使分散的土粒在悬液中自由沉降。粒径不同沉降速度不同，粒径越大，沉降越快。根据司笃克斯定律（即在悬液中沉降的土粒，沉降速度与其粒径平方成反比，而与悬液的黏滞系数成反比),计算在一定温度下,某一粒级土粒下沉所需的时间。并用特制比重计测得土壤悬浊液中所含小于某一粒级土粒的数量(g/L),经换算后可得出各级土粒的质量百分数,然后查表确定质地名称。经换算后可得出各级土粒的质量百分数,然后查表确定质地名称。

(2)仪器用具

沉降筒(1 L)、特制搅拌棒、甲种比重计、温度计、天平、带橡皮头的玻璃棒。

(3)试剂

① 0.5 mol/L:NaOH 溶液:称取 20 g 化学纯 NaOH,加蒸馏水溶解后定容至 1 L,摇匀。

② 0.5 mol/L:1/2(Na₂C₂O₄) 溶液:称取 33.5 g 草酸钠,加蒸馏水溶解后定容至 1 L,摇匀。

③ 0.5 mol/L:1/6(NaPO₃)₆ 溶液:称取 51 g 六偏磷酸钠,加蒸馏水溶解后定容至 1 L,摇匀。

(4)方法步骤

①称样　称取通过 1 mm 孔径土样 50 g(精确到 0.01 g)于 400 mL 烧杯中,根据土壤酸性选择下列分散剂分散土样:

石灰性土壤 50 g 加 0.5 mol/L:1/6(NaPO₃)₆ 溶液 60 mL。

中性土壤 50 g 加 0.5 mol/L:1/2(Na₂C₂O₄) 溶液 20 mL。

酸性土壤 50 g 加 0.5 mol/L:NaOH 溶液 40 mL。

②化学分散,洗入沉降筒　先加入部分分散剂使之呈稠糊状,放置约 0.5 h,然后用带橡皮头的玻璃棒小心用力研磨 15~20 min(质地越黏重,研磨时间应越长),再加入剩余的分散剂,再研磨 5 min,用软水将糊状分散后的土样全部无损洗入沉降筒中,稀释至 1 L。

③自由沉降和测量　用搅拌棒在沉降筒内沿上下方向充分搅拌悬浊液 1 min(上下各为 30次),搅拌停止,即刻开始计时,让土粒在沉降筒内自由沉降。用温度计测量沉降筒内悬浊液温度,查表 7.20 记下待测土粒所需的沉降时间。待查的时间到达之前,提前 30 s 将比重计轻轻放入悬液中,勿搅动悬液,待静止时间一到,比重计稳定后即读数,记录读数。然后小心取出比重计,让土粒继续自由沉降,再测下一级别土粒。

表 7.20　小于粒径沉降时间表(简易比重法)

温度/℃	<0.05 mm			<0.01 mm			<0.005 mm			<0.001 mm		
	h	min	s	h	min	s	h	min	s	h	min	s
4		1	32		43		2	55		48		
5		1	30		42		2	50		48		
6		1	25		40		2	50		48		
7		1	23		38		2	45		48		
8		1	20		37		2	40		48		
9		1	18		36		2	30		48		
10		1	18		35		2	25		48		
11		1	15		34		2	25		48		
12		1	12		33		2	20		48		
13		1	10		32		2	15		48		
14		1	10		31		2	15		48		

续表

温度/℃	<0.05 mm			<0.01 mm			<0.005 mm			<0.001 mm		
	h	min	s	h	min	s	h	min	s	h	min	s
15		1	8		30		2	15		48		
16		1	6		29		2	5		48		
17		1	5		28		2	0		48		
18		1	2		27	30	1	55		48		
19		1	0		27		1	55		48		
20			58		26		1	50		48		
21			56		26		1	50		48		
22			55		25		1	50		48		
23			54		24	30	1	45		48		
24			54		24		1	45		48		
25			53		23	30	1	40		48		
26			51		23		1	35		48		
27			50		22		1	30		48		
28			48		21	30	1	30		48		
29			46		21		1	30		48		
30			45		20		1	28		48		
31			45		19	30	1	25		48		
32			45		19		1	25		48		
33			44		19		1	20		48		
34			44		18	30	1	20		48		
35			42		18		1	20		48		
36			42		18		1	15		48		

（5）计算

①根据含水量将风干土换算成烘干土重

$$烘干土重（g）= 干重土（g）/（100 + 水分\%）× 100$$

②校正比重计的读数

分散剂校正值（g/L）= 分散剂体积（mL）× 分散剂溶液的浓度 mol/L × 分散剂的

　　　　　　　　摩尔质量（g/mol）× 10^{-3}

温度校正值查表 7.21。

表 7.21　甲种土壤比重计温度校正值表（20 ℃）

温度/℃	校正值	温度/℃	校正值	温度/℃	校正值
6.0 ~ 8.5	− 2.2	18.8	− 0.4	26.5	+ 2.2
9.0 ~ 9.5	− 2.1	19.0	− 0.3	27.0	+ 2.5

温度/℃	校正值	温度/℃	校正值	温度/℃	校正值
10.0 ~ 10.5	-2.0	19.5	-0.1	27.5	+2.6
11.0	-1.9	20.0	0	28.0	+2.9
11.5 ~ 12.0	-1.8	20.5	+0.15	28.5	+3.1
12.5	-1.7	21.0	+0.3	29.0	+3.3
13.0	-1.6	21.5	+0.45	29.5	+3.5
13.5	-1.5	22.0	+0.6	30.0	+3.7
14.0 ~ 14.5	-1.4	22.5	+0.8	30.5	+3.8
15.0	-1.2	23.0	+0.9	31.0	+4.0
15.5	-1.1	23.5	+1.1	31.5	+4.2
16	-1.0	24.0	+1.3	32.0	+4.6
16.5	-0.9	24.5	+1.5	32.5	+4.9
17	-0.8	25.0	+1.7	33.0	+5.2
17.5	-0.7	25.5	+1.9	33.5	+5.5
18.0	-0.5	26.0	+2.1	34.0	+5.8

校正后比重计读数(g/L) = 比重计原读数 - (分散剂校正值 + 温度校正值)

③结果计算

小于 0.01 mm 粒径土粒含量 = 校正后读数 / 烘干土重 × 100%

= 校正后读数 /50 = 校正后读数 × 2

④查教材 3. 园林植物与土壤要素 3.1 土壤的作用与组成中的内容得知土壤的质地种类。

2)手测法(指感法)

(1)测定原理　指感法测定土壤质地就是凭手的感觉来判断土壤颗粒的粗细程度,确定土壤质地类型。手测质地的方法是根据土壤的两种特性——黏结性和可塑性的程度与黏粒含量多少成正比,根据上述原理干测法测质地是以土块表现的黏结性、坚实度、易碎程度等确定土壤质地名称,而湿测法则是使土粒充分湿润达到可塑范围时,按其可塑性大小划分质地名称。

(2)操作步骤　干测法是取玉米粒大小干土放在拇指与食指间挤压,根据挤压时手指的感觉,用力大小及破碎情况来判断土壤的质地。

湿测法是取少量土置于手掌中,加水至湿润,充分搓揉至不感觉有复粒存在,再继续搓揉使土壤不沾手为度。再将土团成球,搓成条,弯曲成环,并看有无裂缝来判断土壤质地。

①沙土:干时沙土呈单粒分散,一般不呈块,偶尔见到小块,用手一触即碎。用手捏时有十分粗糙刺手的感觉,湿时不能成条。

②沙壤土:土块在手掌中研磨时有沙的感觉,但无刺手的感觉,土团挤压易碎。湿时可勉强成球,表面不平,当成条时易断裂成碎块。

③轻壤土:干时成块的较多。土块用手挤压时要稍用力才能压碎。湿时有微弱的可塑性,能成球,表面较光滑,能成细条,提取易断。

④中壤土:干时大多成土块,要用相当大的力才能将土块压碎。手捏时感到沙粒与黏粒含

量大致相等。湿时可压成较长的薄片,片面平整,无反光,可成条,成圆环时易产生裂缝而断裂。

⑤重壤土:干燥时是硬土块,手指要用大力才能压碎土块。手捏时感觉有粉沙和黏粒很少。湿时可塑性好,可压成薄片,片面光滑,有弱的反光。易成细条,能弯成圆环,压扁时会断裂。

⑥黏土:干时成硬土块,手指用力再大也难压平。手捏时有均匀的粉末易粘在指纹中,湿时黏土可塑性好,压成薄片有弱的反光,可搓成细条,弯成小圆环,压扁时无裂缝。

3. 实训作业

(1)试用两种方法对同一土样进行测定,对比一下结果是否一致?

(2)根据测定结果,判断本地土壤属于哪种质地,并写出实训报告。

实训 23　　土壤容重的测定和土壤孔隙度的计算

1. 目的要求

通过实训,掌握利用环刀法测定土壤容重及土壤孔隙度的计算方法。

2. 试验原理

采用重量法原理。先称出已知一定容积的环刀重,然后带环刀到田间取原状土,立即称重测定其自然含水量,通过前后差值换算出环刀内的烘干土重,求得容重值,再利用公式换算出土壤孔隙度。

3. 仪器用具

环刀(容积 100 cm^3)、天平(0.01 g)、电烘箱、小铁铲、铝盒、小刀、干燥器、小尺。

4. 操作步骤

(1)在天平上称量空环刀(带盖)(精确到 0.01 g),并记录其值 G。

(2)选择适当的测定地点,将地面的石块、杂草除掉,露出稳定的耕层土壤。将已知质量的环刀平放在欲测定的原状土壤上,并将环刀托盖在环刀无刃的一端,然后将环刀有刃的一端垂直向下,压入土中,直到环刀与地面水平为止,使土壤充满环刀。注意环刀插入土时要平稳,用力一致,不可使土壤动摇而破坏其自然状态。

（3）用铁铲铲去环刀四周的土壤，将环刀轻轻取出，用小刀小心地削去环刀两端多余的土壤，两端立即加盖，带回实验室称重（精确到 0.01 g）。

（4）称环刀和湿土的重量，记录其值 M。

（5）从已经称重后的环刀中取湿土 20 g 放入已称重的干净铝盒内，用酒精燃烧法测定土壤含水量（$W\%$），从而计算出土壤容重。

5. 计算结果

（1）土壤容重的计算

$$d = (M - G) \times 100 / [V \times (100 + W)]$$

式中　d——待测土壤的容重（g/cm^3）；

　　　M——环刀 + 湿土重（g）；

　　　G——环刀重（g）；

　　　V——环刀容积（cm^3）；

　　　W——土壤含水量（%）。

此方法测定应不少于 3 次重复，允许绝对误差 <0.03 g/cm^3，取算术平均值。

（2）土壤孔隙度的计算

$$土壤总孔度（P_1） = (1 - d/D) \times 100\%$$

式中　d——所测定土壤的土壤容重（g/cm^3）；

　　　D——土粒密度（取平均值 2.65 g/cm^3）。

$$土壤毛管孔隙度（P_2）（\%） = W \times d$$
$$土壤非毛管孔隙度（P_3）（\%） = P_1 - P_2$$

6. 实训作业

（1）为什么取出带湿土的环刀时要修理土壤与环刀上、下沿相平？如果高出或低于上下沿，会对测定结果有何影响？

（2）根据测定结果和计算结果写实习报告。

实训 24　土壤 pH 值的测定

1. 目的要求

通过实训，明确测定土壤酸碱度的意义及了解测定原理，初步掌握土壤酸碱度的测定方法。

2　测定方法

1)电位测定法

(1)测定原理　用水浸提或盐溶液提取土壤水溶性或代换性氢离子,再应用指示电极(玻璃电极)和另一参比电极(甘汞电极)测定该浸出液的电位差。由于参比电极的电位是固定的,因而电位的大小取决于试液中的氢离子活度,在酸度计上可直接读出 pH 值。

(2)仪器用具　酸度计、高型烧杯、量筒、天平(0.01 g)、搅拌器、洗瓶、滤纸。

(3)试剂配制

①pH 值 4.01 标准缓冲液:称取经 105 ℃烘干 2 ~ 3 h 的苯二甲酸氢钾(KHC$_8$H$_4$O$_4$)10.21 g。用蒸馏水溶解后稀释定容 1 L,即为 pH 值 4.01,浓度为 0.05 mol/L 苯二甲酸氢钾溶液。

②pH 值 6.87 标准缓冲液:称取经 120 ℃烘干的磷酸二氢钾(KH$_2$PO$_4$,分析纯)3.39 g 和无水磷酸氢二钠(Na$_2$HPO$_4$,分析纯)3.53 g,溶于蒸馏水中,定容至 1 L。

③pH 值 9.18 标准缓冲液:称取 3.80 g 硼砂(Na$_2$B$_4$O$_7$ · H$_2$O,分析纯)溶于无 CO$_2$ 蒸馏水中,定容至 1 L。

④1 mol/L KCl 溶液:称取化学纯氯化钾(KCl)74.6 g 溶于 400 mL 蒸馏水中,用 1 mol/L 的 HCl 溶液调节 pH 值至 5.5 ~ 6.0,然后稀释至 1 L。

⑤0.01 mol/L 氯化钙溶液:称取化学纯氯化钙(CaCl$_2$ · 2H$_2$O)147.02 g 溶于 200 mL 蒸馏水中,定容至 1 L,即为 1.0 mol/L 氯化钙溶液。吸取 10 mL 氯化钙溶液于 500 mL 烧杯中加蒸馏水 400 mL,用少量氢氧化钙或盐酸调节 pH 值为 6 左右,然后定容至 1 L 即为 0.01mol/L 氯化钙溶液。

(4)操作步骤

①土壤水浸提液 pH 值的测定:称取过 1 mm 筛孔的风干土样 25.0 g 于 50 mL 高型烧杯中,用量筒加入无二氧化碳的蒸馏水 25 mL,放在磁力搅拌器上剧烈搅拌 1 ~ 2 min,使土粒充分分开,放置 30 min,用 pH 计测定。

②土壤盐浸提液 pH 值的测定:土壤用盐浸提液测定时,将酸性土壤采用 1 mol/L 氯化钾,中性和碱性土壤采用 0.01 mol/L 氯化钙溶液代替无二氧化碳蒸馏水外,其余操作步骤与水浸提取液同。

③根据土壤酸碱度的不同,可以采用相应的标准缓冲液进行测定。

(5)注意事项

①玻璃电极的使用:干放的电极使用前,在 0.1 mol/L 盐酸溶液中或蒸馏水中浸泡 12 ~ 24 h,使之活化;使用时轻轻震动电极,溶液流入球泡部分,防止气泡产生;玻璃电极表面不能沾染油污,忌用浓硫酸或铬酸洗液清洗玻璃电极表面。

②饱和甘汞电极的使用:由电极侧补充饱和 HCl 溶液和 HCl 固体颗粒;使用时将电极口侧的小橡皮塞拔下,让 KCl 溶液维持一定的流速;不要长时间浸在待测液中,以防流出的 KCl 污染待测液。

③水土比例:一般土壤悬液越稀测得的 pH 值越高,通常是稀释到 10:1 时,pH 值增加 0.3 ~ 0.7,其中碱性土壤稀释效应更大。为了能相互比较,接近真实值,采用的水土比例一般为酸性土 2.5:1 或 1:1,碱性土壤 1:1。

2)混合指示剂比色法

（1）方法原理　利用指示剂在不同 pH 值的溶液中可显示不同颜色的特性,根据指示剂显示的颜色确定溶液的 pH 值。

（2）仪器用具　白瓷比色板、玛瑙研钵、玻棒。

（3）试剂配制

①pH 值 4~8 混合指示剂:称取溴甲酚绿、溴甲酚紫及甲酚红三种指示剂各 0.25 g 于玛瑙研钵中,加 0.1 mol/L 氢氧化钠溶液 15 mL 及 5 mL 蒸馏水,摇匀,再用蒸馏水稀释至 1 L,变色范围(表7.22)如下:

表 7.22　pH 值 4~8 混合指示剂变色范围

pH 值	4.0	4.5	5.0	5.5	6.0	6.5	7.0	8.0
颜色	黄	绿黄	黄绿	草绿	灰绿	灰蓝	蓝紫	紫

②pH 值 4~11 混合指示剂:称取 0.2 g 甲基红、0.4 g 溴甲酚蓝、0.8 g 酚酞,在玛瑙研钵中混合均匀,溶于 400 mL 95% 酒精中加入蒸馏水 580 mL,再用 0.1 mol/L NaOH 溶液调至 pH 值为 7,用 pH 计校正,最后定容至 1 L,变色范围(表7.23)如下:

表 7.23　pH 值 4~11 混合指示剂变色范围

pH 值	4	5	6	7	8	9	10	11
颜色	红	橙	枯草黄	草绿	绿	暗绿	蓝紫	紫

（4）操作步骤　取黄豆大小的土壤样品置于白瓷比色盘穴中,加指示剂 3~5 滴,以能湿润样品而稍有余为宜,用玻璃棒充分搅拌,稍澄清,倾斜瓷盘,观察溶液颜色,确定 pH 值。

3　实训作业

根据测定计算结果填入表 7.24,并写出实训报告。

表 7.24　土壤 pH 值测定记录表

土壤编号:_____　　　水土比:_____

方　法	比色法（pH）	电位法（pH）	电位法（pH）
	指示剂法	H_2O	KCl
1			
2			
3			
平均值			

实训 25　土壤碱解氮的测定

1. 目的要求

要求通过实训,掌握土壤碱解氮的测定方法——扩散法。

2. 方法原理

用一定浓度的碱液水解土壤样品,使土壤中的有效氮碱解并转化为氨而不断扩散逸出,逸出的氨被硼酸吸收后,再用标准酸溶液滴定,根据消耗酸溶液的量,就可计算出土壤碱解氮的含量。

3. 仪器用具

天平(0.01 g)、恒温箱、扩散皿、半微量滴定管(10 mL)、皮头吸管(10 mL)、移液管(10 mL)。

4. 试剂

1)1.8 mol/L NaOH 溶液

称取分析纯氢氧化钠72.0 g溶于蒸馏水中,冷却后稀释至1 L。

2)碱性胶液

取40 g阿拉伯胶和50 mL水同放于烧杯中,调匀,加热60～70 ℃,搅拌溶解后放凉。加入40 mL甘油和20 mL饱和K_2CO_3水溶液,搅匀,放凉。离心除去泡沫和不溶物,将清液贮于玻璃瓶中备用(最后放置在盛有浓硫酸的干燥器中以除去氨)。

3)2% 硼酸指示剂混合液

称取分析纯硼酸20 g,用热蒸馏水(约60 ℃)溶解,冷却后稀释至1 000 mL。使用前每1 000 mL硼酸溶液中加20 mL甲基红-溴甲酚绿混合指示剂,并用稀氢氧化钠调节至微紫红色(pH值约为4.8)。

4)甲基红-溴甲酚绿混合指示剂

称取溴甲酚绿0.5 g及甲基红0.1 g,放入玛瑙研钵中研细,溶于100 mL乙醇中,再用稀盐酸或稀氢氧化钠调节pH值至4.5。

5)0.01 mol/L 盐酸标准液

量取 84 mL 浓盐酸,用蒸馏水定容至 1 L,此液为 1 mol/L 盐酸溶液,吸取 0.01 mol/L 盐酸标准液 10 mL。用 0.002 mol/L 1/2 $Na_2B_4O_7$ 标准液标定。

6)锌-硫酸亚铁还原剂

称取经磨细并通过 0.25 mm 筛孔的化学纯硫酸亚铁 50.0 g 及化学纯锌粉 10.0 g 混合贮于棕色瓶子中。

5. 操作步骤

(1)称取通过 1 mm 筛孔的风干土样 2.00 g 左右,放入扩散皿外室,在扩散皿外室内加入 1 g 锌-硫酸亚铁还原剂,轻轻旋转扩散皿使样品铺平。

(2)在扩散皿内室加入 2% 硼酸指示混合液 2 mL(应为紫红色若出现蓝色应吸出变蓝的硼酸液,再重新加 2 mL 2% 硼酸指示剂混合液)。

(3)在扩散皿外室边缘涂碱性胶液(但禁止将碱性胶液滴入扩散皿内室),盖毛玻璃并旋转数次,使毛玻璃与扩散皿边缘完全黏合。

(4)慢慢转开毛玻璃一边,使扩散皿外室露出一条狭缝,从毛玻璃上有缺口处迅速用移液管加入 1.8 mol/L NaOH 溶液 10 mL 于扩散皿外室,立即将毛玻璃盖严,并用橡皮筋固定毛玻璃,水平地旋转扩散皿,使土壤与碱液充分混合均匀,随后放入 40 ℃ 的恒温箱保温 24 h。

(5)取出扩散皿,用盛有 0.01 mol/L 盐酸标准溶液半微量滴定管滴定扩散皿内室,溶液由蓝色到微红色即为终点,记录所用滴定管中标准溶液的体积 V(mL)。

(6)同时作空白测定,除不加土样外,其余操作相同,记录滴定空白所需盐酸标准液的体积 V_0。

6. 计算结果

$$土壤水解性氮(mg/kg) = C_{HCl} \times (V - V_0) \times 14 \times 10^3 / m$$

式中 V——滴定样品消耗盐酸标准溶液体积(mL);

V_0——滴定空白消耗盐酸标准溶液体积(mL);

C_{HCl}——盐酸标准溶液的浓度(mol/L);14 为 1 mol 氮的质量(g);

10^3——把土样中氮换算成 mg/kg 的系数;

m——烘干土样的质量(g)。

土壤碱解氮含量	≤30	30~60	60~90	90~120	≥120
等级	极低	低	中	高	极高
植物对氮的反应	效果极显著	效果显著	有效果	不显著	不需施氮肥

7. 实训作业

(1)为什么胶液不能滴入扩散皿内室?

(2)根据测定计算结果写实训报告。

实训 26　土壤有效磷的测定

1. 目的要求

通过实训,使学生了解土壤中有效磷测定原理,学会利用分光光度计测定土壤速效磷的方法,能比较准确地测出土壤速效磷含量,运用测定结果判断土壤供磷能力,为合理施肥提供依据。

2. 方法原理

中性、石灰性土壤中的速效磷,多以磷酸一钙和磷酸二钙的状态存在,可用 $0.5\ mol \cdot L^{-1}$ 碳酸氢钠提取到溶液中;酸性土壤中的速效磷,多以磷酸铁和磷酸铝的状态存在,$0.5\ mol \cdot L^{-1}$ 碳酸氢钠能同时提取磷酸铁和磷酸铝表面的磷,故也可使用酸性土壤中速效磷的提取。然后将待测液用钼锑抗混合显色剂在常温下进行还原,使黄色的锑磷钼杂多酸还原成为磷钼蓝,蓝色的深浅与磷的含量呈正相关,通过比色可得到土壤中速效磷含量。

3. 仪器用具

天平($0.01\ g$)、振荡机、光电比色计、三角瓶、移液管($10\ mL$、$5\ mL$)、容量瓶($50\ mL$)、量筒($10\ mL$)、漏斗、无磷滤纸、洗耳球。

4. 试剂

1)$0.5\ mol \cdot L^{-1}$ 碳酸氢钠溶液

称取化学纯碳酸氢钠 $42\ g$ 溶于 $800\ mL$ 水中,以 $0.5\ mol \cdot L^{-1}$ 氢氧化钠调 pH 值至 8.5,洗入 $1\ 000\ mL$ 容量瓶中,定容至刻度,贮存于试剂瓶中。

2)无磷活性炭

为了除去活性炭中的磷,先用 $0.5\ mol \cdot L^{-1}$ 碳酸氢钠溶液浸泡过夜,然后在平板瓷漏斗上抽气过滤,再用 0.5 mol·L^{-1} 碳酸氢钠溶液洗 2～3 次,最后用蒸馏水洗去碳酸氢钠,并检查到无磷为止,烘干备用。

3)磷(P)标准液

准确称取 45 ℃烘干过 4～8 小时的分析纯磷酸二氢钾 0.219 7 g 于小烧杯中,以少量水溶解,将溶液全部洗入 1 000 mL 容量瓶中,用水定容至刻度充分摇匀,即为含 50 ppm 的磷基准溶液(此溶液可长期保存)。吸 50 mL 此溶液稀释至 500 mL,即为 5 ppm 的磷标准液(此溶液不能长期保存)。比色时按标准曲线系列配制。

4)7.5 mol·L^{-1} 硫酸钼锑贮存液

取蒸馏水约 400 mL,放入 1 000 mL 烧杯中,将烧杯浸入水中,然后缓缓注入分析纯浓硫酸 208.3 mL,并不断搅拌,冷却至室温。另称取分析纯钼酸铵 20 g 溶于约 60 ℃的 200 mL 蒸馏水中冷却,然后将硫酸溶液徐徐倒入钼酸铵溶液中,不断搅拌,再加入 100 mL 0.5% 酒石酸锑钾溶液,用蒸馏水稀释至 1 000 mL,摇匀,贮于棕色试剂瓶中。

5)钼锑抗混合显色剂

于 100 mL 钼锑贮存液中,加入 1.5 g 左旋抗坏血酸(旋光度 +21°～+22°),此试剂有效期 24 h,宜用前配制。

5. 操作步骤

1)土壤浸提

称取通过 20 号筛的风干土样 5 g(精确到 0.01 g)置于 250 mL 三角瓶中,加 100 mL 0.5 mol·L^{-1} 碳酸氢钠溶液,再加一小角勺无磷活性炭,塞紧瓶塞,在振荡器上震荡 30 min,立即用干燥漏斗和无磷滤纸过滤,滤液承接于 100 mL 干燥的三角瓶中。

2)显色

吸取滤液 10 mL(含磷量高时取 2.5～5 mL,同时应补加 0.5 mol·L^{-1} 碳酸氢钠溶液至 10 mL)于 50 mL 容量瓶中,加 7.5 mol·L^{-1} 硫酸钼锑抗混合显色剂 5 mL,利用其中多余的硫酸来中和碳酸氢钠,充分摇匀,等二氧化碳充分排出后加水定容至刻度,再充分摇匀。

30 min 后在分光光度计上用比色(波长660 μm),比色时须同时做空白测定。

3)磷标准曲线绘制

分别吸取 5 ppm 磷标准溶液 0,1,2,3,4,5 mL 于 50 mL 容量瓶中,每一容量瓶即为 0,0.1, 0.2,0.3,0.4,0.5/L 磷,再逐个分别加入 0.5 mol·L^{-1} 碳酸氢钠至 10 mL,并沿容量瓶慢慢加 7.5 mol·L^{-1} 硫酸-钼锑抗混合显色剂 5 mL,充分摇匀,定容,静置 30 min,然后同待测液一样进行比色。

4)比色

将制备好的待测液和系列磷标准显色液,一同在分光光度计上进行比色,选用波长为 660 nm,以蒸馏水的吸收值为 0,读取各待测液的吸光度值。

6. 结果计算

$$P(\text{mg}/100\ \text{g 土}) = \frac{\text{显色液 ppm} \times \text{显色液体积} \times \text{分取倍数}}{\text{样品重} \times 1\ 000} \times 100$$

式中　显色液中磷含量——从标准曲线上查得磷的质量浓度（μg/mL）；

显色时定容体积——50 mL；

1 000——将微克换算成毫克；

100——换算成每百克样品中磷的毫克数；

分取倍数——浸提液总体积/吸取浸提液体积。

7. 实训作业

（1）磷的测定方法与土壤中磷的存在形式有什么联系？

（2）根据测定结果写实训报告。

实训 27　土壤速效钾的测定（醋酸铵-火焰光度法）

1. 目的要求

使学生了解醋酸铵-火焰光度法测定土壤速效钾的原理，学会火焰光度计的使用方法，掌握土壤速效钾测定技能，能比较准确地测出土壤速效钾含量，并运用测定结果判断土壤供钾能力，提出钾肥施用的合理建议。

2. 方法原理

土壤中交换性钾和水溶性钾用醋酸铵溶液提取，铵离子可与土壤胶体上吸附的钾离子置换，使交换性钾和水溶性钾进入溶液中。溶液中的钾离子可用火焰光度计直接测定，其含量以钾标准溶液的火焰光度值为对照而得出。

3. 仪器用具

天平，振荡机，火焰光度计，50 mL 容量瓶，100 mL 三角瓶，250 mL 三角瓶，50 mL 量筒，漏斗，滤纸。

4. 试剂

1）1 mol/L 中性醋酸铵溶液

称取 77.09 g 化学纯醋酸铵加蒸馏水溶解,定容至 1 000 mL。取出 50 mL 溶液,用溴百里酚蓝作指示剂,以 1∶1 氢氧化铵与稀醋酸调节至溶液呈绿色。根据 50 mL 溶液所用的氢氧化铵或醋酸的体积,算出所配溶液氢氧化铵或醋酸的需要量,此溶液 pH 值为 7.0。

2）钾标准溶液

准确称取分析纯氯化钾 1.906 8 g,溶于少量蒸馏水中,然后定容至 1 000 mL,摇匀,此溶液含钾量为 1 000 mol/L。再以此溶液用 1 mol/L 醋酸铵溶液稀释成 100 mol/L 的溶液。最后用 1 mol/L 醋酸铵溶液配成质量浓度为 0 mol/L、5 mol/L、10 mol/L、15 mol/L、20 mol/L、30 mol/L、50 mol/L 的钾标准系列溶液。

5. 操作步骤

1）待测液制备

称取通过 1 mm 筛孔的风干土样 5 g(精确到 0.01 g),置于 250 mL 三角瓶中,用 50 mL 移液管加入 1 mol/L 中性醋酸铵溶液 50 mL,用橡皮塞塞紧瓶口,在振荡机上振荡 15 min 后立即过滤,滤液盛于干燥的小三角瓶中。

2）待测液测定

将待测液同钾标准系列溶液一起在火焰光度计上进行测定。记录检流计读数。

6. 计算结果

土壤速效钾(K,mg/kg) = 待测液钾(mg/L) × 浸提液体积(50 mL) / 风干土样重(5 g)

待测液钾浓度从钾标准工作曲线上查得。

测定值的评价参考标准(1 mol/L 醋酸铵浸提)   单位:mg/kg

土壤速效钾含量	≤30	30 ~ 60	60 ~ 100	100 ~ 160	≥160
等级	极低	低	中	高	极高
植物对钾的反应	效果极显著	效果显著	有效果	不显著	不需施钾肥

7. 实训作业

（1）土壤中的速效钾包括哪几种形态？土壤钾元素丰缺主要决定于哪些因素？

（2）根据测定结果写实训报告。

实训 28　土壤有机质的测定

1. 目的要求

有机质是衡量土壤肥力的重要指标，及时了解有机质含量，对培肥和改良土壤有一定的指导意义。通过本项实验使学生了解有机质测定的原理，掌握有机质测定的基本技能，提高土壤分析的能力。

2. 测定方法

1）重铬酸钾水化热法

（1）方法原理　由于浓硫酸和水混合能产生大量的热，可用一定量的标准重铬酸钾-硫酸溶液氧化土壤有机质，剩余的重铬酸钾用硫酸亚铁溶液滴定。从所消耗的重铬酸钾量，计算有机碳的含量，再乘以常数 1.724 和系数 1.33，即为土壤有机质量。此方法操作简便，但对有机质的氧化程度较低，只有 77%，而且受室温变化的影响较大。

（2）仪器与试剂　分析天平（0.000 1 g）、三角瓶（500 mL）、滴定管、滴定台、邻菲罗啉指示剂、1.0 mol/L 重铬酸钾溶液、浓硫酸、0.5 mol/L 硫酸亚铁溶液。

（3）试剂配制

①邻菲罗啉指示剂：1.490 g 邻菲罗啉（分析纯）溶于含有 0.700 g 硫酸亚铁（化学纯）的 100 mL 水溶液中。此指示剂易变质，应密闭保存在棕色瓶中。

②1.0 mol/L 重铬酸钾溶液：称取化学纯重铬酸钾 49.04 g 溶于 600~800 mL 蒸馏水中，待完全溶解后加水定容至 1 L。

③0.5 mol/L 硫酸亚铁溶液：溶解 140.0 g（$FeSO_4 \cdot 7H_2O$）的硫酸亚铁于水中，加 15.0 g 浓硫酸，冷却稀释至 1 L。

（4）操作步骤　准确称取通过 0.25 mm（60 目筛）筛孔的风干土样 2.000 g，于 500 mL 三角瓶中。然后准确加入 1.0 mol/L 重铬酸钾 10 mL 于土壤样品中。摇动三角瓶使之混合均匀，然后加浓硫酸 20.00 mL，将三角瓶缓缓转动 1 min，促其混合，以保证试剂与土壤样品充分作用。三角瓶在石棉板中放置 30 min，加水稀释至 200 mL，加 3~4 滴邻菲罗啉指示剂，用 0.5 mol/L 硫酸亚铁滴定，近终点时，溶液颜色由绿变暗绿，再生成砖红色为止。

用同样的方法做空白试验（即不加土样）。

（5）计算结果

土壤有机质 ＝ ［（V_0 － V）× C_2 × 1.724 × 0.003 × 1.33］／ 烘干土重(g) × 100%

式中　V_0——滴定空白时消耗硫酸亚铁标准溶液体积(mL)；

V——滴定样品时消耗硫酸亚铁标准溶液体积(mL)；

C_2——硫酸亚铁标准溶液的浓度(mol/L)；

0.003——14 碳原子的毫摩尔质量(g)；

1.724——由有机碳换算为有机质的系数(一般有机质含碳量为58%，由纯碳折合成有机质总量，系数应为1.724)；

1.33——使用水合热法的系数。

2）重铬酸钾氧化外加热法

（1）方法原理　在外加热条件下，用一定量过量的标准重铬酸钾-硫酸溶液氧化土壤有机质的碳元素，剩余的重铬酸钾用硫酸亚铁溶液滴定。由样品和空白样品所消耗标准硫酸亚铁量的差值可以计算出有机碳量，再乘以常数1.724，即为土壤有机质的含量。

其反应式如下：

重铬酸钾-硫酸溶液与有机质反应：

$$2K_2Cr_2O_7 + 3C + 8H_2SO_4 \rightarrow 2K_2SO_4 + 2Cr_2(SO_4)_3 + 3CO_2 + 8H_2O$$

硫酸亚铁滴定剩余的重铬酸钾的反应：

$$K_2Cr_2O_7 + 6FeSO_4 + 7H_2SO_4 \rightarrow K_2SO_4 + Cr_2(SO_4)_3 + 3Fe_2(SO_4)_3 + 7H_2O$$

用 Fe^{2+} 滴定剩余的 $Cr_2O_7^{+}$ 时，以邻啡罗琳（$C_{12}H_8N_2$）为氧化还原指示剂。在滴定过程中指示剂的变色过程如下：开始时溶液以重铬酸钾的橙色为主，此时指示剂在氧化条件下，呈淡蓝色被重铬酸钾的橙色掩盖，滴定时溶液逐渐呈绿色（Cr^{3+}），至接近终点时变为灰绿色。当 Fe^{2+} 溶液过量半滴时，溶液则变成棕红色，表示已达终点。

该方法操作较麻烦，但不受室温变化的影响，且有机碳的氧化比较完全，可达90%，因此将测得的有机碳乘以校正系数1.1，即可求出有机碳量。

（2）仪器　分析天平、控温式远红外消煮炉、三角瓶、硬质试管、弯颈小漏斗、温度表（300 ℃）、移液管、滴定管（25 mL）、滴定台、定时钟。

（3）试剂配制

①邻菲罗啉指示剂　同水化热法。

②0.480 00 mol/L（1/6$K_2Cr_2O_7$）溶液　称取经130 ℃烘干的分析纯重铬酸钾39.224 5 g，溶于600～800 mL蒸馏水中，待完全溶解后加水定容至1 L。

③H_2SO_4。浓硫酸　分析纯，比重1.84。

④0.033 3 mol/L（1/6$K_2Cr_2O_7$）标准溶液　准确称取经130 ℃烘1.5 h的优级纯重铬酸钾9.807 g，先用少量水溶解，然后移入1 L容量瓶中，加水定容。

⑤0.2 mol/L $FeSO_4$溶液　称取化学纯硫酸亚铁56.0 g溶于600～800 mL水中，加分析纯浓硫酸5 mL搅匀，加水定容至1 L，即配即用。

⑥硫酸亚铁溶液的标定：准确吸取3份0.033 3 mol/L $K_2Cr_2O_7$标准溶液各20 mL于250 mL三角瓶中，加入邻啡咯琳指示剂3～5滴，然后用0.2 mol/L $FeSO_4$溶液滴定至棕红色为止，其浓度计算为：

$$c = (6 × 0.033\ 3 × 20)/V$$

式中　c——表示硫酸亚铁溶液物质的量浓度（mol/L）；

$\qquad$ V——滴定用去硫酸亚铁溶液体积（mL）；

$\qquad$ 6——为 6 mol $FeSO_4$ 与 1 mol $K_2Cr_2O_7$ 完全反应的物质的量的比值。

⑦ SiO_2。粉末状二氧化硅（分析纯）。

（4）操作步骤

①准确称取通过 0.25 mm 筛的风干土样 0.100 0 ~ 0.500 0 g，放入一干燥的硬质试管中，用移液管准确加入 0.800 0 mol/L（1/6$K_2Cr_2O_7$）标准溶液 5 mL（如果土壤中含有氯化物需先加粉末状硫酸银 0.1 g），缓慢加入浓硫酸 5 mL 充分摇匀，盖上弯颈小漏斗，以冷凝蒸出水汽。

②将盛有试样的硬质试管放入已热到 180 ~ 190 ℃的控温式远红外消煮炉，加热（试管内的液温控制在约 170 ℃），待试管内液体沸腾发生气泡时开始计时，煮沸 5 分钟。

③消煮完毕，取出试管，冷却。将试管内容物倾入 250 mL 三角瓶中，用水洗净试管内部及小漏斗，三角瓶内溶液的总体积应控制在 60 ~ 80 mL，加 2 ~ 3 滴邻菲罗啉指示剂。用 0.2 mol/L 硫酸亚铁标准溶液滴定剩余的重铬酸钾，溶液的变色过程由橙黄→蓝绿→砖红色即为终点。记下硫酸亚铁滴定体积（毫升数）。

④同时做空白试验测定。即取 0.500 g 粉末状二氧化硅代替土壤，其他步骤同上述。

（5）计算结果

土壤有机质含量 = [（V_0 – V）× C_2 × 10^{-3} × 3.0 × 1.1 × 1.724]/烘干土重（g）× 100%

式中　V_0——滴定空白时消耗硫酸亚铁标准溶液体积（mL）；

$\qquad$ V——滴定样品时消耗硫酸亚铁标准溶液体积（mL）；

$\qquad$ C_2——硫酸亚铁标准溶液的浓度（mol/L）；

$\qquad$ 3.0——1/4 碳原子的摩尔质量 g；

$\qquad$ 10^{-3}——将 mL 转换为 L；

$\qquad$ 1.1——氧化校正系数；

$\qquad$ 1.724——有机碳换算为有机质的系数（一般有机质含碳量为 58%，由纯碳折合成有机质总量，系数应为 1.724）。

3　实训作业

（1）分析土壤有机质的目的是什么？

（2）根据测定结果写实训报告。

实训 29　化学肥料的简易定性鉴定

1. 目的要求

一般化肥在出厂时，在包装上都标明该肥料的成分、种类、名称和产地，但在运输、贮存和使用过程中，常因包装不好或转换容器而使肥料混杂，因此就需要进行定性鉴定。通过实训使学生能借用一些简单的器具和药品识别形态相似的化学肥料,进一步了解化学肥料的特性,为准确无误地施用化肥奠定基础。

2. 方法原理

各种化肥都有一定的化学成分、理化性质和外观形态。因此可通过观察其外形(颜色、结晶与否)、气味、溶解性、水溶液的酸碱性、灼烧反应和离子化学鉴定等方法加以识别。

3. 仪器、药品及材料

1)仪器和用具

小试管、小勺、凹形的小铁片、金属钳、石蕊试纸、通用试纸、白瓷板等。

2)化学肥料

碳酸氢铵、氨水、硫酸铵、氯化铵、尿素、硝酸铵、硝酸钠、硝酸钾、过磷酸钙、钙镁磷肥、氯化钾、硫酸钾等。

3)化学试剂

(1)2.5%氯化钡溶液　称2.5 g氯化钡(化学纯)溶解于蒸馏水中,然后稀释至100 mL,摇匀备用。

(2)1%硝酸银溶液　将1.0 g硝酸银(化学纯)溶解于蒸馏水中,然后稀释至100 mL,贮于棕色瓶中。

(3)钼酸铵—硝酸溶液　将15 g钼酸铵溶于100 mL蒸馏水中,再将此溶液缓慢倒入100 mL硝酸中(比重1.2),不断搅拌至白色钼沉淀溶解,放置24 h备用。

(4)0.5%硫酸铜溶液　将0.5 g硫酸铜溶于蒸馏水中,然后稀释至100 mL。

(5)10%氢氧化钠溶液　将10 g氢氧化钠溶于蒸馏水中,冷却后稀释至100 mL。

4. 操作步骤

1)物理性状鉴别

取小试管10支,分别装入拟测定的10种肥料样品各1小勺(约豆粒大),仔细观察其颜色、形态、吸湿性并闻其气味,逐项填入表格,在常温常压下,能闻到有氨味者为碳酸氢铵(碳酸氢铵不稳定,易挥发出氨气)。其余无氨味放出者,留做以下处理。

氮、磷、钾化肥的区别:氮肥和钾肥大部分是结晶体,如碳酸氢铵、硝酸铵、氯化铵、硫酸铵、尿素、氯化钾、硫酸钾、钾镁肥、磷酸铵等;磷肥大多呈粉末状,如过磷酸钙、磷矿粉、钙镁磷肥、钢渣磷肥等。

2)溶解度鉴别

形态观察之后可以用加水溶解的方法进一步确定化肥品种。将无氨放出的化肥样品,各加

入 2 mL 水,摇动并观察其溶解情况,静置一会儿后观察,然后根据溶解情况,进行鉴别:

(1)全部溶解在水中的有硫酸铵、硝酸铵、氯化铵、尿素、硝酸钠、氯化钾、硫酸钾、磷酸铵、硝酸钾等。

(2)有部分溶解在水中的有过磷酸钙、重过磷酸钙和硝酸铵钙等。

(3)不溶解或绝大部分不溶解的有钙镁磷肥、沉淀磷肥、钢渣磷肥、脱氟磷肥和磷矿粉等。

3)灼烧鉴别

从由溶解度处理中的可溶性化肥样品中分别取 1 小勺,置于折成凹形的小铁片上,用金属钳夹住,放在酒精灯上灼烧,观察其熔化等情况,并用手挥之闻味,可进一步判断所属肥料类别。

①在铁片上灼烧后立即起火燃烧,有爆裂声、冒浓烟、有硝烟味者为硝态氮肥;

②在铁片上立即熔化或直接升华,并具有氨味,可能是铵态氮肥或尿素;

③在铁片上仅爆裂,不分解也不冒烟,为钾肥。

从由溶解度处理中的不溶的化肥样品中分别取 1 小勺,置于折成凹形的小铁片上,用金属钳夹住,放在酒精灯上灼烧,闻其味。没焦臭味者为过磷酸钙或钙镁磷肥;有焦臭味并变黑者为骨粉。

4)加碱性物质鉴别

将灼烧处理质分出的铵态氮肥(硝酸铵已鉴别出)和尿素组的样品,分别取 1 小勺置于手掌中揉搓混合后闻其气味,无味者为尿素;有氨味者为铵态氮肥(硝酸铵已经灼烧鉴别出)。

为验证结果,再取尿素样品 2 g,在试管中小心加热至样品全部融化,稍冷却后,加 10% 氢氧化钠溶液 4 ~ 5 滴和 0.5% 硫酸铜溶液 2 ~ 3 滴,勿摇动,若在液面上呈现紫色环,即确定是尿素。这是尿素中的缩二脲在碱性条件下与硫酸铜生成紫色络合物所致。

5)化学试剂鉴别

①铵态氮肥的鉴别:取小试管 2 支,分别装入加石灰后有氨味放出的化肥样品(硫酸铵和氯化铵)1 小勺,加水 2 mL,使其溶解,再各加入 1 滴 $BaCl_2$ 试剂,有白色絮状沉淀者为硫酸铵,无白色沉淀者为氯化铵。

为验证结果,再取无白色沉淀的化肥样品 1 小勺放入试管中溶解,再加入 1 滴 $AgNO_3$ 试剂,有白色沉淀者为氯化铵。

②钾肥的鉴别:取小试管 2 支,分别放入由灼烧鉴别出的钾肥样品 1 小勺,加 2 mL 水溶解,再各加 1 滴 $BaCl_2$ 溶液,有白色絮状沉淀生成者为硫酸钾,无白色沉淀者为氯化钾。

为验证结果,再取无白色沉淀的化肥样品 1 小勺放入试管中溶解,再加入 1 滴 $AgNO_3$ 试剂,有白色沉淀者为氯化钾。

6)酸碱性鉴别

取双孔白瓷板 2 块,分别取灼烧处理结果中的无焦臭味磷肥样品 1 小勺放入凹穴中,加水 3 ~ 5 滴。用玻璃棒搅匀,而后用普通试纸测其酸碱度。呈酸性者为过磷酸钙,呈碱性或近中性者为钙镁磷肥。

5　实训结果

(1)对各个已知肥料样品按表 7.25 项目逐个记录观察,列表比较观察结果。

表 7.25 化学肥料定性鉴定表

观察结果 化肥品种 \ 测定项目	颜色	溶解状况	颗粒形状	吸湿性	水溶性	酸碱性	氢氧化钠反应	纸条燃烧	铁片灼烧现象				化学反应	
									气味	火焰	熔融	烟	加 BaCl$_2$	加 AgNO$_3$

（2）每人选取 2～3 个未知化肥样品按图 7.4 常用化肥系统鉴定表，结合上述鉴定方法加以定性鉴定，并将结果列表记载，分析判断化肥种类。

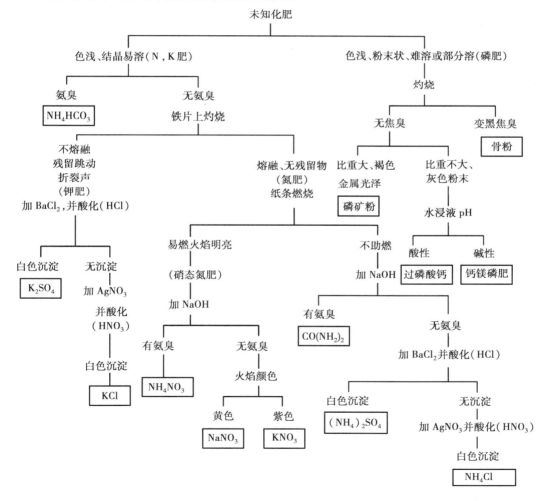

图 7.4 常用化肥系统鉴定表

实训 30　营养液的配制

1. 目的要求

了解营养液的配制技术,掌握配制营养液的程序与步骤。

2. 仪器药品

分析天平、烧杯、容量瓶、玻璃棒。$Ca(NO_3)_2 \cdot 4H_2O$,KNO_3,KH_2PO_4,$MgSO_4 \cdot 7H_2O$,H_3BO_3,$MnSO_4 \cdot 4H_2O$,$ZnSO_4 \cdot 7H_2O$,$CuSO_4 \cdot 5H_2O$,$(NH_4)_6Mo_7O_{24} \cdot 4H_2O$。

3. 营养液配方

无土栽培的关键是营养液,选择适合于植物生长的营养液配方并能配制营养液是无土栽培管理的必要措施,根据实际,营养液的配制有浓缩贮备液法和直接配置法。以克诺普古典通用水培营养液配方为例进行配制(表7.26)。

表 7.26　克诺普古典通用水培营养液配方(大量元素)

药品	$Ca(NO_3)_2 \cdot 4H_2O$	KH_2PO_4	KNO_3	$MgSO_4 \cdot 7H_2O$
含量($mg \cdot L^{-1}$)	1 150	200	200	200

下面是微量元素的用量:

$FeSO_4 \cdot 7H_2O$	13.9 ~ 27.8 mg/L	Na—EDTA	18.6 ~ 37.2 mg/L
H_3BO_3	2.86 mg/L	$MnSO_4 \cdot 4H_2O$	2.13 mg/L
$ZnSO_4 \cdot 7H_2O$	0.22 mg/L	$CuSO_4 \cdot 5H_2O$	0.08 mg/L
$(NH_4)_6Mo_7O_{24} \cdot 4H_2O$	0.02 mg/L		

4. 操作步骤

1)配制原则

进行浓缩营养液配制避免难溶物质沉淀的产生,适合的平衡营养液配方配制的营养液不会产生难溶物质沉淀。但任何一种营养液配方都有产生难溶物质沉淀的可能性。因为营养液含有钙、镁、铁、锰等阳离子和磷酸根、硫酸根等阴离子。

2)浓缩贮备液配制

不能将所有营养液都溶解在一起,因为浓缩了以后有些离子的浓度积超过了其溶度积常数而形成沉淀。所以一般分成 A,B,C 三种,称 A 母液、B 母液、C 母液。

A 母液:以钙盐为中心,凡不会与钙作用而产生沉淀的盐都可合在一起,浓度为种植液的 200 倍。

B 母液:以磷酸盐为中心,浓度为种植液的 200 倍。

C 母液:微量元素液,因用量小,浓度为种植液的 1 000 倍。

3)配制步骤(配制 1 L 为例)

(1)根据浓缩倍数计算化合物用量

A 母液化合物及用量

$Ca(NO_3)_2 \cdot 4H_2O$	230 g/L	KNO_3	20 g/L

B 母液化合物及用量

KH_2PO_4	20 g/L	$MgSO_4 \cdot 7H_2O$	20 g/L

C 母液化合物及用量

$FeSO_4 \cdot 7H_2O$	13.9~27.8 mg/L	Na_2EDTA	18.6~37.2 mg/L
$MnSO_4 \cdot 4H_2O$	2.13 mg/L	$ZnSO_4 \cdot 7H_2O$	0.22 mg/L
$CuSO_4 \cdot 5H_2O$	0.08 mg/L	$(NH_4)_6Mo_7O_{24} \cdot 4H_2O$	0.02 mg/L

(2)称取各化合物用量,放入烧杯,用少量水溶解并转入 1 L 容量瓶,并清洗烧杯 2 次,清洗液转入容量瓶后定容,即成浓缩贮备液。

5. 实训作业

根据实训结果,总结操作过程并写实训报告。

实训 31　营养土的配制

1. 目的要求

掌握营养土的配制技术及其配制程序。

2. 实训用品

天平、粗沙、泥炭、腐叶土、蛭石等。

3. 操作步骤

1）基质配制

粗沙 3 份,泥炭 3 份,腐叶土 3 份,饼肥 3 份。

2）营养土中化合物及其用量

每 kg 基质所含营养成分:硝酸钾 7 g、硝酸钙 7 g、过磷酸钙 8 g、硫酸镁 8 g、硫酸铵 3 g、微量元素 0.006 g。

3）配制营养土

称量各成分的用量并混合均匀,即成营养土。配成的营养土使用一段时间后,应及时补充营养成分。

4. 实训作业

用自己配制的基质盆栽培植物,写实训报告。

实训 32　待绿化土壤调查

1. 目的要求

运用所学知识,分析待绿化土壤的性状,分析提高绿化植物种植的成活率和使植物良好生长的改土培肥方案。为本地区园林绿化种植提供有益的建议。

2. 准备工作

在调查前,指导教师应深入典型单位了解具体情况并确定 1~2 个调查点,根据实际情况拟出具体的调查提纲。指导教师介绍有关情况,讲明调查目的和要求以及调查方法等。

全班分成 4~5 个小组,以组为单位熟悉调查提纲及有关情况,以提高调查的效率。每个小组要准备一套速测箱、铁锹或铁铲、米尺、土温表、土色卡、样本盒、采样袋和记录本等。

3. 调查内容

(1)待绿化土壤的限制因子,如土层浅薄、漏水漏肥、黏度大、多砾石、干旱等。

（2）待绿化土壤的面积及分布状况。

（3）各种待绿化土壤的成土条件,如母质、地形、气候、地下水等。

（4）各种类型待绿化土壤的原有植物种类、生长状况等。

（5）各种类型待绿化土壤的主要理化性状,如土壤结构、质地、pH 值、有机质和速效养分的含量、盐碱状况、抗旱能力等。

（6）本地绿化用地改良和利用经验。

4. 调查方法

（1）现场调查　主要了解土壤的成土条件,观察植物种类、生长状况,并通过对绿化前后的土壤剖面观察和速测,了解土壤主要理化性状的变化情况,从而找出存在的问题。

（2）座谈访问　请当地园林绿化工作者讲解改良利用前后的变化,讨论土壤特性、生产状况及改良利用措施。

5. 实训作业

根据调查与访问资料,分组讨论、分析绿化限制原因,拟出改良利用的措施。每人针对不同土壤类型,写出调查报告。其内容包括调查过程、基本情况、绿化土壤限制原因和改良利用措施。

实训 33　地带性植物群落特征及演替趋势调查分析

1. 目的要求

学会群落结构及演替趋势的调查与分析方法。

2. 仪器用具和材料

罗盘仪、海拔仪、地质罗盘、围尺、测高仪、卷尺、测绳、标杆、记录夹、铅笔、各项表格、计算用表、油漆或粉笔、计算器。

3. 实训方法

选择当地一片较大的混交林或复层异龄天然林,并在其中具代表性的地段中选设样地,面积为 0.1 hm²。

在样地内再机械布设 3 m×3 m 样方各 30 个。

在大样方内进行乔木树种记名调查和树高分层、下木层分类、数量调查。

4. 实训内容

1) 群落概况调查(表7.27)

表 7.27   样地概况调查记录表

样地编号:	样地面积和形状:	群落名称:
地形:	海拔高度: m 坡向:	坡度:
坡位:	小气候特征:	
土壤状况:		

2) 群落特征调查(表7.28)

表 7.28   群落特征调查记录表

林层	组成	起源	年龄	郁闭度	密度 /(株·hm⁻²)	平均 高/m	平均胸 径/cm	蓄积量 /(m³·hm⁻²)	备注(林木 枯死情况等)

3) 乔木层每木调查(表7.29)

表 7.29   乔木层每木调查记录表

序号	树种	树高/m	胸径/cm	径阶	断面积/m²	龄级	生长级	备注

注:1. 起测胸径为 4 cm,4 cm 以下的作为幼树。

2. 慢生针叶树种及硬材阔叶树种以 20 年为一个龄级,速生针叶树及软材阔叶树以 10 年为一个龄级。

3. 划分标准(表7.30)。

表 7.30   径级划分表   单位:cm

径级	1	2	3	4	5
针叶树	2 ~ 4	4.1 ~ 8	8.1 ~ 14	14.1 ~ 20	20.1 以上
阔叶树	2 ~ 6	6.1 ~ 10	10.1 ~ 16	16.1 ~ 22	22.1 以上

4) 下木层调查表 (表7.31)

表7.31 下木层调查记录表

总覆盖度:_____ 各层高度:Ⅰ层_____m,Ⅱ层_____m,Ⅲ层_____m 分布状况_____

树种名称	层次	多度	盖度	平均高度/m	优势年龄	分布状况	生活力	物候相	备注

注:1. 多度分为极多、很多、多、较多、尚多、稀少、单株。
2. 盖度用某种植物林地面积的百分率来表示,可分为75%以上,50%~75%,25%~50%,5%~25%,5%以下。

5) 草本层调查 (表7.32)

表7.32 草本层调查记录表

总覆盖度:_____ 平均高度:_____ 分布状况:_____

植物名称	多度	盖度	平均高度/m	分布状况	生活力	物候相	备注

6) 苔藓层调查 (表7.33)

表7.33 苔藓地衣调查记录表

植物名称	多度	盖度	平均高度/m	分布状况	备注

7) 层间植物调查 (表7.34)

表7.34 层间植物调查记录表

植物名称	多度	生长方式	被着生树种及部位	备注

8)乔木树种大样方记名调查(表7.35)

表7.35　乔木树种样方记名调查记录表

样方号 树种 名称	1	2	3	4	5	6	7	8	9	10	11	12	13	14	15	16	17	18	19	20	21	22	23	24	25	26	27	28	29	30	31	32

注:只要是乔木树种,除幼苗树外,不管大小、年龄和多少,样方中只要出现就做记号"V"。

9)乔木树种样方分层频度调查(表7.36)

表7.36　乔木树种样方分层频度调查记录表(用"有"或"无"记录)

样方号 树种 名称	1			2			3			4			5			6			……	30		
	更新层	演替层	主林层	更新层	演替层	主林层	更新层	演替层	主林层	更新层	演替层	主林层	更新层	演替层	主林层	更新层	演替层	主林层	……	更新层	演替层	主林层

注:不管株多少,凡有出现的即作记号"V",死亡者做记号"×"。此表中演替层即更替层。

10)乔木树种幼苗幼树数量调查(表7.37)

表7.37　乔木树种幼苗幼树数量调查记录表

树种名称	幼苗数/(株·hm^{-2})	幼树数/(株·hm^{-2})	生活力	备　注

注:树高小于0.3 m者算幼苗;树高大于0.3 m胸径小于2 cm者算幼树。

5. 材料整理、计算和分析

(1)各乔木树种在林分中的重要值　综合树种和植物种类的密度、频度、显著度(某树种胸高断面积之和与样地内全部树种总断面积的比,用十分数表示)的数值,以确定森林群落中每一树种的相对重要性,其所得到的数值称为重要值。重要值越大的树种,在群落中越重要。具体计算方法:

$$重要值 = (相对密度 + 相对频度 + 相对显著度)$$
$$相对密度 = 某一种的株数 / 全部种的株数之和 \times 100\%$$

相对频度 = 某一种的频度 / 全部种的频度之和 × 100%

相对显著度 = 某一种的显著度 / 全部种的显著度之和 × 100%

重要值如果除以 3 可得到"重要性百分率"。

（2）各乔木树种在各高度层中所占百分比。

（3）各乔木树种在各龄级中所占百分比。

（4）各乔木树种在各径阶中所占百分比。

据计算的各项数据，参考各项调查所得材料，结合树种的生物学特性、当地的自然条件，综合分析林分当前的结构状况及演替趋势，着重分析所调查的林分当前是什么性质的森林，是针阔混交林还是常绿阔叶混交林？其中各类树种各占多大比例？该群种是稳定还是已处于衰退还是即将被其他树种代替？林分中哪些树种是新生的旺盛的，将来可能发展为优势树种？林分将变成什么性质的森林？

具体分析时可考虑：目前只在主林层中占优势，演替层、更新层均无者，往往为衰退种；如果在上层主林层、演替层、更新层中均具优势，则说明该种为稳定种；如果目前只在演替层中占优势，则该种为过渡种，有可能在不久，该种将作为演替者，占据林分优势，说明林分中经过一定时间，可望为该种所取代。但所有这些都要结合树种生物学特性和当地生态条件综合做出分析结论。

6. 实训作业

每人完成一份调查原始记录及计算分析材料。

实训 34 当地自然植物群落、土壤和分布调查

1. 目的要求

通过实训，掌握自然植物群落、土壤和分布调查的方法，并了解当地自然植物群落、土壤和分布。通过调查将不同群落进行相互比较，进行分类，认识自然群落的分布、结构与生态环境之间的相互关系等。

2. 方法步骤

选择附近典型的自然植物群落生长比较良好的山地、海边、湖边、平原等地带。跟当地有关主管部门的负责人取得联系，制订好详细的调查计划、路线、行程，配备必要的交通工具、调查用的各种器材；进行安全纪律教育，调查内容及各注意事项的教育工作。组织调查小组及负责人，进行分工制订具体的调查及联络方案。

每组 6～8 人。带好笔、笔记本、尺子、铁铲、剪刀、标本箱等各种用具,采用随即取样,多点均匀分布的方法,每点面积一般取 100 m² 为一基本单位,从上至下分别记载不同高度的植物种类及数量,了解植物的层次结构、生长发育状况、光照度、空气湿度等情况及枯枝落叶层的厚度等。而对一些不认识的树种,可采集枝叶标本,回来对照植物检索表进行分类检索,或直接请教植物老师等。

挖掘土壤剖面,观察土壤从上至下的颜色、土壤结构的类型、疏松程度、根系的分布、土层的厚薄等。并记录相应的地点、高度、地形等,回来后进行汇总,并对各种植物的种类和数量分别进行统计。

3. 作业

(1)由调查结果分析不同植物群落的分布、生长发育情况与气候环境因子之间的关系。

(2)从调查结果来分析不同植物群落的分布、生长发育情况与土壤层次的厚度、肥力状况之间的关系。

实训 35　当地城市植物景观特征的观测

1. 目的要求

通过实训,掌握当地城市植物景观特征、当地城市的市花和市树,了解当地城市自然植物群落和人工植物群落的分布及生长发育情况,了解城市大气状况对自然群落和人工植物群落的生长发育的影响,以及园林植物对城市生态环境的改善作用。

2. 方法步骤

对城市中自然植物群落和人工植物群落进行总体调查。具体调查的内容和方法同自然植物群落分布的调查;由于城市植物景观所用植物种类较单一,因此可分区、分街道全面进行,重点是公园、绿地、企业、学校等单位的园林植物的长相长势、各地气温、空气湿度、大气的透明度、大气污染程度、植物病虫害程度和自然植物群落的退化程度等。同时与无植物覆盖的空旷地的温湿度等进行比较测定。

3. 作业

(1)城市植物群落为什么会退化?

(2)城市行道树有哪些功能? 为什么?

实训 36 人工植物群落及园林植物配置的调查

1. 目的要求

通过调查土壤层次的厚薄、土壤的肥沃程度与树木的成活率、植树造林前后的水土流失及生态环境的变化等项目,使学生增强植树造林、爱绿护绿与适土适树种植及管理养护的意识和能力。观察园林植物群落的特点,明确生物关系在园林植物配置的应用。

2. 用具和材料

皮卷尺、测高器、记录表等。

3. 操作方法

选择附近典型的公园绿地或绿化小区,组织学生前往参观调查,并请当地主管部门技术人员进行植树造林前后的景观报告。实地调查人工植物群落的分布、植物组成、配置状况及种间关系等(表7.38)。

表 7.38 园林植物配置调查

绿地类型:_____　　　栽植时间:_____

植树	种类	高度/m	冠幅/m	盖度/%	生长情况	生物关系说明	备 注
乔木层							
灌木层							
草本层							

4. 实训作业

(1)整理调查记录。

(2)绘制绿地植物配置图。

(3)分析评价绿地配置的合理性。

(4)为什么每年都倡导并组织人力、物力进行植树造林,而有些地方真正成林的不多?

(5)封山育林后,能否使当地的自然生态环境得到改善?

实训 37 设施类型的调查

1. 目的要求

通过对几种设施的实地调查、测量、分析和观看录像、幻灯、多媒体等影像资料,了解我国的设施类型及其结构特点,掌握当地主要设施的结构特点、规格及在本地区的应用,并学会结构测量方法。

2. 用具及设备

皮尺、钢卷尺、测角仪(坡度仪),设施类型与结构幻灯片或录像片或多媒体课件。

3. 内容和方法

1) 实地调查、测量

全班划分成若干小组,每小组按下列实训内容要求到实训农场或附近生产单位,进行实地调查、访问,将测量结果和调查资料整理写出调查报告。调查要点如下:

(1)调查、识别当地温室、大棚、阳畦(风障或温床)等几种类型设施的特点,观察各种类型设施结构的异同、性能的优劣和节能的措施。

(2)测量记载几种类型设施的结构规格及配套型号和特点。

①测量记载日光温室和现代化温室的方位,长、宽、高尺寸;透明屋面及后屋面的角度、长度;墙体厚度和高度;门的位置和规格;建筑材料和覆盖材料的种类和规格;配套设施设备类型和配置方式等。

②测量记载塑料大棚的方位,长、宽、高规格。跨拱比和用材种类与规格等。

(3)测量记载温床或阳畦的方位。规格和苗床布局及风障设置等。

(4)调查记载各种类型设施在本地区的主要栽培季节、栽培植物种类、周年利用情况。

2) 观看录像、幻灯、多媒体等影像资料

观看地面简易设施(简易覆盖、近地面覆盖)、地膜覆盖、小型设施(小棚、中棚)、大型设施(温室、大棚)等各种类型的设施,以了解其结构性能特点和应用情况。

4. 实训作业

(1)从设施类型、结构、性能及其应用的角度,写出调查报告。

（2）对当地设施发展做出评价。

实训 38　设施内小气候观测

1. 目的要求

掌握设施小气候观测的一般方法,熟悉小气候观测仪器的使用方法,为今后进一步研究各类设施小气候环境特征,进行小气候环境监测和管理打下基础。

2. 场地

温室或塑料大棚。

3. 观测内容

设施小气候观测的内容,因研究的目的和要求不同而异。一般内容有:测定温室或塑料大棚内空气和土壤温度、空气湿度、光照、CO_2 浓度的分布和气流速度及日变化特征。

4. 仪器、设备

（1）通风干湿球温度表或遥测通风干湿球温度表、最高温度表、最低温度表。
（2）套管地温表或热敏电阻地温表。
（3）总辐射表、光量子仪、照度计。
（4）红外 CO_2 分析仪(便携式)。
（5）热球或电动风速表。
（6）小气候观测支架。

5. 测点布置

水平测点,视温室或塑料大棚的大小而定,如一个面积为 300～600 m² 的日光温室可布置 9 个测点(见图 7.5),其中点 5 位于温室中央,称之为中央测点。与中央测点相对应,在室外可设置一个对照点,其余各测点以中央测点为中心均匀分布。

测点高度以设施高度、植物状况、设施内气象要素垂直分布状况而定,在无植物时,可设

0.2 m,0.5 m,1.5m 3 个高度;有植物时可设定植物冠层上方 0.2 m,植物层内 1~3 个高度,室外为 1.5 m 高度。土壤中应包括地面和地中根系活动层若干深度,如 0.1 m,0.2 m,0.4 m 等几个深度。

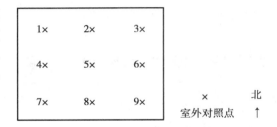

图 7.5　温室小气候观测水平测点分布图

　　一般来说在人力、物力允许时,光照度测定,CO_2 浓度,空气温湿度测定,土壤温度测定可按上述测点布置,如人力、物力不允许,可减少测点,但中央测点必须保留;而总辐射,光合有效辐射和风速测定,则一般只在中央测点进行。

6. 观测时间

　　选择典型的晴天或阴天进行观测。

　　为了使设施内获得的小气候资料可进行比较,设施小气候观测的日界定为每日的 20 时。

　　1 d(24 h)内,空气温、湿度、土壤温度、CO_2 浓度、风速观测,每隔 2 h 一次,分别为 20,22,24,02,04,06,08,12,14,16,18 时共 11 次,如温室揭、盖帘时间与上述时间超过 0.5 h,则应在揭盖帘后,及时加测一次。

　　总辐射、光合有效辐射和光照度,则在每日揭帘、盖帘时段内每隔 1 h 一次。

　　除总辐射和光合有效辐射观测时间取决于太阳时外,其余要取北京时间。

7. 观测顺序

　　视人力、物力可采取定点流动观测或线路观测方法。在同一点上取自上而下,再自下而上进行往返两次观测,取两次观测的平均值。

　　在某一点按光照→空气温、湿度→CO_2 浓度→风→土壤温度顺序进行观测。

8. 观测资料整理

　　将 1 d 连续观测的结果,按测点分别填入汇总表和单要素统计表,并绘制成各要素的日变化图,水平分布图(等值线图)和垂直分布图。

9. 实训作业

　　根据获得的数据和绘制成的图表分析:温室(或大棚)小气候要素的时、空分布特点(与室外观测点比较)及形成的可能原因。

实训 39　综合能力训练

1. 目的要求

1) 总目标　价值重塑、能力培养、知识获取

通过本课程的学习,在科学方法论指导下建立起科学方法理念、重塑园林植物环境的价值观,构建与形成环境调查与认知能力,为学习后续课程服务;同时极大地提升职业能力,将环境保护内化成学习者的自觉行为。倡导为人民服务、为"绿水青山就是金山银山"而努力工作是本课程的宗旨(表7.39)。

表7.39　《园林植物环境》能力目标

总目标	综合能力目标 (高级能力目标)	技术能力目标 (中级能力目标)	单项技能目标 (基础能力目标)
价值塑造 能力培养 知识获取	在咨询教师后独立编制园林植物环境调查方案,形成环境价值观	在教师指导下编制园林植物生理状况及各要素调查方案,构建环境价值观	达到单项技能训练的目的 认知环境指标
	组织实施方案	在教师协助下实施要素调查方案	会编制技能实训报告
	独立编制和解读报告	编制和解读要素调查报告	

2) 构建"综合能力 = 环境价值观 + 环境要素调查能力 + 环境认知能力"能力模型

(1)在咨询教师后,独立编制园林植物环境调查方案(包括计划、实施、观察、反思)。

(2)组织实施方案。

(3)独立编制和解读报告(表7.40)。

表7.40　《园林植物环境》能力构成

综合能力 (高级能力)	技术能力 (中级能力)	单项技能 (基础能力)
园林植物环境调查能力	1 园林植物生理状况调查能力	实训1,2,3,…,11
	2 园林植物气象环境要素调查能力	实训12,13,14,…,18
	3 园林植物土壤环境要素调查能力	实训19,20,21,…,32
	4 园林植物生物要素调查能力	实训33,34,35,36
	5 园林植物人工环境要素调查能力	实训37,38,39

2. 实训地点

根据学生情况与经费、师资投入,选取校园、当地典型绿地、小型公园作为本课程综合实训或考核备选地点。

3. 方法步骤

(1)在充分酝酿的基础上,由学生选报希望达到的能力目标,教师根据学生情况进行编组。
(2)教师根据不同的能力目标及组别展开训练,并编制不同等级的实训报告。
(3)基础能力目标和相应的技能是所有学生需要训练和达到的要求。

4. 作业

(1)根据条件进行基础能力训练,要求每位学习者提交技能训练报告。
(2)进行中级能力和高级能力训练的学习者,要求分别提交相应级别的实训报告。
(3)对中级能力和高级能力训练的学习者,在实训最后阶段将任务过程及结果报告进行班级交流或演讲比赛。

主要参考文献

［1］李淑芹. 园林植物遗传育种［M］. 4 版. 重庆:重庆大学出版社,2020.

［2］何启谦. 遗传育种学［M］. 北京:中央广播电视大学出版社,1999.

［3］张明菊. 园林植物遗传育种学［M］. 北京:中国农业出版社,2001.

［4］贾东坡,陈建德. 园林生态学［M］. 2 版. 重庆:重庆大学出版社,2018.

［5］李晨光,范双喜. 园艺植物栽培学［M］. 北京:中国农业大学出版社,2001.

［6］胡长龙. 园林规划设计［M］. 北京:中国农业出版社,2002.

［7］郑均保. 树木营养繁殖［M］. 北京:中国林业出版社,1984.

［8］张建国. 树木营养与施肥研究［M］. 北京:中国林业出版社,2001.

［9］黄卫东. 果树高产优质化控技术［M］. 北京:科学出版社,1997.

［10］韦三立. 花卉化学控制［M］. 北京:中国林业出版社, 2001.

［11］孙筱祥. 园林艺术与园林设计［M］. 北京:中国林业出版社,1998.

［12］余树勋. 园林美与园林艺术［M］. 北京:中国农业出版社,1995.

［13］王志伟,李亚利,苗立,等. 园林环境与小品表现图［M］. 天津:天津大学出版社,1994.

［14］谭伯禹,贺贤育,俞仲格. 园林绿化树种选择［M］. 北京:中国建筑工业出版社,1985.

［15］马锦义,徐志祥,张清海. 公共庭园绿化美化［M］. 北京:中国林业出版社, 2003.

［16］卓丽环. 城市园林绿化植物应用指南［M］. 北京:中国林业出版社, 2003.

［17］杨淑秋,李柄发. 道路系统绿化美化［M］. 北京:中国林业出版社,2003.

［18］兰思仁,吴光权,郑芳勤,等. 福州国家森林公园研究——森林旅游与苏铁资源［M］. 北京:中国林业出版社,2001.

［19］周武忠,毛龙生,王晓春,等. 人工地面植物造景垂直绿化［M］. 南京:东南大学出版社,2002.

［20］李海梅,张粤,何兴元,等. 浅谈沈阳市行道树树种选择. 城市森林生态研究进展［M］. 北京:中国林业出版社, 2002.

［21］贺庆棠. 气象学［M］. 北京:中国林业出版社,1988.

［22］阎凌云. 农业气象学［M］. 北京:中国农业出版社,2001.

［23］刘江,许秀娟. 气象学(北方本)［M］. 北京:中国农业出版社,2002.

［24］陈志银. 农业气象学［M］. 杭州:浙江大学出版社,2000.

［25］贾东坡,冯林剑. 植物与植物生理［M］. 2 版. 重庆:重庆大学出版社,2019.

［26］成海钟. 园林植物栽培养护［M］. 北京:高等教育出版社,2004.

［27］园林植物育种学编写组. 园林植物育种学［M］. 北京:中国林业出版社,2002.

［28］郭学望,包满珠. 园林树木栽植养护学［M］. 北京:中国林业出版社,2002.

［29］陆欣. 土壤肥料学［M］. 北京:中国农业大学出版社,2002.

［30］王介元,王昌全. 土壤肥料学［M］. 北京:中国农业科技出版社,1997.

［31］熊顺贵. 基础土壤学［M］. 北京:中国农业大学出版社,2001.

［32］张宝生. 植物生产与环境［M］. 北京:高等教育出版社,2002.

［33］田如男,祝遵凌. 园林树木栽培学［M］. 南京:东南大学出版社,2001.

［34］吴国宜. 植物生产与环境［M］. 北京:中国农业出版社,2001.

［35］王应君. 土壤肥料学［M］. 北京:中国农业科技出版社,1997.

［36］林启美. 土壤肥料［M］. 北京:中央广播电视大学出版社,1999.

［37］金为民. 土壤肥料学［M］. 北京:中国农业出版社,2001.

［38］李小川. 园林植物环境［M］. 北京:高等教育出版社,2002.

［39］奚振邦. 现代化学肥料学［M］. 北京:中国农业出版社,2003.

［40］沈阿林. 新编肥料实用手册［M］. 郑州:中原农民出版社,2004.

［41］宋志伟. 植物生产与环境［M］. 北京:高等教育出版社,2005.

［42］李敏. 城市绿化系统与人居环境规划［M］. 北京:中国建筑工业出版社,1999.

［43］园林植物生态学编写组. 园林植物生态学［M］. 北京:中国林业出版社,1999.

［44］西尾道德. 栽培环境［M］. 东京:农山渔村文化协会,平成 7 年.

［45］徐化成,等. 景观生态学［M］. 北京:中国林业出版社,1996.

［46］邹良栋,等. 植物生长与环境［M］. 北京:高等教育出版社,2004.

［47］陈易飞,等. 园林植物环境［M］. 北京:中国农业出版社,2001.

［48］刘建斌,等. 园林生态学［M］. 北京:气象出版社,2005.

［49］张福墁. 设施园艺学［M］. 北京:中国农业大学出版社,2001.

［50］蔡象元,等. 现代蔬菜温室设施和管理［M］. 上海:上海科学技术出版社,2000.

［51］李光晨. 园艺通论［M］. 北京:中国农业大学出版社,2000.

［52］孙忠富,等. 计算机在现代温室中的应用现状及前景［J］. 农业工程学报,1998,12(增刊):22-27.